AF253070

EUGÈNE LOUDUN.

LES DÉCOUVERTES

DE LA

SCIENCE SANS DIEU.

Partout où il y a savoir, il y a Dieu.
BULWER.

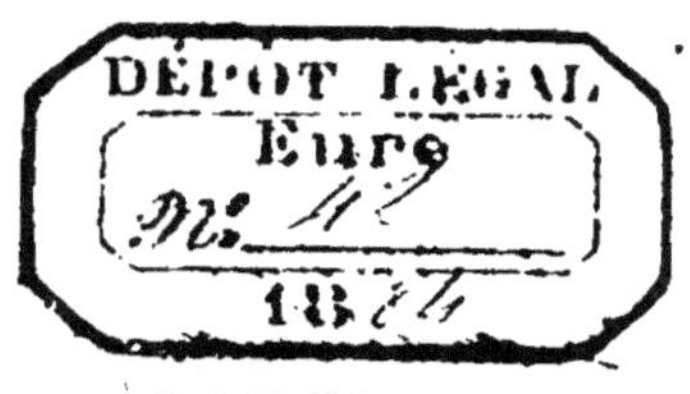

PARIS,

LIBRAIRIE DE FIRMIN-DIDOT ET Cᴵᴱ,
IMPRIMEURS DE L'INSTITUT, RUE JACOB, 56.

1884.

LES DÉCOUVERTES

DE LA

SCIENCE SANS DIEU.

Typographie Firmin-Didot. — Mesnil (Eure).

EUGÈNE LOUDUN.

LES DÉCOUVERTES

DE LA

SCIENCE SANS DIEU.

Partout où il y a savoir, il y a Dieu.

BULWER.

PARIS,

LIBRAIRIE DE FIRMIN-DIDOT ET Cⁱᵉ,

IMPRIMEURS DE L'INSTITUT, RUE JACOB, 56.

1884.

LES DÉCOUVERTES

DE LA

SCIENCE SANS DIEU.

INTRODUCTION.

I.

Il n'y eut à aucune époque un effort plus grand qu'en ce siècle, pour ôter à un peuple sa religion. On a vu des attaques de philosophes, des persécutions de gouvernements, mais tout ne concourait pas au même but que les philosophes et le gouvernement. Aujourd'hui, une ligue est organisée, qui a son plan, ses chefs, ses moyens d'action, et qui s'est partagé toutes les parties du monde physique, moral, social, intellectuel; une armée d'ouvriers s'est répandue sur le terrain, de manière à ne pas laisser un pouce du sol sans être ouvert et fouillé jusqu'au roc. Le gouvernement protège les travailleurs, les encourage, les aide, et se charge des grands coups à porter. Mais ces grands coups laisseraient encore de vastes espaces intacts, tandis que les efforts des milliers d'hommes appliqués à saper, à renverser, à miner, à couper, à

1

abattre, donnent l'assurance que, dans un temps déterminé, le nivellement sera complet, et que rien
de l'ancienne société, de l'ancienne croyance, ne restera debout.

Celui qui n'a pas parcouru le terrain avec les ouvriers de démolition, ne peut se faire une idée de l'é-
tendue de ce travail, de la multiplicité des engins de
destruction, du soin avec lequel ils sont mis en œuvre,
de l'attention avec laquelle on regarde de tous côtés,
pour voir si l'on n'a pas oublié un point qui n'ait été
atteint par le pic ou la pioche.

Rien, en un seul mot, n'est négligé, depuis la terre
dans ses profondeurs, dans son noyau, jusqu'aux
dernières brindilles des arbres qu'elle porte, depuis
l'air que l'homme respire, jusqu'aux extrêmes limites de l'espace éthéré, depuis l'apparition du premier symptôme de la vie, jusqu'à la mort. Tout est
assailli, attaqué, déjà détruit, ou en ruines; il ne faut
pas qu'il reste un morceau de pierre, une saillie de
terrain, qui puisse rappeler qu'on a cru en Dieu, un
lieu où l'on rendait un culte à Dieu, il faut que le nom
de Dieu soit effacé partout, oublié, jamais prononcé.
La Chine est devenue en partie athée, avec le temps,
par la corruption, les vices, les sophismes, d'autres
causes qui nous sont inconnues; ici, on ne veut pas
attendre le temps, on veut que la France soit athée
d'ici à peu de temps, à heure fixe, à jour marqué.

On s'est arrangé pour qu'elle le devienne systéma-
tiquement : la *science* s'est mise à la disposition des
directeurs de l'entreprise, et, se portant avec ses instruments, chimie, physique, astronomie, géologie,
physiologie, paléontologie, sur tous les points, dans
tous les coins où pourrait s'être implantée l'idée de
Dieu, elle en arrache les racines, jusqu'à ce qu'il n'en
reste plus de traces. Elle émiette tout et jette au vent

la poussière qu'elle fait; après qu'elle a passé, il ne reste rien de palpable : il y a des mots, *force, matière*, etc., plus rien à quoi l'on se puisse rattacher; le sol manque sous les pas, l'air manque à la poitrine, la vue à l'œil, un but à la pensée.

Si cette œuvre du matérialisme scientifique continue, dans quelques années, il n'y aura plus que les vieillards qui croiront à Dieu.

Dans un précédent ouvrage, on a fait voir que les *savants* ne savent rien des *principes*, des causes premières (1). Dans celui-ci, on montrera que ce qu'ils proposent pour remplacer les vérités reconnues par toutes les nations et tous les siècles, est un assemblage de conceptions déraisonnables, de rêveries, de suppositions, d'utopies, ridicules ou odieuses. On ne pourra que les livrer au dédain public; dans une société assise, ils seraient châtiés comme des malfaiteurs (2).

Quand on dit : les *savants,* il ne s'agit pas des savants qui étudient la nature avec l'impartialité d'un esprit droit, qui cherchent à étendre le domaine de la vérité, retirent de leurs investigations des applications destinées à améliorer le sort des faibles et des petits, et font faire à l'industrie ces progrès admirables, que, grâce à l'habitude de chaque jour, nous regardons presque avec indifférence et qui, cependant, ont transformé la vie matérielle et changé, pour ainsi dire, les rapports sociaux d'une partie de l'humanité.

Il s'agit de sectaires, d'hommes de parti, qui n'ont pour but que l'anéantissement de toute religion, ne se servent de leurs connaissances que pour effacer du

But de cet ouvrage.

(1) *Les Ignorances de la science moderne.*
(2) Platon et J.-J. Rousseau sont, sur ce point, d'accord : ils mettent à mort les athées ou les chassent de la République.

cœur de l'homme les croyances, force et consolation
de sa vie; qui ne lui donnent, pour remplacer ces as-
pirations et ces espérances sublimes, que la perspective
d'un désert nu et sans limites et, se raillant des misérables qu'ils ont abusés, feignant de ne pas entendre
leurs cris désolés, les regardent froidement tomber
dans le gouffre du désespoir.

Ce qu'on veut dévoiler ici, ce sont les sophismes de
ces prétendus savants, les imaginations qu'ils présentent comme des faits attestés, les raisonnements illogiques dont ils les appuient, les conséquences qu'ils
en tirent, les conclusions insensées où ils aboutissent.
Voilà les *découvertes* de la science matérialiste et athée,
les seules dont elle soit capable : il suffit de les traduire devant la conscience humaine pour les faire dé-
tester et condamner.

II.

On ne saurait trop s'étonner de la multitude, de la
variété et de l'étrangeté des aberrations de l'esprit
humain, quand il a rompu avec toute règle et direction;
elles sont véritablement sans nombre. Pour en avoir
une idée, il faut fréquenter ces naturalistes, ces archéologues, ces anatomistes, ces chimistes, qui s'at-
tribuent le nom de *savants*, parce qu'ils ont parcouru
une minime partie de l'immense étendue du monde
des sciences. Au bout d'un peu de temps, il est presque impossible de se rappeler les insanités qu'ils ont
débitées sur toutes choses, sur l'ensemble et les détails, depuis ce qu'il y a de plus grand jusqu'à ce
qu'il y a de plus petit : une maison de fous ne saurait,
en mettant tous ses habitants à contribution, fournir
une plus énorme somme d'absurdités; quel que soit
le sujet, ils disent une contre-vérité; ils déraisonnent

amplement, imperturbablement, bien plus, sans en avoir conscience; ils ont été frappés du plus terrible châtiment : ils sont insensés, *stulti sunt,* et ils ne s'en doutent pas.

Il s'est fait, dans la science, la même révolution que dans l'état social : les principes de vérité éternelle sont effacés; liberté absolue à chacun de se diriger d'après ses propres idées. La Science n'a pas échappé à cette anarchie : l'intervention divine a été niée, la toute-puissance de l'homme proclamée, la force matérielle posée comme l'unique loi. Mais bientôt est apparue la conséquence de l'absence d'un principe supérieur.

Le champ de la science étant presque indéfini, chaque savant, dans l'impossibilité de le parcourir en entier, s'est borné à exploiter un petit espace, une *spécialité,* comme il l'a appelée. Ces *spécialistes,* du petit cercle où ils s'étaient cantonnés, se sont fait un monde; ne connaissant rien au delà, ils se sont trompés sur la valeur de ce qu'ils voyaient, ont donné une importance excessive à des détails, exagéré de petits événements; on dirait des maniaques.

Bien plus, ayant perdu le sens vrai des choses, ils sont tombés dans des rêveries singulières : ils ont des hallucinations, ils imaginent des plans fantastiques et des systèmes extraordinaires, des projets impraticables et si déraisonnables, que le spectateur impartial, stupéfait de ce qu'il entend, s'étonne que l'autorité compétente ne s'interpose pas, pour les soumettre à un régime qui rétablisse l'équilibre dans leur cerveau.

La plupart sont atteints de *folie religieuse;* à peine avez-vous pénétré dans le domaine scientifique, vous êtes assailli par les propositions les plus extravagantes :

l'un vous apprend que Dieu, c'est le *vent ;* l'autre, que
les animaux sont éminemment doués du *sens religieux ;*
celui-ci, que les insectes ont *créé les fleurs ;* celui-là,
que les arts existent, parce que le singe s'est *couché
sur le dos ;* cet autre, que les gaz, les cristaux et les
pierres ont une *conscience ;* cet autre vous parle d'établir un service *télégraphique avec les étoiles ;* cet autre
pense à *abolir la mort* et à vivre indéfiniment, etc.
C'est, de toutes parts, des cris, des exclamations,
des questions baroques, des interpellations saugrenues.

On est obligé d'exposer quelques-unes de ces rêveries scientifiques ; si le public ne voyait pas les preuves, il pourrait croire qu'on calomnie ces *savants,*
comme certains visiteurs des maisons de santé s'é-
tonnent qu'on y retienne « ces pauvres gens, » et
sont près de devenir aussi fous qu'eux.

Leur crédulité.　Ils disent qu'il faut être sceptique pour avancer
dans les sciences ; je suis de leur avis, et c'est ce qui
fait que je doute de ce qu'ils disent. Jamais on ne fut
plus *crédule* que les *savants* matérialistes de ce temps-
ci, et ils montrent la vérité du mot de Pascal : *crédules les plus incrédules.*

« Méfions-nous de la littérature et des littérateurs,
s'écrie l'un d'eux ; on a vu des auteurs graves appuyer
leurs raisonnements sur des faits tirés des *Vies des
saints,* des romans de Walter Scott, des œuvres de
Balzac, etc. (1) » Ce *savant* a raison de se méfier de la
littérature : tandis que les sciences s'enferment dans
un petit parc, au delà duquel elles ne connaissent
rien, la littérature embrasse tous les sujets : « Les
sciences ne sont qu'une partie de l'esprit humain,

____

(1) M. Ball, Cours à la faculté de médecine de Paris : *l'Hallucination.* Mai 1880.

disait Napoléon, les lettres sont l'esprit humain tout entier. » L'écrivain, le philosophe, qui observe ce monde où il est venu à son insu, d'où il sortira sans s'y attendre, et qui y passe une vie incompréhensible s'il n'y a pas une fin ailleurs, celui-là, en étudiant ce qui l'environne et lui-même, comprend qu'il y a l'âme et le corps, l'esprit et la matière; il croit qu'il est un Dieu, que Dieu est tout-puissant, qu'il peut donc changer l'ouvrage de ses mains, faire des miracles, et qu'il y a des âmes pures, des *saints,* à qui il se manifeste plus clairement qu'à ces *savants* qui ne recherchent le spectacle de ses œuvres, que pour l'insulter et le nier (1).

« En douant *arbitrairement* la matière de facultés *créatrices* universelles et d'une puissance absolue dans la formation des êtres, dit un *savant* positiviste, la *fausse science* (c'est la science matérialiste qu'il appelle ainsi) remplace l'entité théologique ou l'être surnaturel connu sous le nom de *Créateur*, par une fiction aussi *indémontrable,* aussi chimérique, mais beaucoup *moins recommandable* à tous égards, et surtout au point de vue social et moral, puisque le générateur des choses, dans l'*utopie* moderne, est *aveugle, inconscient* et *sans moralité* (2). »

(1) Les *savants* ne sont pas aussi exclusifs en tout, et ils ont, parfois, dans la conduite de la vie, une largeur de vue qui a frappé les observateurs : « Il faut le dire à l'honneur des lettres, dit Chateaubriant, sous l'Empire, *la littérature nouvelle* fut *libre,* la science *servile* : les *savants,* jadis fiers démocrates, devinrent les plus obséquieux serviteurs de Napoléon ; ils prétendaient n'avoir pas besoin de Dieu, c'est pourquoi ils avaient besoin d'un tyran. » *Mémoires d'outre-tombe,* t. 4. Chateaubriant eût pu citer, à l'appui, Mme de Staël, Ducis, Népomucène Lemercier, et lui-même.

(2) Dr Robinet, *Philosophie positiviste.* On sait que les positivistes

Mais une observation si raisonnable n'arrête pas les *savants* matérialistes, tant est violente leur haine de la Religion : c'est même avec enthousiasme et sur un mode lyrique, que s'extasie l'un des écrivains les plus loués et les plus écoutés, en parlant des *miracles* de l'évolution inconsciente : Quel temps, s'exclame-t-il, que « le chaos! » Quelle merveille que tous ces êtres, qui, « dans une gloire féconde, » « se préparent à exister » et « *se donnent* les organes essentiels! » Quel âge que « cet âge mystérieux, » où l'être « *se pousse* un membre, *se crée* un système nerveux, *se retranche* un appendice (1)! »

On ne dira pas : Où a-t-on vu cela? qui a vu cela? Quand cela est-il arrivé? Où en est la preuve? Où cela se trouve-t-il ailleurs que dans le cerveau de quelques savants? mais on dira : Vous êtes philosophe, philosophe *critique*, c'est le titre dont vous vous parez, et vous croyez tous ces contes, sur la parole d'un naturaliste contesté par d'autres naturalistes! Des êtres informes, monstrueux, qui *se font*, qui *se donnent* des organes, qui *se créent* un système nerveux, qui *se poussent* des membres, etc., sans savoir ce qu'ils font, ce qu'ils sont, même qu'ils vivent, c'est-à-dire, un amas de *gaz*, de *nébulosités*, d'*écumes* (2), faisant plus que Dieu, se faisant Dieu! C'est ce que nos pères appelaient, dans leur vieille langue, du galimatias, du triple galimatias, et c'est le mot que prononce l'invincible sens commun!

---

affectent d'*ignorer* l'existence de tout ce que ne touchent pas leurs mains, ou ne voient pas leurs yeux.

(1) Renan, *Revue des Deux Mondes*, novembre 1881.

(2) « Quand on se propose d'étudier la nature, dit Aristote, ce n'est pas aux êtres inférieurs qu'il faut s'adresser, c'est aux êtres complets. » Dans cette seule phrase, fait observer un écrivain spiritualiste, il y a une réfutation de la théorie évolutioniste.

Aussi ne fera-t-on pas à ce philosophe, qui répète sans rire ces *découvertes* scientifiques, la grâce d'une réponse sérieuse, malgré ses prétentions d'impiété, pas plus qu'on ne s'appliquera à réfuter en règle les systèmes des *savants* athées. Cette réfutation a été faite et est faite tous les jours par de vrais savants (aussi savants que MM. Haëckel, P. Bert, de Hartmann, ou J. Soury). En montrant le ridicule de ces systèmes, les tendances odieuses de leurs auteurs et les conclusions abominables auxquelles ils aboutissent, on croit avoir suffisamment servi la cause de la vérité.

III.

Quels sont les titres de ces *savants*, et de quel droit nient-ils ce qu'a toujours cru le monde? Pour nier, il faut affirmer, et ils sont dans l'impuissance d'affirmer. Pour affirmer, en effet, plusieurs conditions sont nécessaires, et ils n'en remplissent aucune.

Insuffisance scientifique des savants.

Il faut, en premier lieu, connaître les principes, la *cause* des choses, et ils l'ignorent; ils l'ignorent aujourd'hui, et ils l'ignoreront toujours, leur ignorance sera éternelle : « La science est obligée d'avouer, non seulement qu'elle ne connaît pas la *première raison* des choses, mais qu'elle *n'entrevoit* même *aucun moyen* de la connaître (1). » « Le savant qui a poussé l'analyse expérimentale jusqu'à déterminer un phénomène, dit précisément un de ces analystes (2), voit clairement qu'il ignore ce phénomène *dans sa cause.* » Et un Anglais, un raisonneur, M. Tyndall : « L'organisation spontanée de la matière (c'est-à-dire, la *cause* de

(1) Dʳ Le Bon, *L'Homme et les sociétés.*
(2) Claude Bernard, *La Science expérimentale.*

l'organisation de la matière sans Dieu) est un mystère *insoluble*, situé *au delà* de la limite de la *démonstration* expérimentale. » Et le même Claude Bernard, le plus grand physiologiste de ce temps, disent ses confrères en science : « La vie et la pensée reposent sur un ensemble de phénomènes chimiques, mais ceux-ci ne sont que des *conditions*, et non pas des *causes*. »

Laissons la connaissance de la *cause* des choses, puisque c'est un mystère. Ont-ils la connaissance des faits, « de *tous les faits*, qui peuvent donner à un système tort ou raison? » Non! « La science n'en est pas encore là (1). » Non seulement elle n'en est pas encore là, mais elle n'en sera jamais là : « Car un des caractères dont elle se fait honneur, c'est d'être *progressive*, c'est-à-dire, de découvrir chaque jour de *nouvelles* lois (2). »

 A défaut de la connaissance de tous les faits, de toutes les sciences, s'appuient-ils sur une science, une science particulière? Peuvent-ils affirmer que ce qu'elle enseigne est vrai? Ils ne le peuvent pas : la science qui leur sert de terrain de fondement, la Géologie, est, de l'aveu des géologues eux-mêmes, ce qu'il y a de plus incertain : « L'*hypothèse* y joue *nécessairement* un grand rôle; un même fait, *à l'heure présente*, peut recevoir plusieurs explications contradictoires (3). » *A l'heure présente*, et, on peut l'affirmer, plus tard aussi, et toujours. « C'est ainsi que la terre a été formée, en tel temps, et en tant de temps? demande M. Virchow, savant Allemand matérialiste,

(1) E. de Verneuil.
(2) E. de Curzon, *la Réforme sociale*, juillet 1882.
(3) A. de Lapparent.

mais qui a des éclairs de franchise, *jamais l'homme ne pourra le dire* (1) ! »

Ne connaissant ni la cause des choses, ni tous les faits des sciences, ni même une seule science, il est nécessaire, au moins, qu'ils se connaissent eux-mêmes, qu'ils sachent ce qu'ils sont, les rapports de leur corps avec *l'esprit*, ou, s'ils ne veulent pas admettre ce mot, avec ce qui fait agir leur corps. Il semble que rien ne doit être plus facile : se considérer soi-même, n'est-ce pas un fait de tous les jours, à la portée de chacun, une expérience commune et universelle? Or, cela même leur est inconnu. Pour expliquer les rapports entre la *matière* et *l'esprit*, dit le célèbre naturaliste Anglais, M. Huxley, il y a trois solutions ou hypothèses, « toutes trois impossibles à démontrer fausses ou vraies,..... nous sommes aussi ignorants sur la matière que sur l'esprit. » La *matière* même existe-t-elle? En admettant son *existence*, « on fait une *hypothèse* tout aussi hardie qu'en admettant celle de *l'esprit.* » Ce doute, ou plutôt cet aveu d'ignorance vous paraît extraordinaire. Attendez : le *savant* n'a pas fini, il va dire mieux : « Et encore, Descartes a *démontré* que la *réalité de l'esprit* est plus démontrée que celle *de la matière.* »

Voyez-vous ce qui résulte de cette déclaration? Une conséquence capitale : elle infirme, elle frappe d'inanité toutes les prétendues affirmations des athées et

____

(1) Le monde (notre système solaire), dit un *savant,* M. le docteur Le Bon, *l'Homme et les sociétés,* a commencé par une nébuleuse, mais, ajoute-t-il, « d'où viennent ces nébuleuses? A ces questions, qui touchent à la nature première des choses, la science est *impuissante* à répondre. » La *nature première des choses* est une expression destinée à cacher le nom de Dieu, qui vient forcément sur les lèvres.

des matérialistes. La matière, on ne sait ce que c'est, on ne peut en démontrer la réalité. Vous bâtissez tout un système sur l'existence de la matière : votre système tombe aussitôt, il ne peut se soutenir, il n'y a rien dessous! On peut toujours dire aux matérialistes : avant tout, vous supposez que la matière existe, et la réalité de la matière n'est pas démontrée; c'est un des plus grands savants modernes, un de ceux que vous reconnaissez comme un maître qui le déclare, et il ajoute que vous ne pouvez aller à l'encontre, car vous êtes dans « l'ignorance absolue » .à cet égard, vous et tous les savants du monde. Bien plus, il ajoute que la *réalité de l'esprit* est plus démontrée que celle de la matière! que nous parlez-vous donc, désormais, de vos systèmes contraires à la croyance universelle du genre humain? Nous n'avons qu'à vous dire : Vous attribuez tels et tels effets à la matière; soit! *commencez par nous montrer la matière.* Vous ne le pouvez pas !

En résumé, ces savants, comme tous les savants, ignorent le principal : « Qu'est-ce que *savoir*, si ce n'est avoir en soi la *raison* de tout être et de toute existence (1)? » Et qui *sait* ainsi? Un seul, Dieu. Mais l'homme? Il ne peut pas même dire ce qu'il est; c'est bien peu, et, encore : « il peut plus qu'il ne sait (2)! »

IV.

Infirmité
infinie de
l'homme
vis-à-vis de
Dieu.

Pour se passer de Dieu, de Dieu qui fait tout par sa seule volonté, les *savants* s'épuisent en des efforts

(1) Louis Moreau.
(2) Claude Bernard.

extraordinaires, accumulent les suppositions, multiplient de prétendues découvertes et les inventions les plus bizarres, seul moyen de maintenir debout leur théorie toujours branlante.

Ils rappellent l'observation d'un spirituel écrivain : qu'il y a des gens paresseux et mauvais sujets, qui, par haine du travail, refusent d'embrasser une profession déterminée, et qui sont obligés, pour vivre, de s'assujettir à toutes sortes de métiers, de se donner une peine, de subir des fatigues et de faire des efforts dix fois plus grands que s'ils s'étaient appliqués à un travail régulier (1).

Plus tard, quand le système de la *sélection*, de *l'évolution*, du *transformisme*, de Darwin, sera allé retrouver dans les abîmes de l'oubli les autres systèmes matérialistes, on s'étonnera des tortures que ces *savants* se seront imposées pour nier Dieu, « seul moyen, dit un philosophe, qu'aient les hommes d'anéantir celui qui les a créés (2). »

Un insecte microscopique, posé sur ma main, la parcourt, d'un bout à l'autre, depuis le poignet jusqu'à l'extrémité des doigts. Les doigts étant serrés l'un contre l'autre, cette main, pour lui, est un monde, un vaste continent, avec des vallées et des montagnes. Tout à coup, j'écarte mes doigts, et aussitôt, il se forme des vides, des gouffres, des abîmes, dont l'insecte ne peut comprendre ni la cause ni la raison. Quelle perturbation dans son monde! Quelles catastrophes! Comment l'expliquer? L'explication, pourtant, est toute simple et naturelle : je la connais, elle n'a rien de

(1) Alph. Karr.
(2) Ce mot profond est d'un des écrivains du commencement de ce siècle, qui ont émis le plus de maximes justes, Fiévée. Voyez sa *Correspondance avec Napoléon*.

contraire aux lois qui régissent les mouvements de ma main; mais l'insecte ne connaît pas la raison de ces mouvements, il ne la connaîtra jamais, encore moins ceux de mon corps, dont ma main n'est qu'une partie, bien moins encore ceux de ma pensée invisible, qui ordonne tous les mouvements de ma main et de mon corps.

Ainsi de l'homme vis-à-vis de l'univers, et il est, pour l'univers, incomparablement plus petit que le plus petit insecte à l'égard de l'homme. De l'espace que parcourent ses yeux, de l'infini que pénètrent ses instruments, il s'est fait un monde qu'il a exploré, où il se promène dans tous les sens, et pour lequel il a imaginé des règles, des formules, des lois, qu'il déclare indiscutables.

Mais, par delà cet espace, ce monde, cet infini, il y a d'autres espaces, d'autres mondes, d'autres infinis, qui se meuvent sans qu'il les voie et les connaisse; et, au-dessus de tous ces mondes, de ces espaces et de ces infinis, une pensée qui les mène et qui les change, qui rapproche ou éloigne les globes, sème ici des myriades d'étoiles, creuse là des abîmes, allume ou éteint les flambeaux du ciel. Si un signe inattendu, l'apparition d'une comète errante, la disparition d'une étoile, nous avertit d'un de ces changements, nous ne comprenons pas. La raison de ces créations, de ces chocs, de ces disparitions; ces actes de la pensée directrice; pourquoi ces mouvements de la main de Dieu, pourquoi se sont écartés ses doigts; nous, hommes de la terre, nous ne le savons pas, nous ne l'expliquons pas, et nous ne l'expliquerons jamais!

Comment s'est formé ce petit insecte de l'homme? se demandent les *savants*, et ils osent, parfois, prononcer qu'il s'est fait de telle façon, qu'ils en sont sûrs, et qu'il les faut croire, eux, qui ignorent la première

loi, la première cause des choses! Vous ne voulez pas
que Dieu ait créé le monde, ô savants, et « la création de l'homme est peut-être la conséquence très
simple d'une loi dont l'homme n'a pas la formule (1). » Cette loi nous ne la connaîtrons pas sur la
terre; mais, dans la vie supérieure, elle nous sera révélée, et cette révélation sera la récompense de ceux
qui se reconnaissent n'être que les infimes créatures du
grand Dieu du ciel (2).

(1) Carina.
(2) Le plus beau des singes est laid, disait Héraclite, si on le
compare à l'homme, et le plus sage des hommes a tout l'air
d'un singe, si on le compare à Dieu.

PREMIÈRE PARTIE.

CHAPITRE PREMIER.

LA NOUVELLE LANGUE.

La langue de la science athée. — M. de Hartmann. — M. Hugo Magnus. — M. de Boisjolin.

Les *savants* matérialistes de nos jours ne se bornent pas à nier les vérités révélées, devenues les axiomes de la science, et à présenter comme des faits établis les suppositions créées par leur imagination.

Ils prétendent faire des découvertes : naturalistes, philosophes, économistes, archéologues, historiens, sont partis pour des voyages d'aventures, tous s'efforçant de se devancer. C'est à qui ira le plus loin, étonnera par la description de terres nouvelles, de pays inconnus, par des découvertes si extraordinaires qu'elles méritent presque le nom de *trouvailles*.

Mais, j'oublie un point important : ces *savants* ont fait, avant tout, une première découverte. Pour de telles nouveautés, il fallait un instrument nouveau : ils ont inventé une *langue*.

On est obligé de vous avertir : ne vous hasardez pas à les aller écouter, si vous ne possédez pas un vocabulaire spécial et un dictionnaire de cet idiome;

2

vous ne les entendriez pas. Ils ne parlent pas le français, ils parlent une langue qu'ils appellent *scientifique* ou la langue des *savants*, langue incompréhensible pour le vulgaire, comme le langage des sourds-muets.

Voici d'abord un Allemand; cela devait être : qui a plus d'imagination qu'un Allemand? Qui invente plus? Qui rêve plus? Qui raisonne plus qu'un Allemand? Il y en a qui ajoutent : qui *déraisonne* plus? *imaginer* étant le contraire de *raisonner*.

Cet Allemand, M. de Hartmann, vous parle un langage entièrement neuf, si neuf que tout y est inconnu : tours de phrase, syntaxe et mots. Ce n'est pas comme la *langue verte*, aperçue dans le français d'aujourd'hui par un ingénieux érudit (1), embryon à peine formé de la langue de l'avenir, bourgeon d'un rameau qui deviendra une branche; c'est une vieille langue, au contraire, nullement verte, décrépite, vermoulue et sentant le moisi, comme ces vieux arbres des forêts d'Amérique, tombés depuis des années sur lé sol, qui y pourrissent et s'en vont en poussière.

Il faut en donner tout de suite une idée : la citation aura, d'ailleurs, l'avantage de vous faire entrevoir la solution du problème de l'Humanité, promise par cet illustre prophète. Écoutez attentivement, car celui qui parle est tout simplement le superéminent philosophocrate de l'Allemagne contemporaine, celui qui a laissé bien loin derrière lui les théoriciens les plus idéalistes du *subjectif* et de l'*objectif*, Hégel, Feuerbach, Schopenhaüer, etc., le fameux M. de Hartmann, en un mot, que les Allemands ne désignent pas autrement que sous le nom de l'*Homère de la métaphysique*.

Voici donc le passage de M. de Hartmann :

« Bahnsen nie une volonté universelle, uné et absolue,

____

(1) M. Lorédan Larchey.

et en revanche il attribue à la volonté individuelle une *substantialité* et une *aséité* éternelle; mais Frauenstaedt accepte la volonté universelle une et identique, et nie la substantialité et l'aséité des volontés individuelles. Bahnsen s'appuie par conséquent sur le caractère intelligible, il admettrait que, s'il y.avait une volonté absolue, celle-ci ne pourrait pas être pensée comme caractère, ni comme une volonté avec une substance concrète au but. Frauenstaedt, au contraire, qui attribue seulement *l'aséité* à la volonté universelle et met avec raison tous les caractères individuels dans la sphère des phénomènes objectifs, est obligé de reconnaître que le dernier fondement intime de chaque action particulière est situé dans cette sphère métaphysique du *tout-un*, c'est-à-dire, en dehors de tous les caractères individuels et de leurs buts individuels. Si l'on parle de la volonté dans le sens de la volonté individuelle avec un caractère individuel déterminé, il est certain que c'est la volonté qui transforme les représentations naissantes en motifs, c'est-à-dire qui leur donne la puissance d'agir; mais si l'on parle de la volonté dans le sens du principe existant en dehors de la sphère des phénomènes et les déterminant, alors il ne peut pas être question d'un caractère, c'est-à-dire, d'une préformation du contenu éventuel de la volonté par la nature même de la volonté.

« C'est justement en cela que se dévoile alors le sens le plus profond de la modération, comme détermination de la représentation par représentation, non de la volonté par la représentation, c'est-à-dire que le contenu représentatif de la volonté universelle est seul en contact avec des motifs, et c'est uniquement parce que les individus sont des phénomènes existant déjà par la spécification de la substance absolue de la volonté, que se produit chez eux l'apparence d'une causalité exercée par des motifs sur la volonté elle-même (1). »

Avez-vous compris? Si oui, laissez-nous là, allez acheter le livre même, et enveloppez-vous dans cette fumée! Si non, cela est très fâcheux, parce que le prophète ne parle jamais autrement; tout son livre est écrit dans cette langue, et si vous n'avez pas entendu ce petit morceau, il est inutile de continuer, vous n'en saurez pas davantage sur le problème de l'Humanité. L'Œdipe est encore plus énigmatique que le Sphynx!

M. Hugo Magnus et M. J. Soury.

Le second Allemand, M. Hugo Magnus, que nous écouterons tout à l'heure, n'a pas une langue aussi parfaite; il n'est pas donné à tous les *savants*, même Allemands, d'atteindre ce degré d'incompréhensibilité transcendante où est parvenu M. de Hartmann. Il a, cependant, quelques bonnes parties et des dispositions; il manie assez aisément ce bâton d'épines qu'on appelle le style métaphysique : « Chez les premiers hommes, dit-il, la perception *consciente* des couleurs ne s'était pas dégagée et se confondait dans le même *processus* physiologique, etc. »

De si agréables expressions et des explications aussi claires sont bien propres à attirer les auditeurs : aussi, le style de M. de Hartmann et de M. Hugo Magnus a-t-il trouvé des disciples; nombre de *savants* français, enthousiasmés de ce beau langage, avec lequel ne saurait rivaliser celui de Pascal et de Bossuet, se sont mis à l'apprendre et, en peu de temps, sont parvenus à le parler couramment, sans peine et sans efforts, comme si c'était leur langue naturelle. M. J. Soury vous dit, par exemple : « En examinant les *idéogrammes* de la

(1) *Philosophie de l'inconscient.*

tour de *Borsippa,* un professeur *d'ophtalmologie* au-rait reconnu dans la paupière *niclitante* une cécité *con-génitale,* phénomène *d'atavisme.* »

Et, pour peu que vous ayez sous la main trois ou quatre dictionnaires de médecine, d'histoire naturelle et d'antiquités, en moins d'une heure, vous saurez· ce que cela signifie, et vous découvrirez (vous aussi, vous ferez une découverte) que ces mots barbares et in-connus déguisent des mots qui vous sont familiers et que vous employez tous les jours : *hiéroglyphes,* — *tour de Babel,* — *ressemblance,* — *clignotement,* — et *oculiste!*

Voici un des avantages d'être *savant,* on ne parle pas comme tout le monde, on force les gens d'être atten-tifs, on leur fait chercher ce qu'on a voulu dire, et con-venir par là de leur ignorance et de sa science à soi, savant.

Comment donc Molière appellait-il Trissotin et Va-dius? N'est-ce pas *pédants?*

Mais le plus habile en ce genre de gymnastique (à part M. de Hartmann), est M. de Boisjolin. Il a une façon de s'exprimer, il s'est fait une langue complète, qui le met bien au-dessus de ses *congénères,* comme il dirait.

Ce n'est pas accidentellement et par moments qu'il parle le patois scientifique, c'est continuellement, et vous êtes à chaque instant obligé de l'arrêter, pour le prier de répéter ou de s'expliquer.

Les mots ordinaires, il ne les connaît pas, la langue que tout le monde parle, il l'a oubliée : il ne dit pas *long, court, large, étroit, élevé, allongé.* Pour exprimer ces idées, il a des mots savants, que vous n'avez ja-mais entendus, mais qui lui sont familiers, et avec les-quels il joue comme un clown Japonais avec des poi-

gnards. Il vous jette à la tête, avec une étonnante
vélocité, les mots baroques et effrayants de *dolichocéphale* (tête longue), *mésaticéphale* (tête sphérique),
brachycéphale (courte), *eurycéphale* (large), *platysténo-
céphale* (à la nuque allongée), etc. Il y a aussi les *sous-
brachycéphales, sous-dolichocéphales, sous-eurycéphales,*
etc.

Il vous apprend que vos aïeux procédaient de races
podionomites croisées avec des individus *plactynémi-
ques;* les uns affectés de *leptorhynisme* (à la narine
étroite), les autres remarquables par leur *platyrynisme*
(narine élevée), ce qui, combiné avec l'*anarisme* des
Ibères, a formé le type si distingué du Parisien à la
face *orthognate* (à la mâchoire droite).

« Devant l'invasion des *eurycéphales,* vous dit-il, les
Troglodytes *mésaticéphales* se retirèrent lentement jusqu'à l'asyle des Pyrénées. » C'est fort intéressant : il
est seulement regrettable que M. de Boisjolin ne nous
ait pas communiqué les *Mémoires* qui lui ont révélé
cette particularité : *comment* s'est faite cette retraite
des Troglodytes *mésaticéphales, pourquoi* lentement,
etc.; c'eût été bien plus intéressant encore! Mais M. de
Boisjolin continue : « Ainsi, ajoute-t-il, la Gascogne,
l'Auvergne, l'Espagne et l'Afrique sont *dolichocéphales,*
et l'homme de l'époque des cavernes n'est pas franchement *dolichocéphale,* mais *mésaticéphale,* et même
eurycéphale. » — Ne serait-il pas aussi *sous-mésaticé-
phale* ou *sous-eurycéphale?*

Vraiment! maintenant, aimable Monsieur, voulez-
vous nous dire la même chose en français, si c'est possible?

M. de Boisjolin ne s'arrête pas aux questions d'auditeurs ignorants; il a bien d'autres soucis : il est à la

recherche d'une nouvelle science, que dis-je, de deux, trois, dix nouvelles sciences, toutes se rapportant au même objet. Il y a une science appelée l'*Ethnographie*, « science qui a pour but l'étude et la description des peuples, » dit M. Littré. Ce n'est pas assez, elle ne suffit pas; pour qu'on s'entende en ethnographie, il nous faut, et nous devons avoir :

1° L'Ethnographie. — 2° L'Ethnologie. — 3° L'Ethnotaxie. — 4° L'Ethnogénie. — 5° L'Ethnonomie. — 6° L'Ethnoplastie, etc.

Vous sentez combien cela simplifiera et facilitera l'étude des races humaines. Il en sera de même des autres sciences : chacune se divisant et se subdivisant, il y en aura deux cents, trois cents, mille, des milliers. Ce sera comme les ministres : sous Louis XIV, on se contentait de quatre; aujourd'hui, on en a dix, et dix sous-ministres, et bientôt trente : les affaires, assure-t-on, en marchent mieux et plus vite! je l'ignore. A coup sûr, ces milliers de sciences feront des chaires pour des milliers de professeurs!

Après ces préliminaires indispensables, nous pouvons écouter le récit des découvertes des *savants*.

CHAPITRE II.

RÉSUMÉ DES DÉCOUVERTES DE LA SCIENCE SANS DIEU.

M. Ch. Letourneau. — Les peuples athées. — Fabrique de grands hommes. — Le paradis terrestre de la deuxième époque des cavernes. — La formation du monde tout seul. — Foi extraordinaire de M. Letourneau.

Nécessité de vulgariser la science athée. Un *savant* a réuni ses confrères les *savants*, et leur a adressé ce petit discours accueilli avec grande faveur : « Les progrès de la science athée sont certainement remarquables, mais n'ont pas été aussi rapides qu'on le pouvait désirer. Il y a une raison à cette lenteur : nous n'avons pas de livres à la portée du vulgaire ; ce que nous écrivons, professons, enseignons, est excellent, mais n'est connu que de nous et, en somme, ne nous apprend rien. Maintenant que le système est complet, il faut sortir de la théorie et passer à la pratique ; il importe de préparer l'avenir, en vulgarisant la science. C'est aux jeunes gens, aux femmes, aux jeunes filles, aux enfants même, que nous devons nous adresser. Ils entendent vaguement parler du *Système de Darwin*, de l'*Homme primitif à peine échappé de l'animalité*, de l'*Origine de la vie*, des *Théories cérébrales*, etc., et ils ne savent ce que c'est. Voilà ce qu'il faut leur apprendre ! Disons et répétons dix fois, cent fois, tous les jours, à toute heure, sous toutes les formes : *Le monde s'est fait tout seul*, tout s'est toujours fait tout seul ; il n'y a jamais eu de Dieu ; les habitants de la terre n'ont donc pas à s'occuper de cette invention ridicule et bizarre ; dès lors, toutes leurs visées, idées, actions et prévisions doivent avoir un but unique : *jouir des plaisirs de la terre,* puisqu'ils n'ont pas d'autre avenir que celui de la terre qui est sous leurs pieds; sinon, s'ils manquent leur coup, c'en est fait pour toujours! Doutez-vous que les jeunes gens, les femmes, les jeunes filles, les enfants même, n'entendront pas un tel langage, qui leur montre l'inanité de la prétendue morale de leurs père et mère, des philosophes, des prêtres et de tous les pédagogues et tyrans qui s'opposent au libre développement de la vie et à la possession du bonheur terrestre!

Évidemment, il y a là un public nombreux, bien disposé et qui nous attend. Mettons-nous à l'œuvre! Publions une encyclopédie matérialiste et athée, claire, facile à lire et à comprendre; le succès en est assuré!

C'est, du reste, mes chers confrères, une mine féconde de livres à fabriquer; j'en ai déjà fait le plan, il y aura de tout : anthropologie, biologie, esthétique, philosophie, linguistique, etc., etc. Vous, Hovelacque, vous traiterez de la linguistique; vous, Topinard, de l'anthropologie; vous, Véron, de l'esthétique; etc., etc. Moi, je me charge de la biologie et, surtout, du volume-prospectus, où sera rédigée, exposée et développée la profession de foi matérialiste et athée. Je débute par un livre intitulé : *Science et matérialisme.* Hein! quel titre! Il signifie que tout ce qui est science est matérialisme et ne peut qu'être matérialisme; qui dit science dit matérialisme, et qui dit matérialisme dit science! Je donne le ton, vous n'aurez qu'à suivre! »

Et c'est ainsi qu'a été décidée, commencée et publiée la *Bibliothèque des sciences contemporaines,* destinée à l'instruction de la jeunesse, « d'un format, assure l'éditeur, aussi agréable pour la lecture que pour la bibliothèque, » et dont un des principaux et *savants* auteurs est M. le docteur Letourneau (1).

I

M. Letourneau a promis que son livre serait une profession de foi matérialiste et athée; il ne perd pas de temps pour vous le faire savoir; dès la première page, il se déclare *athée,* que dis-je, il se vante d'être athée, il en est fier, il exulte, il semble dire, à chaque instant : Je suis athée, moi! Savez-vous que je suis athée? qui dit *athée* dit homme de progrès, et le progrès c'est l'athéisme! L'athéisme grandit tous les jours; les athées peuplent l'Europe, l'Asie, l'Afrique, l'Amérique, l'Océanie, « ils sont partout! » Que de nations, que de tribus, que de hordes, de peuples athées! En Afrique, ils le sont tous, ou presque tous: les *Séchuanas,* les *Bassoutos,* qui disent de l'âme : « L'âme! qu'est-ce que c'est que cela? on ne la voit pas! » les *Cafres,* les *Bushmen,* les *Hottentots,* qui rivalisent « d'impiété! » dit-il, en se frottant les mains; en Amérique, les *Indiens du grand Chaco,* les naturels du *Brésil,* les *Caraïbes,* les *Esquimaux;* les *Australiens,* les *Tasmaniens,* les *Andamènes,* dans la cinquième partie du monde; en Asie, des multitudes, les *Khasias* de l'Inde, les *Veddahs* de Ceylan, les *Chinois,* les *Indo-Chinois,* les *Tartares,* les *Mongols!*

— Ajoutez les *Thibétains!* lui crie M. Barthélemy Saint-Hilaire: « Le Brahmanisme est une sorte d'athéisme! »

— Je vous remercie, je les oubliais! Cela fait des millions et des millions d'athées, « des centaines de

(1) Voyez le prospectus de la *Bibliothèque des sciences contemporaines,* et le livre de M. Letourneau : *Science et matérialisme.*

millions d'athées! » C'est la majorité, le suffrage universel! Et le suffrage universel n'est-il pas la loi indiscutable, le miroir même de la vérité?

Quant à l'Europe, tout ce qui vaut la peine d'être compté en Europe est athée, c'est-à-dire, tout ce qui a une intelligence supérieure, un cerveau de *telle* grandeur, qui pèse *tant*, et qui mesure *tant*.

La Religion essaye encore de se défendre; mais elle est perdue! c'en est fait d'elle! C'est la lutte du pot de terre « et du pot de fer! » L'athéisme est sûr de vaincre, « son triomphe n'est pas douteux! » Hourrah pour l'athéisme!

Il vous explique ensuite la classification des athées; il y a deux catégories : 1° Ceux qui ne croient pas en Dieu, qui n'y ont jamais cru, qui n'en ont pas l'idée, les athées *inconscients.* Le nombre en est incalculable; ce sont tous ces peuples qu'il vient, comme Homère, d'énumérer. Seulement il n'a pas eu besoin de les distinguer par des qualités différentes et tranchées; ils se ressemblent tous : ce sont les êtres tombés le plus bas dans l'espèce humaine, les plus sauvages, les plus féroces, les plus ignobles, les plus *abrutis;* c'est à cette qualité qu'on reconnaît cette sorte d'athées. 2° Les athées *conscients,* qui connaissent très bien Dieu, à qui l'on a appris ce qu'est Dieu, qui y ont cru, et qui n'y croient plus, qui n'en veulent plus, c'est-à-dire les *savants,* les professeurs, les philosophes, les plus fortes intelligences de l'Europe et de l'Océanie, qui marchent en tête de la civilisation.

D'où ressort, phénomène vraiment extraordinaire et sans précédent, que les hommes *les plus savants, les plus intelligents et les plus cultivés* sont parvenus, à force de science, d'intelligence et de culture, à cet immense progrès, de devenir semblables aux êtres *les plus déchus* de l'humanité! Plus vous êtes *instruit* et éclairé, plus vous êtes prêt à vous entendre, à sympathiser, disons le mot, à *fraterniser* avec les Bassoutos, les Khasias et les Indiens du grand Chaco, qui sont ce qu'il y a dans le genre humain de plus *abruti.* Andamène et Berlinois se reconnaissent immédiatement : « Vous êtes athée, très bien! donnons-nous la main! embrassons-nous! » A moins que l'Andamène, le Caraïbe ou le Bushman, plus pressé par l'appétit que par la fraternité, ne flaire dans ce blond philosophe Allemand un excellent gibier, ne l'étourdisse d'un coup de casse-tête, et n'en fasse un repas exquis, après l'avoir apprêté avec des patates!

C'est une chance que courent les premiers *savants* athées qui s'aventureront parmi leurs sauvages *coreligionnaires* (pardon du mot, il n'y en a pas encore d'autre adopté, pour dire qu'on n'a aucune religion), et j'avoue qu'elle n'est pas attrayante; mais il en est une plus agréable que leur fait envisager M. Letourneau.

Ces peuples d'Afrique, d'Océanie, d'Amérique, d'Australie, qui ne croient pas en Dieu, sont tellement abêtis, qu'ils sont plus brutes que certains singes, les « grands singes anthropomorphes, » lesquels (on l'a dit à M. Letourneau) « creusent des puits, » ce que ne savent pas même faire ces imbéciles de sauvages! Donc, ces singes sont très supérieurs aux sauvages. Or, ici, s'ouvre une belle perspective : (Comment, ô *savants* athées, n'en seriez-vous pas flattés!) Vous avez déjà fait un grand pas, vous ressemblez aux sauvages les plus abrutis; mais ces sauvages sont très inférieurs aux grands singes anthropomorphes: redoublez donc d'efforts, et vous parviendrez à un progrès encore plus éminent, vous vous élèverez probablement presque *au niveau des singes anthropomorphes!*

II

Cette découverte suffirait pour classer M. Letourneau parmi les grands inventeurs. Mais M. Letourneau
est bien plus qu'un inventeur; il a une qualité qui le
distingue entre tous les *savants :* il est un *homme de
foi*, il croit à tout dans la science moderne, et cette
foi est si entière qu'il n'éprouve aucun orgueil de ce
qu'il découvre; ses découvertes sont l'effet de sa foi.
Il a le bonheur de croire, cela lui suffit; il n'est pas
fier de ses plus belles découvertes, si extraordinaires
qu'elles soient : C'est la science! dit-il, c'est la
science! la science peut tout!

Il faut, pourtant, faire violence à sa modestie et publier quelques-unes des révélations dont a été gratifié
cet homme de foi. D'abord, il lui a été révélé que ce
qui, dans le monde, a « le plus fait pour le bonheur
de l'humanité et l'émancipation de son intelligence, »
plus que toutes les philosophies et toutes les religions,
« les puérilités catholiques » et les « quintescences
métaphysiques, » c'est « la *balance de précision* du
chimiste! » Et il ne nous en cache pas la raison : la
balance de précision du chimiste a constaté une vérité
qui éclaire toute la vie de l'homme, lui fixe sa règle
morale et lui dévoile son avenir: l'homme n'est pas
autre chose qu'une « combinaison de tant de parties
d'*azote*, tant de *phosphore*, tant de *carbone*, tant d'*oxigène*, etc. » Ces parties, rassemblées avec juste mesure, composent des corps, des cerveaux humains,
qui, non seulement, et mieux que les fameuses idoles
des nations, *simulacra gentium*, sentent, voient, marchent, palpent, etc., mais pensent, raisonnent, cal-
culent, composent, imaginent et inventent!

Mais, dites-vous, comment, avec ce merveilleux instrument, la *balance de précision*, aucun chimiste n'a-t-il encore fabriqué un *homme?* Cela ne semble, cependant, pas très difficile : il n'y a qu'à calculer la quantité exacte de phosphore, azote, carbone, oxigène, etc., qui entre dans un corps humain bien constitué, en mettre la même quantité dans un creuset, une cornue, un matras, un alambic (on pourrait faire plusieurs expériences, la chose en vaut la peine), chauffer, refroidir, piler, concasser, distiller, condenser, sublimer; évidemment, d'une combinaison ou d'une autre sortira un homme! Comment cela n'a-t-il pas encore été fait? Allons, messieurs les chimistes, à vos fourneaux! Faites-nous un homme, s'il vous plaît!

— Vous voulez plaisanter, dit d'un ton de componction le dévot M. Letourneau; rien n'est plus sérieux! ne riez pas! nous y arriverons, et dans un temps qui n'est pas très éloigné. Et alors nous verrons si vous rirez, vous, et votre bon Dieu aussi! Déjà, nous fabriquons des animaux vivants.

— Quoi! vraiment!

— C'est-à-dire, « des *cellules vivantes :* » le chimiste « commence à *savoir les créer.* » Et comme l'être vivant, l'homme, « n'est pas de la matière, *plus* un principe vital, » mais une « *agrégation de cellules* et de fibres, composée chimiquement des mêmes matières que le monde inorganique, » que les pierres, le cuivre, ou le sel; comme la cellule est le germe de l'animal, de l'homme, vous concevez que...

— Et bien, oui, M. Letourneau, continuez, faites-nous un homme, un petit homme, rien qu'un tout petit, un *homunculus!* Ce sera si amusant à voir!

— Vous croyez nous embarrasser, en nous demandant de faire un petit homme, un *homunculus;* nous ferons bien plus : ce n'est pas un *petit* homme, que nous fabriquerons, mais un *grand* homme !

— Comment ! un homme en pleine maturité, qui tout d'un coup marchera, parlera, etc.?

— Du tout ! Je dis des *grands hommes,* des hommes de génie, de grands philosophes, de grands penseurs, de grands poètes, de grands artistes, « des Michel-Ange, des Bacon, des Newton ! » Et cela, avec la plus parfaite précision, mécaniquement, mathématiquement, sans en manquer un !

Et comment ne serait-ce pas ! La Science a tout ce qu'il faut pour cela. Déjà, elle « a décrit les divers types humains, *jaugé* leurs crânes, » (expression excellente : ne *jauge*-t-on pas l'esprit-de-vin? la Science *jauge* les esprits.) Bientôt elle saura pourquoi tel a été artiste, tel philosophe, tel poète, tel mathématicien, etc. Cela tenait aux « circonvolutions de son cerveau, » plus ou moins plissées, creusées, ou gonflées. Elle examinera aussi « sa forme anatomique. » Était-il grand, petit, droit, bossu, brun, nerveux, bilieux? etc. Dans « quel milieu » vivait-il, à la ville, aux champs, dans les bois, près des marais, dans les montagnes, avec des vieux ou des jeunes, des hommes mariés ou des femmes seules, parmi « les *classes dirigeantes,* » ou dans les « *basses couches sociales?* » etc. Elle notera avec soin « la date de l'éclosion de ses aptitudes, » le jour où Pascal découvrit les trente-deux premières propositions d'Euclide, et l'heure où ce fabricant, dont j'ai oublié le nom, trouva la moire, en se promenant de long en large, et mâchonnant un chiffon de soie. Au bout de quelques années, mettez un siècle, dix siècles, cinquante siècles, qu'importe pour un tel résultat ! la Science aura recueilli une multitude innombrable de faits, de dates, de chiffres; elle rédigera un code, « le code de l'éducation, » et passera de la théorie à la pratique, « de la phase d'observation à la phase active, » à la fabrication des grands hommes et des hommes de génie. Les formules seront données : on fera, à volonté, à jour fixe, sans tâtonner, tout ce qui sera demandé sur la place : capacités industrielles, financières, scientifiques, artistiques, politiques, grands esprits, grandes imaginations, grands caractères.

— Quoi! les caractères même?

— Oui, il y aura une formule pour « développer les caractères. » Et on en fera en quantité, par grandes masses, rien ne sera négligé pour les « multiplier, » mais on s'appliquera à prévenir d'autres «éclosions, » par exemple, l'éclosion des meurtriers, « en petit, » comme Dumolard, Lacenaire et Troppmann, et « en grand, comme César et autres » Napoléons!

Vous entrevoyez quelle vaste organisation entraîne cette idée féconde! Que de cours, de maisons d'éducation, de lycées, de professeurs! On sera professeur de grands hommes, instituteur de héros, précepteur de caractères austères. Il y aura des pensionnats sur des pics de montagne pour les poètes séraphiques, et au fond des mines pour les génies sombres, à la Young ou à la Radcliffe. Il existe, à Paris, des institutions où l'on *chauffe* certains élèves pour les prix de thème grec, de vers latins ou de dissertation latine (1); de

(1) On appelle *chauffeur*, dans la langue pédagogique, le professeur auquel s'adressent les élèves qui veulent passer leur examen de bachelier sans rien savoir. Le professeur a un four bourré de toute espèce de définitions, résumés, abrégés, procédés, manuels, etc., de toutes les sciences; il y met l'élève, l'y enferme, chauffe son four à blanc et, au bout de quelques semaines ou quelques mois, l'en retire : c'est un mets qui semble cuit à point, on l'accueille; seulement, si l'on veut en tâter, il est tout brûlé, carbonisé, et tombe en miettes, en poussière; ce n'est bon à rien.

même, on *chauffera* cet enfant, pour en faire Copernic, celui-ci Leibnitz, cet autre Voltaire, cet autre Raphaël, etc. On ira voir les *Jeunes de génie* (comme on dit les *Jeunes de langues*); des règlements seront envoyés aux pères de famille, avec la méthode et les instruments nécessaires pour observer les circonvolutions du cerveau de leurs fils; on aura seulement le regret de ne pouvoir leur fournir la *balance de précision*, pour peser leur cervelle. A cela près, le résultat est certain, la Science s'en charge, c'est « à coup sûr! »

Et quels bienfaits innattendus! Plus rien que des hommes de génie, des héros, de grands caractères, des sages, des *saints* (si j'osais employer ce mot de la *mythologie* catholique); plus de coquins, de voleurs, d'assassins! On aura « étouffé en germe leurs penchants nuisibles. » Et, par conséquent, plus de crimes, de rapines, de parjures, de trahisons, de dilapidations, d'insurrections, de révolutions et de république!

Il n'y aura qu'un risque à courir : c'est de se tromper sur les aptitudes spéciales « d'un individu, » sur l'étude convenable de « ses modes d'énergie fonctionnelles, » de lui donner une « éducation familiale, » et de le mettre dans « un milieu cosmique » contraire aux contours de sa masse cérébrale. On a appliqué tous ses efforts à faire un homme d'État, il n'est bon qu'à être garçon de café! on avait préparé un poète, il « éclot » M. Zola! un peintre classique, c'est Manet! un héros, c'est Gambetta!

Heureusement, nous avons une compensation, plus qu'une compensation : avec le temps, la fabrication à forfait des hommes de génie sera de plus en plus facile, et par une cause toute naturelle, et que vous n'avez peut-être pas remarquée. Depuis que l'homme existe, son crâne s'est considérablement développé ; à mesure qu'il montait dans le règne animal, qu'il devenait *pithicomorphe* (c'est un mot nouveau : autrefois on disait singe *anthropoïde*, singe ressemblant à l'homme ; la *Science* dit mieux aujourd'hui : *homme ressemblant au singe*), puis, *anthropomorphe*, homme *préhistorique,* etc., etc., enfin, homme matérialiste et athée, ce qui est l'homme complet, son crâne se développait, s'étendait, s'élargissait. Ainsi, prenez « un crâne Parisien du treizième siècle, et comparez-le à un crâne Parisien du dix-neuvième siècle, » c'est ce qu'a fait mon savant confrère, le docteur Broca, matérialiste et athée comme moi : le crâne du Parisien du dix-neuvième siècle est « d'une dimension incomparablement plus grande que celui du treizième ; » vous savez, le treizième siècle, le siècle de saint Thomas d'Aquin, d'Albert le Grand, de saint Louis, d'Innocent III, de saint Dominique, de saint Bonaventure ! Ils avaient de tout petits crânes ; aussi, quels petits hommes !

— Mais, alors, que sera donc, en suivant la progression, le crâne du Parisien du centième siècle ? Car vous admettez bien que le monde vivra encore trois ou quatre cents siècles ?

— Trois cents siècles ! trois cent mille siècles, trois cent mille milliards de siècles, puisque le monde vivra toujours !

— Je me demande avec épouvante quelle sera la grosseur prodigieuse du crâne du Parisien de ces siècles perdus encore dans l'aurore des âges ! Ce sera une courge, une citrouille, comme celle que rêvait le pauvre Garo de la fable. Comment pourra-t-il porter un tel poids vacillant sur ses épaules ?

— Il est vrai ; mais quelle intelligence, aussi, dans

cette tête énorme ! Oh ! on n'aura pas besoin alors de s'occuper à former des grands hommes : tous les hommes le seront, tous des héros, tous inventeurs, tous hommes de génie !

III.

Je l'ai dit, M. Letourneau est un *croyant*, et un croyant qui mérite vraiment le titre d'orthodoxe, car il a la foi vive : la foi, a-t-on dit, est « l'approbation libre des choses *qu'on ne voit pas* (1). » Or, lui, il croit *sans voir*, sans avoir vu, sans pouvoir espérer voir; il croit l'impossible, il croit, parce que c'est absurde, *Credo, quia absurdum.* Que demander de plus? n'est-ce pas la foi la plus complète, la plus parfaite, la foi qui sauve?

M. Letourneau sera donc sauvé, car il a la foi !

Il est vrai que ce qu'il croit n'est pas ce que croit la majorité des hommes : il ne croit pas à *Dieu*, il ne croit pas à la *création*, il ne croit pas à l'*âme*, il « répudie hautement cette entité, » *(entité*, quelle expression trouvée!) il ne croit pas à la *vie future*, au *paradis*, « ce futur océan de félicité. » Il n'y croit pas, et il « ne le regrette pas ! » Il n'en veut pas, il en fait fi ! Mais il croit au *Paradis terrestre*, à un paradis terrestre qui n'est pas, il faut le dire, celui des Chrétiens, des Juifs et même des Païens, mais un paradis bien autrement admirable que l'*Age d'or* d'Ovide et l'*Eden* de la Genèse : c'est l'*Age quaternaire*, où « l'homme préhistorique » réfugié dans les trous de montagnes, vivait en compagnie de l'ours, *ursus spelæus*, de l'éléphant, *elephas antiquus*, de l'ornithienites, du rhinocéros *tichorhinus*, et du bœuf, *bos primigenus;* en un mot, le Para-

Le paradis de l'âge quaternaire.

______

(1) Abailard.

dis terrestre, c'est « la deuxième époque des Cavernes ! »

Le monde, alors s'écrie-t-il avec enthousiasme, as-
sista à un grand spectacle, à une des périodes dont il
doit à jamais garder le souvenir : alors eut lieu « *le bel
épanouissement de la civilisation quaternaire !* »

Vous connaissiez le siècle de Louis XIV, le siècle de
Léon X et de François Ier, le siècle d'Auguste, et le
siècle de Périclès. Oui, on peut citer ces quatre siècles,
qui ont produit certaines œuvres peut-être trop vantées;
en voici un cinquième, la *deuxième époque des Cavernes*, où s'épanouit, dans toute sa grâce et sa beauté, la
civilisation quaternaire ! Songez donc à ce que l'on
voyait alors : ce n'était plus le temps où l'homme, misérable contemporain de monstres tels que le masto-
donte, le mammouth, le ptérodactyle, l'ichtyosaurus, le
plesiosaurus, le dinothérium, le trogontherium, etc.,
etc., parvenait, tout au plus, à tailler « à grands éclats »
des haches « en silex pyromaque, » ou à « modeler à
la main des poteries grossières sans ornements, qu'il
faisait sécher au soleil. » (Quelle sûreté de détails et
d'informations ! ne dirait-on pas qu'il y a assisté !) Ces
temps si durs sont passés; le jour d'une brillante civilisation s'est levé, l'homme a fait un pas immense : il
a imaginé d'habiter les creux de rochers, et, comme
un premier progrès est toujours suivi d'un autre, il en
a fait un second, il a « *domestiqué* le renne ! » du moins,
c'est probable ! il y a lieu « de se le demander. » Le
renne *domestiqué* (supposons-le domestiqué) donne à
l'homme son lait ; les rochers lui fournissent un toit;
il sait aussi, « très probablement, » se couvrir de
peaux de bêtes. Ainsi logé, nourri, « garanti, sans trop
de peine, » des intempéries de l'air, assuré « d'une
alimentation facile, » l'homme, l'homme préhistorique, l'homme quaternaire, vivait en rentier ! Alors,

que pouvait-il faire de son temps, sinon se livrer à la culture des beaux-arts et aux « perfectionnements de son industrie? » Et il n'y manqua pas, c'est à ce noble emploi de ses facultés qu'il « utilisa ses loisirs. » C'est alors qu'il accumula tous ces chefs-d'œuvre que ne suffisent pas à contenir les muséums, les galeries d'histoire naturelle, les cabinets des archéologues et les vitrines des curieux : javelots, flèches, épingles, grattoirs, *celtæ*, poinçons faits « de *délicats* éclats de silex, » têtes de lances « finement retaillées, » etc., etc. Il est poète, il a « bien plus d'imagination »; cette imagination travaille, et il devient artiste! « De l'industrie quelque peu perfectionnée à l'art, il n'y a qu'un pas, » et ce pas, « le Troglodyte le franchit : » (Car j'avais oublié de vous dire que cet artiste n'était pas tout à fait un homme, c'était un Troglodyte) il est artiste, « il grave, il sculpte, » il peint et compose aussi, sans doute; hélas! sa musique est perdue! Je vous l'avais annoncé : c'est un admirable « épanouissement de civilisation! »

Par malheur, cette belle époque ne dura pas; nos artistes *périgourdins* (on fait des découvertes incessantes avec le *savant* docteur Letourneau : c'est dans le Périgord que vivaient les Troglodytes de l'époque quaternaire, et cela est incontestable, puisqu'il y a en Périgord deux ou trois trous de montagne, où l'on a trouvé des pierres et toutes sortes d'os d'animaux), nos habiles artistes Troglodytes, donc, eurent la malencontreuse idée de quitter le Périgord, bon pays pourtant, voisin du Midi, climat doux et tempéré, et pour aller où? Dans le nord, non pas au nord de la France, mais à l'extrémité de l'Europe, de la Suède et de la Norwége, en Laponie!

Vous ne l'auriez jamais pensé, les émigrations des peuples tendant toujours à descendre du nord au midi, des régions stériles et glacées vers les pays du soleil, de la lumière et de la chaleur, des fruits savoureux et du bon vin. Et, cependant, voilà toute une race d'hommes (ces Troglodytes ont vraiment quelque apparence d'hommes), qui font juste le contraire, qui abandonnent le climat le plus favorisé, pour aller chercher les glaces, les neiges, la nuit et la famine. Ah ! vous n'en avez pas deviné la raison ; M. Letourneau va vous la dire : c'est le renne ! le renne *domestiqué*. Oui, le renne ne se souciait plus d'une civilisation si avancée, il en avait assez ; il trouvait le Périgord trop chaud, il se tournait constamment vers le nord, il aspirait les brises glacées du nord ; et, pour ne pas le contrarier (ce renne était bien mal *domestiqué*, car c'est au domestique à obéir, et non au maître ; après cela, les Troglodytes étaient probablement en république !), les Périgourdins quittèrent en masse les bords de la Dordogne, et allèrent s'établir... en pleine Laponie.

Alors, plus de loisirs : il faut sans cesse songer à se défendre contre le froid, chasser l'ours et le renard bleu, pour se vêtir, fabriquer des traîneaux, dresser des chiens, creuser des trous dans la glace, pour surprendre le poisson, etc. La journée n'est pas trop longue et la soirée aussi. Plus d'art, plus de ces « élégants silex, » de ces « fines entailles, » etc. C'est ainsi que finit le « bel épanouissement de civilisation de la deuxième époque des Cavernes ! »

Il n'y a qu'un point obscur dans ce riche tableau, et c'est dommage. Il paraît que ces pierres « si finement » taillées, ces « délicates » œuvres de silex de la civilisation quaternaire, ressemblent singulièrement aux armes de pierre du Mexique, fabriquées vers le quatorzième ou quinzième siècle de notre ère, à certains poignards de Java, de l'Inde, et même du Japon, où l'on en fabrique encore, j'entends *de nos jours,* en plein dix-neuvième siècle. Bien plus, et l'histoire nous l'apprend, l'histoire écrite, une partie des soldats bretons qui suivirent Guillaume le Conquérant en Angleterre, au onzième siècle, étaient armés de flèches et de javelots *de pierre.* Or, on ne peut se défendre de cette réflexion : si l'on fabriquait des armes de pierre, en Bretagne, au onzième siècle, dans le Mexique, au quatorzième, au Japon, dans le dix-neuvième, il n'est pas interdit de penser que les pierres trouvées en Périgord et ailleurs, sont l'œuvre, non de prétendus Troglodytes, qu'on n'a jamais vus, et le produit du « bel épanouissement de l'âge quaternaire, » mais tout simplement d'hommes beaucoup moins anciens, de braves serfs chrétiens, qui, en Périgord comme en Bretagne, partaient en guerre avec leur seigneur, armés d'armes de pierre, qu'ils façonnaient eux-mêmes, sans se croire, pour cela, des « artistes épanouis » dans un bel âge de civilisation ! C'est une autre manière de faire s'évanouir la brillante « civilisation des Cavernes. »

IV.

M. Letourneau, lui, qui est un *savant* et un *croyant,* croit tout cela : civilisation troglodyte, art des cavernes, exode des Périgourdins au pôle nord, etc., rien ne l'étonne. Mais, voici un bien plus grand acte de foi : la formation du monde *tout seul.* Le monde s'est fait tout seul, nous dit M. Letourneau, et *de rien;* il n'a fallu qu'une seule chose, le *temps.*

Et le temps, qui l'a fait? Ne le demandez pas à l'homme de foi : il y a des mystères auxquels il est bon de ne pas penser.

Tout à l'heure, reprend-il, vous parliez de siècles,

Les miracles de M. Letourneau.

du onzième siècle, du quatorzième siècle, du quinzième siècle. Qu'est-ce que des *siècles* pour l'univers! Nous n'admettons pas les siècles : « Les périodes séculaires, même *millénaires*, sont devenues insuffisantes. » Ah! bien oui, des siècles! Les langues des hommes n'ont pas de mots pour donner une idée des temps depuis lesquels vit l'homme; ces temps « défient toute chronologie. » Pour s'entendre, il faut se servir d'expressions incommensurables, presque ineffables, adopter des espaces de temps indéfinis, des « unités chronologiques *convenables*, » c'est-à-dire, qui nous conviennent. — « La femme *comme il faut*, » disait Balzac; « la femme *comme il en faut*, » disent ses disciples.

La formation du monde *tout seul* est l'article principal du *Credo* de M. Letourneau; c'est ici qu'il témoigne d'une foi invincible, surhumaine, qu'on ne trouve que chez les saints. Mais, que dis-je, saints! Il est peu de saints qui aient vu autant de miracles. Qu'est-ce que les plus grands miracles, en comparaison de la suite de ·miracles que nous raconte M. Letourneau, comme les événements les plus simples?

1° Premier miracle, et même assez compliqué : « *D'abord*, l'espace était rempli d'un *éther infiniment étendu*. » Tous les mots ont ici une portée extraordinaire : *d'abord*, qu'est-ce que cela signifie? De quel moment est-il question? l'*éther*, qu'est-ce que l'éther? l'*espace*, qu'est-ce que l'espace? Et l'*infini*, et l'*étendue?* Comment toutes ces choses incompréhensibles sont-elles faites et agissent-elles l'une sur l'autre? M. Letourneau semble comprendre tous ces mots inexplicables; il devrait bien en expliquer seulement un, je le tiendrais quitte des autres.

2° Cet *éther* est invisible, absolument invisible, non

seulement invisible, mais impalpable et insensible, « nos sens ne le perçoivent pas. »

— Mais si l'éther est invisible, imperceptible à nos *sens*, c'est donc notre *esprit*, notre *âme* qui le perçoit?

— Du tout, nous n'admettons pas l'*âme*.

— Comment donc sait-on que l'éther existe? Deuxième miracle.

3° Cet éther invisible, impalpable, insensible, a, cependant, une force inouïe, que vous n'auriez jamais soupçonnée, et qui produit des effets extraordinaires, et en telle quantité que, pour ne pas nous perdre, nous allons les subdiviser :

(A) L'éther devient *visible*.

— Comment? par quel procédé?

— « A mesure que diminue son degré de *sublimation*, » ou, si vous voulez la traduction en bon français : à mesure qu'il devient moins *éthéré*.

— Mais comment l'éther devient-il moins éthéré?

— En diminuant de sublimation!

On peut continuer ainsi, indéfiniment.

(B) Devenu visible, cet éther se transforme en nébuleuse, une « *nébuleuse laiteuse*. » Cette fois, on ne nous dit pas comment. Du reste, dès qu'il est nébuleux, pourquoi ne serait-il pas laiteux?

(C) Une fois nébuleux et laiteux, l'éther invisible, impalpable, insensible, se concrète, et devient « un noyau, » un « noyau *dur*. » Vous ne direz pas qu'il n'y a pas là un miracle! Mais en voici un encore plus surprenant.

(D) Le noyau est brillant, « lumineux! »

(E) Bientôt il passe à « l'état *stellaire;* » c'est une étoile!

Ce seul miracle, n° 3, est si fécond, que nous avons été obligés de le décomposer : il ne donne pas moins, comme on voit, de *cinq* sous-miracles.

Nous n'en avons pourtant pas fini avec ce prodigieux éther, « si fertile en miracles. »

4° Vous avez bien entendu parler du *sodium*, du *magnésium*, du *potassium?* etc.

— N'est-ce pas des métaux, comme le fer, le platine ou le zinc?

— Précisément! Eh bien! l'éther, cet éther invisible, insensible, etc., qui, tout seul, en devenant moins éthéré, s'était transformé en nébuleuse laiteuse, en noyau, en étoile, a accompli bien d'autres miracles : il a produit tous ces métaux : « sodium, potassium, magnésium, etc.! » Si vous aviez une bonne lunette, vous les verriez. On peut dire qu'il se fait de prodigieuses manipulations dans ce laboratoire éthéré. Les alchimistes du moyen âge ont vécu quelques siècles trop tôt; on leur aurait montré, non seulement qu'il n'y a rien de plus vrai que la transmutation des métaux, et qu'on fait de l'or avec du cuivre et de l'étain, mais *des métaux avec de l'air;* que dis-je, de l'air! avec moins que de l'air, avec de l'éther invisible et insensible, autant dire, avec rien du tout!

5° Je passe par-dessus une série de petits miracles, qui ne valent pas la peine de nous arrêter : notre éther, devenu nébuleux, — noyau, — lumineux, — étoile, — métallique, ne s'arrête pas dans ces transformations, il devient « planète, » et, sur cette planète, apparaissent « la terre, » la mer, les caps, les îles, etc. Ce qui, avec les sous-miracles, complète à peu près une douzaine de miracles.

6° Plus nous allons, plus les miracles sont propres à donner le vertige : cet éther, toujours, ce même éther invisible, impalpable, insensible, s'étant changé en planète, rien d'étrange qu'on y trouve de la terre et de l'eau, et, dans la terre et l'eau, qu'il se forme des pierres et des minéraux. Mais, voici bien une autre formation : ces pierres, ces minéraux produisent « des animaux ! » Oui, des animaux vivants, grouillant, nageant, volant, rampant et marchant ! C'est un assez joli miracle, celui-là !

Le *savant* M. Letourneau, lui-même, si habitué qu'il soit aux miracles, en paraît un peu étonné; il croit que ces animaux ne naissent pas seulement des pierres, mais « de l'eau et de la terre, » cette terre faite avec ce prodigieux éther invisible, insensible, etc. Mais, il y a là une petite difficulté : si, pour produire des animaux vivants, il ne faut que de la terre et de l'eau, pourquoi ne s'en produit-il pas encore? Il n'est pas besoin d'ingrédients chimiques, de combinaisons compliquées, de gaz, de corps solides, simples ou composés, chauffés ou refroidis dans des cornues et des alambics; il ne faut que de la terre et de l'eau. Encore une fois, que ne nous fabrique-t-on un animal, un insecte, un moucheron, si petit qu'il soit?

7° Attendez! ce n'est pas fini. De l'éther invisible, impalpable, etc., devenu noyau, planète, terre, pierre, sont sortis des animaux vivants, et c'était déjà assez prodigieux; il en sort bien plus : des animaux *pensants*. Oui, cet éther qu'on ne voyait pas, qu'on ne sentait pas, qui était comme s'il n'était pas, cet *éther* vivait, remuait, agissait, produisait, et *pensait!* Car, un être qui pense pourrait-il naître d'un être qui ne pense pas? Voilà, pour terminer, comme le bouquet d'un feu d'artifice de miracles, le miracle par excellence, le miracle à jamais inexplicable et incompréhensible: un être *pensant*, né de quelque chose qu'on n'a jamais vu, ni touché, ni senti ! La *pensée*, qui crée tout, qui voit tout, qui embrasse tout, sortie de *rien!*

Qui pourra, désormais, disputer à M. Letourneau la qualité de *croyant?* Il dépasse le chrétien le plus fervent, le moine le plus soumis, le catholique le plus conflant en la parole de l'Évangile. Personne n'a jamais cru, raconté, avec tant de foi, tant de miracles! C'est le vrai croyant, qui abaisse sa raison devant la foi. Et qu'est-ce qu'un tel homme, un tel croyant, d'une foi si entière, si absolue, si aveugle, sinon un *saint!* Le docteur Letourneau est un saint, et, après avoir vu tant de miracles, il ne lui reste plus qu'à en faire !

V.

Singulière crédulité de M. Letourneau.

Il ne croit pas à Dieu créateur tout-puissant, mais il croit à des absurdités et des impossibilités, à un air invisible et insensible, qui produit des hommes.

On lui en a fait accroire bien d'autres! Par exemple, que des philosophes, des plus spiritualistes et chrétiens, Linnée, Bacon, etc., étaient « matérialistes et athées! » Ils écrivaient quelques pages qui exprimaient la foi au Créateur, l'adoration de Dieu, etc.; puis, ces précautions prises, « la théologie étant éconduite avec tous les égards convenables, » ils en prenaient « tout à leur aise, » et émettaient tranquillement des doctrines qui, au fond, supprimaient Dieu, l'âme, la création, etc. Les *savants* matérialistes, qui savent à quoi s'en tenir sur leurs confrères, et ne se sentent pas en très bonne compagnie avec les Bushmen, Caraïbes, Adamènes et autres peuples athées *inconscients,* ne seraient pas fâchés de faire croire qu'ils fréquentent des gens distingués, et qu'ils sont liés avec des hommes généralement estimés et respectés. C'est une prétention qu'ont tous les démocrates, mais qui est rarement satisfaite; on les laisse volontiers entre eux.

On lui a fait accroire qu'il y a des peuples qui ne savent pas *à quoi servent les lèvres,* et qui ne l'ont appris qu'après avoir atteint un haut degré de civilisation. Oui, il leur a fallu je ne sais combien de temps pour connaître l'usage de leurs organes. A peine nés, les canards vont à l'eau, les chiens aboient, les chats miaulent, les oiseaux fendent l'air, les pics piochent les troncs d'arbres de leur bec pointu, les singes se suspendent aux branches avec leurs queues, les fourmis trottent sur leurs petites pattes, etc., etc. Chaque être sait à quoi lui sert son pied, son aile, sa patte, son groin, sa trompe, ses ongles ou sa langue, et il fouille, lappe, griffe, lèche, saisit, hume, écorche, sans avoir appris, sans avoir eu de maître : mais il y a de pauvres êtres déshérités, des nations entières, qui ont ignoré pendant des siècles (il y en a peut-être encore), pourquoi ils avaient des lèvres! Et ne croyez pas que ce soit dans les âges *antédiluviens,* comme on disait autrefois, *préhistoriques,* comme on dit aujourd'hui. Non! il y a peu de temps, avant que les navires d'Europe eussent abordé leurs côtes, les Américains, les Polynésiens étaient, à cet égard, dans la plus complète ignorance. Ils ne manquaient pas d'une certaine civilisation : les Mexicains et les Péruviens étonnèrent les Espagnols par la splendeur de leurs monuments et leurs raffinements de luxe; les Taïtiens se montrèrent tout de suite très faciles, très ouverts, très communicatifs avec les étrangers, trop communicatifs; les Polynésiens mangeaient fort bien des hommes, qu'ils faisaient délicatement cuire à un feu doux, sous la cendre; mais « le baiser leur était inconnu! » Ils avaient une bouche et des lèvres faites comme tout le monde, et ils n'avaient jamais cherché à quoi servaient ces lèvres! M. Letourneau le raconte, et il en gémit!

On lui a fait accroire que les animaux connaissaient

l'*amour platonique!* Certes, il sait bien et il le dit, en
cette langue délicate et pudique destinée à devenir la
langue de l'avenir, que l'amour n'est qu'un « besoin
matériel, avec contre-coup sur les centres nerveux. »
Mais il y a aussi dans l'amour « une partie *mentale;* »
« décrite par les romanciers et les poètes, » ce « feu
d'artifice de la passion, » plus resplendissant, plus écla-
tant, plus adoré qu'aucun soleil, quoiqu'il laisse, après,
la nuit plus noire, ce feu, ravissement de l'âme, enchantement printanier de la vie. « Ces phénomènes intellectuels de l'amour, » oui, il semble qu'ils ne « sont propres qu'à l'homme seul, que c'est un privilège qui lui
appartient; » mais la vérité est que tout cela existe
dans l'animal, n'est que « l'*amplification* de ce qui ad-
vient dans l'animal. » Si, donc, vous voulez, amants et
poètes, avoir l'image de l'amour, ce mal où l'on se
plaît et dont on ne veut pas guérir, de vos transports,
de vos doutes, de vos tristesses, de vos désespoirs et
de vos mélancolies, de vos sacrifices, de vos dévoué-
ments et de vos douleurs, regardez les bêtes autour de
vous, chiens, chats, perroquets, puces et dindons,
vous y verrez poindre tous les traits caractéristiques
de l'amour pur, éthéré, platonique : les *phénomènes
intellectuels*, la *fièvre de la passion*, la *partie] mentale*,
et jusqu'au *feu d'artifice* de l'amour !

On lui a fait accroire qu'il y avait des animaux *inventeurs*, aussi inventeurs que l'homme, pour le moins !
L'homme est « le plus intelligent des animaux, » cela
va sans dire et, encore, « en général, » faut-il ajouter;
mais les animaux le valent bien ! Ils ont absolument
« les *mêmes facultés* » que l'homme; cela ne varie que
du plus au moins. Autrefois même, au début, l'homme
était bien « moins industrieux que les castors, les
abeilles, les fourmis, etc. » (Michelet ne dit pas *autre-*

fois, lui, c'est encore ainsi *aujourd'hui* (1).) Seulement, l'homme « a progressé plus vite que ses *émules* du règne animal. » Ses émules! Vous entendez bien! L'homme et les animaux sont sur la même ligne : comme les écoliers en classe, ils composent à qui sera le premier; l'homme l'a été, mais les autres, les animaux, pour être en arrière, ne progressent pas moins : ils travaillent, ils s'ingénient, et ils inventent; ils inventent tous les jours! Un seul exemple suffit, le castor : vous savez quels immenses progrès il a faits; traqué par les trappeurs, poursuivi à outrance par les pionniers de la compagnie de la baie d'Hudson, troublé dans ses travaux par les chasseurs cupides, le pauvre animal s'est caché tant qu'il a pu, et a tâché de dissimuler sa demeure à ses cruels persécuteurs.

— Et comment?

— Comment! s'écrie M. Letourneau. Il a inventé de s'enfoncer de plus en plus sous terre : « Il était architecte, il est devenu *fouisseur!* » Quel progrès! quel génie! quelle invention!

Voilà, pourtant, ce que ce malheureux *savant* croit, et veut que nous croyions!

Pour ne pas reconnaître de supérieur, par orgueil, il n'admet pas de Dieu, et il a perdu jusqu'au sens des vérités que possèdent l'enfant le plus ignorant et le paysan le plus inculte. Il ne comprend pas la différence profonde, radicale, sans mesure, de l'homme et de l'animal, de l'intelligence et de l'instinct, qui fait exécuter à l'animal, depuis la création, toujours le même travail, de la même manière, par les mêmes procédés : l'araignée, pour tisser sa toile, l'abeille, pour construire ses cellules, la fourmi, pour percer ses galeries.

(1) Voyez l'*Insecte*.

Il ne voit pas la différence qu'il y a entre cette industrie *révélée* par Dieu à l'animal, pour la conservation de sa vie (grand miracle, celui-là, et incompréhensible aussi), mais industrie invariable et sans progrès, et l'*invention*, départie à l'homme seul, prodige bien autrement merveilleux, et qui n'existe qu'avec les plus nobles facultés, la liberté de l'homme (car il est maître de changer, de modifier son travail, de le suspendre, de l'arrêter), la réflexion, la volonté, la connaissance, la combinaison des idées, et, enfin et surtout, cette faculté presque divine, insaisissable, ailée, qu'on appelle d'un des noms les plus inexplicables des langues humaines, l'*Imagination*, qui, lorsqu'elle descend sur lui, l'enlève au présent, aux sens, à la matière et, l'emportant dans l'espace, lui fait apercevoir, entrevoir et deviner un monde de formes, de sons, de figures et d'harmonies, qui ravissent son esprit en extase; vision d'où il revient ébloui, dont il s'efforce de perpétuer le souvenir et l'image par ses inventions imparfaites, qui ne le satisfont jamais, mais sont le témoignage irrécusable de sa céleste origine et de ses rapports avec le grand Dieu, éternel et perpétuel inventeur des mondes!

CHAPITRE III.

LES DÉCOUVERTES SUR DIEU.

Les sous-maîtres. — M. Heckel. Nouvelle manière de prouver qu'il n'y a pas de Dieu. — M. Espinas. Ce qu'est l'idée de Dieu. — M. Isnard. Moyen de s'en délivrer. — M. Beaunis. Effroyables dangers de la croyance en Dieu. — M. Paul Bert. Fantasmagorie de l'idée de Dieu.

M. le Dᵣ Letourneau a ouvert la marche, comme le tambour-major en tête du régiment, balançant son gigantesque plumet au haut de son bonnet à poil, et faisant mille évolutions savantes avec sa grande canne. La troupe de la science se presse sur ses pas, s'agitant, se prenant à toutes les questions, s'attaquant à tous les sujets, résolvant tous les problèmes.

Cette troupe, il faut bien le dire, n'est pas composée, en général, des savants en titre, des maîtres; ce sont presque tous des *sous-maîtres,* que l'on pourrait appeler des *répétiteurs,* non qu'ils aident les élèves dans leurs *devoirs,* mais parce qu'ils ne font guère que *répéter* ce qu'enseignent les maîtres et souvent le répètent mal; ils auraient parfois besoin eux-mêmes de répétitions.

Quelques-uns sont des *spécialistes,* ils savent une ou deux choses, et rien après, mais ils veulent faire croire qu'ils en savent bien d'autres; aussi les voit-on parler de tout avec assurance, affirmer, nier, décider, d'un ton tranchant, comme les capitans et les matamores d'autrefois, mais, en réalité, aussi peu terribles.

Les sous-maîtres.

I.

Écoutons-les, d'abord, s'expliquer sur Dieu. Voici M. Ed. *Heckel*, de Marseille; il tient à se montrer digne de son nom (presque le même que celui du fameux professeur allemand, *Haëckel*), il est matérialiste et *évolutionniste*, avec une sorte de férocité. Il a pour spécialité la botanique, les plantes, les monstruosités végétales, ou, en langage scientifique, la *tératologie* végétale (1). Il semble que rien ne soit plus étranger aux manifestations athées; détrompez-vous. M. Heckel saisit des rapprochements où vous n'en apercevez aucun, et, à propos d'un champignon, donne une chiquenaude au surnaturel et une pichenette au bon Dieu.

Ce pauvre Cuvier, dit-il, « un des plus *influents* naturalistes de ce siècle, » n'enseignait-il pas que « les êtres vivants avaient une origine *surnaturelle,* placée *au dehors* et *au-dessus* de la Science, inaccessible, en un mot, aux seules *forces de l'intelligence humaine!* » Comprenez-vous cette aberration? Cuvier croyait en Dieu; il prétendait que Dieu était plus puissant que la Science; que l'homme, l'esprit de l'homme, la force de l'homme, ne pouvait créer le monde. Quelle naïveté! Il est vrai qu'il est le dernier qui ait cru à Dieu, au surnaturel, au miracle. Personne, après lui, n'y a cru : « Cette doctrine expira sur ses lèvres mourantes. » (C'est presque un vers.)

Ce savant *influent* disparu (assez influent, en effet, car il a créé deux sciences, la paléontologie et l'anatomie comparée), on a reconnu une vérité capitale : c'est que « la matière est éternelle, » qu'elle peut tout,

(1) Voyez : Heckel, *Introduction à l'étude de la tératologie végétale.*

fait tout, c'est-à-dire, remplace absolument Dieu; et j'ai trouvé une manière nouvelle de le démontrer. Prenez un œuf, un œuf de pigeon : s'il y a un accident, par oubli, par négligence ou volonté, dans l'incubation de cet œuf, qu'advient-il? Le produit est plus ou moins profondément troublé, est bossu, boiteux, hydrocéphale, que sais-je, mal conformé. Ainsi, vous avez détruit tout le travail des siècles, il ne ressemble plus au pigeon type, il n'a plus les mêmes formes; vous avez renversé « l'échafaud établi sur un *substratum* capable d'assurer la perpétuité de la forme par la répétition absolue de conditions identiques. » Est-ce évident cela?

Et ainsi, ajoute M. Heckel, avec un dédain superbe, « *devant* ce fait, combien se trouve abaissée, *en face* du raisonnement, la *création surnaturelle*, qui donne comme loi inéluctable à la créature de rester éternellement *semblable* à ce qu'elle fut dans les mains du créateur (1) ! »

Et que ce pauvre Cuvier devait avoir l'esprit faible, pour invoquer la ressemblance des animaux vivants avec ceux dessinés sur les monuments Égyptiens, et l'identité des coquilles de nos mers avec celles trouvées dans les terrains recouverts par le déluge! Comme s'il y avait eu un déluge! s'écrie ici un sous-maître, ami de M. Heckel, M. Farrer; le déluge, c'est une invention de l'Écriture!

— Nous obtenons un pigeon qui a l'estomac dans les bronches, reprend M. Heckel, « une plante où les pièces de la corolle sont inégalement soudées, » nous

(1) M. Heckel a trouvé moyen, dans cette phrase, de placer la création surnaturelle à la fois *devant* un fait et *en face* du raisonnement. Il devrait bien nous expliquer cette anomalie, cette monstruosité, ce cas de tératologie. Mais, en devenant si *savant*, comment avoir le temps d'apprendre la grammaire?

faisons un *monstre*, c'est-à-dire, un être non prévu par Dieu; donc, il n'y a pas de Dieu!

Voilà comment M. Heckel, de Marseille, se met en *dehors* de Dieu, en se tenant *devant* un fait et en *face* du raisonnement. Mais, que dis-je! de l'expérience de M. Heckel il y a une bien autre conséquence à tirer : M. Heckel n'est pas seulement en *dehors* de Dieu, il est *au-dessus* de Dieu; il n'y a pas de Dieu, mais M. Heckel a *créé* un monstre; c'est M. Heckel qui est Dieu!

II

Soyez-en sûr, mon ami, s'écrient coup sur coup trois ou quatre répétiteurs assemblés autour de l'élève qu'ils se sont chargés de préparer, et qui s'appellent M. Ribot, M. Espinas, M. Isnard, M. Beaunis; rien de plus vrai que ce que vous dit M. Heckel : Dieu est « une erreur, » une vieille erreur, de même que « l'*âme*, la *conscience*, la *vie future* et l'*immutabilité des lois* de *la nature* (1). »

— On ne peut mieux dire que l'excellent M. Isnard, jeune homme, s'écrie M. Ribot, « tout est matière. » Et, dès lors, qu'est-ce que la *pensée* et l'*intelligence?* « de simples fonctions organiques; » les *idées élevées?* « un effet des nerfs; » *l'âme?* il n'y a pas d'âme, les Allemands l'ont reconnu, il n'y a « plus d'âme! » qu'est-ce que l'âme? « rien! » Tout le monde en serait convaincu, si l'on étudiait une science nouvelle, une science allemande, la *Psychologie physiologique :* « Malheureusement il y a peu de physiologistes psychologues! (2) » c'est ce qui fait qu'il y a tant de gens qui croient à Dieu.

(1) Isnard, *Spiritualisme et matérialisme.*
(2) Ribot, *La Psychologie allemande contemporaine.*

— Il est certain qu'il n'y a pas de Dieu, ainsi que vous l'assure mon savant ami Ribot, ajoute M. Espinas, et que Dieu est « une grande *illusion*, qui hante successivement, on ne sait pourquoi, les *cerveaux des générations humaines.* » Curieuse question à étudier, la cause de cette fantasmagorie héréditaire et universelle ! L'humanité, pardonnez-moi l'expression, *a une araignée dans le plafond.* De même, autre question intéressante : « Avant l'apparition de l'homme sur le globe, ce globe a dû exister, il y avait *quelque* chose ; » et, avant ce globe, quelque chose encore. Il y a des gens qui disent que c'est Dieu : « *déterminer* ce *quelque chose,* voilà le difficile (1) ! »

M. Espinas.
L'idée de Dieu
est une toquade
du genre hu-
main.

—Savez-vous pourquoi c'est difficile, mon bon M. Espinas ? reprend M. Ribot : c'est à cause de l'éducation que vous avez reçue. Sous l'impression des idées erronées qu'on vous a données, vous vous dites : Il y avait quelque chose avant l'homme, avant la terre, et ce quelque chose, c'est Dieu qui l'a fait. Triste effet de l'éducation de la famille ! Voulez-vous que je vous raconte, moi, ce qui m'est arrivé : j'avais été élevé, comme vous, par ma mère, une bonne femme ignorante et superstitieuse, comme toutes les femmes, qui m'avait appris à croire en Dieu. J'y ai cru longtemps, j'ai même fait ma première communion, et je n'aurais peut-être jamais changé, si j'étais resté dans ma famille. Heureusement, on me mit au collège, « au moment où ma raison commençait à s'éveiller ; » je fus, je peux le dire, « *élevé* exclusivement sur les bancs de l'*Université,* » et, pour comble de bonheur, j'eus « pour maître un philosophe libre-penseur. » Alors, je me transformai, ce fut bientôt fait : « je commençai à réfléchir, » et aussitôt, je com-

M. Isnard
et les bienfaits
de l'Université.

______
(1) M. Espinas.

pris « l'erreur du spiritualisme et le *danger de la croyance en Dieu.* » Je devins « matérialiste et athée, » grâce à Dieu, (excusez ! c'est un souvenir de la première éducation) et je le suis de plus en plus. Mais combien d'années pour arriver à ce résultat ! que de temps perdu ! Aussi, je veux éviter aux jeunes gens, aux enfants « *une pareille perte de temps,* » et c'est pour cela que j'ai écrit mon livre de vulgarisation : *Spiritualisme et matérialisme!*

Tous ces messieurs que l'on vient d'entendre sont des docteurs : « *Duo medici, tres athæi,* » disait le moyen âge, qui avait de l'esprit.

M. Beaunis.
Énumération
des effroyables
conséquences
de la croyance
en Dieu.

— Vous avez eu un grand mérite à rejeter loin de vous les oripeaux de l'erreur, M. Isnard, et vous venez de prononcer un mot bien profond : *le danger de la croyance en Dieu!* Mais en avez-vous aperçu toute l'étendue? J'ai étudié ce sujet à fond, et j'ai découvert les effets les plus funestes, les plus malfaisants et les plus inattendus de cette croyance en Dieu.

·Celui qui parle ainsi, se nomme M. Beaunis, professeur à Nancy, et, comme il vient de lire un livre tout nouveau d'un docteur Anglais, M. Mandsley, *la Pathologie de l'esprit ou la folie,* il en profite pour répéter, non sans balbutier quelque peu, les déclarations athées qu'il a entendues. Il ne paraît pas souvent sur l'estrade philosophique, mais, ici, *il ne perd pas de temps,* pour employer l'expression de M. Isnard, et, en quelques pages, il vous en donne de quoi suffire à un volume (1) : qu'on en juge.

Il est convenu d'abord qu'il fait fi de Dieu, des miracles, etc.; il ne dit pas cela crûment : comme il n'est que sous-maître, il n'a pas l'aplomb des professeurs

(1) Voyez la *Revue scientifique,* 1879.

en titre, il emploie des circonlocutions. Au lieu de *Dieu*, il dit « le *surnaturel*, un *pouvoir hors de la nature ;* » au lieu de miracles, « une *intervention surnaturelle* dans les affaires humaines, » etc; mais il s'entend et on l'entend. Il ne veut pas de Dieu et il vous dit pourquoi; il a de fortes raisons :

La croyance en Dieu « entrave : »

1° La *pensée*. Voulez-vous donc ne plus penser?

2° La *science*. Qui, aujourd'hui, aurait le courage de se déclarer du parti de l'*ignorance*, et prétendrait poser sur la lumière de la science un éteignoir?

3° Le *génie*. Cela n'a pas besoin d'être démontré. Ici, cependant, le sous-maître s'arrête : Je sais bien, ce qu'on peut m'objecter; il y a eu, de tout temps, des hommes de génie, quoiqu'ils eussent la faiblesse de croire en Dieu. Mais qu'ont-ils fait ces hommes de génie, « comprimés » par cette idée étroite, et ne marchant qu'avec « la béquille » de la Religion? Ils se sont rejetés sur « l'art, la poésie, » ils ont été grands « poètes, » grands « peintres, » grands « sculpteurs, » grands « architectes, » grands musiciens, grands savants, grands philosophes même; le monde a retenu le nom de quelques-uns : Homère, Virgile, Corneille, Racine, Bossuet, Shakespeare, Raphaël, Michel-Ange, Newton, Mozart, etc., et l'on connaît d'eux un certain nombre d'œuvres qui ne sont pas sans valeur : l'*Iliade, Cinna, Athalie, Hamlet,* les *Élévations,* la *Vision d'Ézéchiel, Don Juan, Saint-Pierre de Rome,* etc. Mais qu'est cela, je vous prie, auprès de ce qu'ils auraient pu faire, sans cette « barrière » de la croyance en Dieu, qui se dressait devant eux, et empêchait « tout le développement du génie? » Et, quand vous citez leurs ouvrages que vous appelez des *chefs-d'œuvre*, ne suis-je pas en droit de m'écrier : Quelle minime « compensation ! » et que tout cela est « insuffisant ! »

Continuons à énumérer les conséquences déplorables de la croyance en Dieu.

4° Elle « affaiblit le *caractère*. » Vous-même qui m'écoutez, consentiriez-vous à être un homme sans caractère ? Voyez ce qu'on dit aujourd'hui : *Nous n'avons plus de caractères! l'avilissement des caractères! l'abaissement des caractères*, etc. Les journaux en sont remplis; c'est évidemment la conséquence de la croyance en Dieu.

5° Elle « affaiblit l'*intelligence*. » Comment ne serait-ce pas? La croyance en Dieu repose sur le *sentiment*, « et, quand les sentiments acquièrent trop de prédominance, c'est au détriment de l'intelligence. » Voyez Diderot, qui *sentait* si vivement : quelle intelligence! aussi était-il athée. Mais qu'est-ce que je dis? je m'embrouille, c'est précisément le contraire! enfin, n'importe!

6° Elle « affaiblit l'*esprit*. » J'entends « les fondements de l'esprit. » Car, pour l'*esprit* proprement dit, nous n'en faisons aucun cas; nous n'en avons pas, nous libres-penseurs, et n'y prétendons pas. Quelque chose de précieux que l'esprit! Ce dont je parle, c'est des *fondements de l'esprit;* les fondements de l'esprit, c'est-à-dire, les bases... « le *substratum*, »... le... les fondements de l'esprit, enfin! vous me comprenez, n'est-ce pas?

La croyance en Dieu, de plus, développe :

7° La *méchanceté*. Oui, Monsieur, la méchanceté! car c'est un fait reconnu que « la prière n'a jamais rendu l'homme meilleur, » et je suis très modéré, en m'exprimant ainsi : je pourrais plutôt dire, et je dirai même : « *au contraire!* » la prière rend l'homme pire! Et j'ajouterai qu'elle développe la méchanceté à un degré « incroyable! »

Nous en avons une preuve bien sensible, et visible pour tous; cette même croyance en Dieu développe :

8° L'*égoïsme,* « la personnalité humaine. » N'est-ce pas M. Guizot qui a avancé que les Barbares avaient apporté à l'Europe le sentiment de la « personnalité individuelle, » et qui leur en faisait un mérite? L'ignorant! C'est la Religion qui a introduit en l'homme ce virus de la personnalité. Depuis qu'il est Chrétien, l'homme ne cesse de « s'examiner, » de s'observer, de s'étudier; par conséquent, il ne pense *qu'à lui,* il ne s'occupe jamais des autres, « *surtout les femmes,* » bien plus sensibles, vous ne l'ignorez pas, « chez qui le côté *affectif* est bien plus développé que chez l'homme, » et par suite, qui sont incapables d'abnégation, de dévouement et de charité. Car, il ne faut pas vous abuser : les sœurs de Charité, ces fameuses sœurs de Charité, dont les Chrétiens font tant de bruit, ne sont rien moins que ce que vous pensez : ce n'est pas par amour de Dieu, par abnégation sublime, qu'elles passent leur vie à soigner les malades, à panser les plaies dégoûtantes, à braver les épidémies mortelles, c'est par *égoïsme :* elles sont, sans le savoir, « inconsciemment, » l'objet d'une « déviation du sentiment religieux; » il n'y a rien « de plus curieux! » Nous savons bien, nous, médecins, à quoi tient « l'amour divin! » Je n'insiste pas : « si je pouvais tout dire, » que « de révélations étranges » je ferais sur « certaines pratiques de dévotion! » Mais il faudrait, pour cela, avoir du caractère, « du *courage,* » de la sagacité, « de la *pénétration,* » et, surtout de l'esprit, « une certaine *délicatesse de touche,* » et, ma foi, quoique je ne croie pas au « surnaturel, » j'avoue que je ne possède pas ces qualités.

Cet aveu naïf dévoile l'homme : ce que nous raconte là M. Beaunis n'est pas de son fond, et il n'en est pas pénétré; il ne fait que répéter ce qu'il a entendu. Aussi, se trompe-t-il parfois, faute de mémoire; on peut le voir par ce qu'il dit, ou plutôt ce qu'il veut dire et ne dit pas.

Ainsi, il déclare très nettement qu'on ne sait pas du tout comment fonctionne le cerveau; que « l'expérimentation sur les animaux ne peut donner que des indications générales, des *suggestions* plutôt que des résultats; » que c'est un travail mystérieux, « dont nous ne voyons que les produits, » que « les expériences et l'observation » sont tout à fait insuffisantes, etc. Puis, il affirme qu'il y a « des *procédés* » qui permettent d'arriver « à connaître le *mécanisme intime* de la pensée, » (la pensée insaisissable, qui a un mécanisme!) et nous « laisser pénétrer *jusque dans les profondeurs* de l'âme humaine. » Si nous pénétrons *jusque dans les profondeurs*, comment donc n'avons-nous que « des indications *générales*, des *suggestions* insuffisantes, et pas de *résultats!* »

Évidemment, il ne connaît pas bien le sens des mots. Il en est de même, quand il emploie plaisamment le mot de *souterrain* pour le travail de la pensée : « le travail *souterrain*, mystérieux du cerveau! » il prend le cerveau pour une mine. Et aussi, quand, pour nous consoler de la perte des pensées sublimes, inspirées par la Religion, après qu'aura disparu « l'idée du surnaturel, » et qu'on ne croira plus à Dieu, il nous annonce qu'en revanche, nous aurons d'autres impressions provenant « de la contemplation des harmonies de la nature et de la compréhension de ses lois, » et qu'il en résultera un effet nouveau : « une émotion calme. » Une *émotion calme!* ce sera très gai, en effet, et très curieux, curieux comme les tempêtes *tranquilles*, les colères *paisibles*, et les passions *glacées!*

S'il faut l'avouer, celui qui parle ainsi ne sait trop ce qu'il dit : c'est un bon homme, il est guérissable, et on peut le ranger parmi ces *libres-penseurs*, naguère

farouches, qui, dans leur dernière maladie, se mettent
à réfléchir, c'est-à-dire, réellement à penser, et qui
meurent repentants et confessés.

III.

Mais M. Isnard, qui l'a écouté fort attentivement, ne
s'aperçoit pas de ces bizarres accouplements de mots;
il ne voit que le fond des choses : Oui! oui! dit-il,
certainement, nous jouirons un jour de ce magnifique
avenir, mais à une condition : qu'on nous accorde la
liberté de discussion. Car, « jusqu'ici, cette liberté
nous a été refusée, « à nous matérialistes, » tandis
qu'elle « est accordée à nos adversaires, » les cléricaux,
— surtout depuis quelques années, depuis la République. « Nous sommes mis hors la loi, souvent traqués, »
quoique, en apparence, nous occupions les premières
places de l'État, « accablés de sarcasmes et de mépris, » par les Chrétiens des deux mondes, d'Europe
et d'Amérique, qui prétendent qu'il est difficile à un
athée de n'être pas un coquin! Comment, avec une
telle opinion généralement acceptée, le matérialisme
et l'athéisme peuvent-ils faire de grands progrès?

— Soyez tranquille, mon bon ami, dit en ce moment
un professeur qui passe; quand je serai ministre, nous
en finirons une bonne fois avec Dieu et tout ce qui s'en
suit! Déjà j'ai appris aux élèves de l'Université (à la distribution des prix du lycée Fontanes, en 1879) ce qu'il
faut penser de « l'origine *simienne* de l'homme. » Je
leur ai assuré que l'homme n'était qu'un singe, que
c'était « établi par la science. » Quant à la croyance
en Dieu, c'est une véritable farce, et nous le leur ferons
bien voir. Je le dis tout haut, moi : « Supposer Dieu,
c'est de la *fantaisie* (1)! »

M. Paul Bert.
Étendue de
sa science.

(1) M. Paul Bert.

Ce M. Paul Bert sera peut-être encore une fois ministre, il l'a déjà été. Il y a lieu, cependant, de s'étonner de la netteté de cette affirmation, car, M. le futur ministre, auriez-vous l'extrême obligeance de m'expliquer comment il se fait que les monuments de la *troisième* dynastie, en Égypte, qui remontent à une antiquité très reculée (2200 avant Jésus-Christ, selon Champollion et Mariette), soient d'un art infiniment supérieur à ceux de la *douzième* dynastie, bien plus rapprochée des beaux siècles de la Grèce, où l'art avait fait tant de progrès?

— Mais, répond le futur ministre, ce n'est pas mon affaire, je ne suis pas *égyptologue.*

— Voudriez-vous bien alors me dire ce qu'il faut penser de l'*instinct,* et quelle différence il y a entre l'*intelligence* et l'*instinct?* Car voici un castor, qu'on a isolé dès sa naissance, et qui, au bout d'un certain temps, se met à construire sa demeure, et cette demeure est parfaitement semblable à celle de ses père et mère, et c'est une œuvre qui ne laisse pas d'être compliquée, puisqu'il y a une porte d'entrée, une porte de sortie pour s'enfuir, etc. Où et de qui a-t-il pu l'apprendre?

— Vous me posez une question difficile, qui est à la fois du domaine de la philosophie et de l'histoire naturelle, et je ne suis ni *naturaliste* ni *philosophe.*

— Pourriez-vous, au moins, me donner la raison d'une coïncidence extraordinaire, celle de la *chronologie* des Mexicains (avant la découverte de l'Amérique) avec celle des Étrusques?

— Eh! Monsieur, cela touche à plusieurs sciences tout à fait différentes et fort étendues, l'astronomie, l'histoire ancienne, l'ethnographie, etc., etc. Je ne connais rien à ces sciences-là.

— J'ai du malheur dans les questions que je prends la liberté de vous adresser. J'espère être plus heureux pour celle-ci : voudriez-vous bien m'apprendre quel est le sujet du *Kalewala?*

— Le *Kalewala*, dites-vous? quelle est cette science-là?

— Ce n'est pas une science, c'est un livre, un poème, le poème de Waïnamoinen.

— Un poème! de Waïna... vous dites?

— Oui, le fameux poème des Finlandais, ce poème si dramatique, si sublime, « qu'il a droit, dit M. Max Muller, de réclamer sa place comme la cinquième épopée nationale du monde! » Et M. Max Muller est un homme qui s'y entend.

— Ma foi! je ne connais pas la *linguistique,* et, s'il faut vous l'avouer, je n'entends rien en *poésie.*

— Excusez-moi! mais permettez-moi d'espérer que vous voudrez bien m'expliquer pourquoi l'origine, l'âge et l'histoire du *silex* sont, au dire des géologues, des problèmes insolubles?

— Eh! Monsieur, je ne suis pas *géologue!* Je ne sais pourquoi, d'ailleurs, vous m'accablez de tant de questions saugrenues sur les monuments d'Égypte, la chronologie du Mexique, les poèmes, les silex, etc. Je ne connais pas tout cela! Je ne suis, je vous l'ai dit, ni naturaliste...

— Ni philosophe.

— Ni égyptologue.

— Ni archéologue.

— Ni astronome.

— Ni historien.

— Ni littérateur.

— Ni... Pardonnez-moi! Je vous interrogeais pour m'instruire, parce que je croyais que vous étiez un *savant.*

— Certainement! je suis un savant.

— Ah! et en quoi?

— Je suis *physiologiste*, M. Paul Bert, physiologiste !

— Et puis?...

— Physiologiste ! un physiologiste n'est-il pas un savant?

— Oui, vous êtes un *savant*, c'est-à-dire, un homme qui habite un tout petit *village* situé dans un grand *canton*, qui fait partie d'une vaste *province* d'un des *royaumes* qui composent l'immense *univers!* Voilà ce que vous êtes et ce que vous connaissez! Et, ne voyant et ne connaissant que ce petit *village*, vous parlez comme si vous aviez la connaissance parfaite de tout, du *canton*, de la *province*, du *royaume* et de l'*univers!* Vous osez prononcer sur la formation, la constitution et le gouvernement de ce vaste monde, et affirmer qu'il n'y a pas de Dieu, de *souverain* qui ait formé et administré cet immense empire !

Mais vous êtes jugé par l'aveu de votre ignorance en tant de points! Vous n'êtes pas un savant, vous n'êtes qu'un *physiologiste*, et encore un physiologiste dont des hommes assez compétents contestent la compétence (1). Que reste-t-il donc pour justifier votre outrecuidance et votre présomption? N'aurait-on pas le droit de vous appliquer le fameux mot de Proudhon aux Paul Bert de son temps : « Vous êtes des *blagueurs!* » ou, si vous l'aimez mieux, votre propre mot : C'est ce que vous dites qui n'est que de la *fantaisie* (2)!

(1) On a démontré et prouvé que plusieurs des expériences de M. Paul Bert étaient erronées.

(2) Voici les paroles mêmes de M. P. Bert : « Analyser les conditions des phénomènes, et mesurer l'importance de chacune d'elles, voilà la *science;* chercher à en expliquer l'essence, et, pour cela, leur *supposer un mobile immatériel,* imaginer une force qui soit en *dehors d'elles,* et cependant la domine, voilà la *fantaisie.* »

(*Thèse pour le doctorat ès sciences naturelles.*)

CHAPITRE IV.

LES DÉCOUVERTES SUR L'HOMME.

La création naturelle. — Un savant Allemand, M. Haëckel. — L'anthropinien. — La lémurie. — Procédé de découvertes de M. Haëckel.

Nos répétiteurs n'ont rien, après Dieu, qui les préoccupe plus que *l'origine de l'homme*. D'où vient cet animal que l'on appelle l'*homme?* Comment *s'est-il fait?* Car, qu'il ait été créé, il n'en est plus question. Plus de Dieu, plus de création !

Ici, la parole est à un grand maître, le célèbre M. Haëckel, chef de l'école matérialiste en Allemagne. Il apporte l'*Histoire de la création des êtres organiques d'après les lois naturelles*, titre long comme le volume, et qui eût pu être simplifié, en devenant plus clair, car il signifie tout uniment : *Histoire de la création sans Dieu*, et dans laquelle il nous révèle la découverte qu'il a faite de la *généalogie bestiale de l'homme*, fils de singe et arrière petit-fils de la *monère*, en remontant à quelques millions d'années. On dira tout à l'heure ce que c'est que la monère.

M. Haëckel, qui se pique d'être « une intelligence philosophique, » commence par poser un principe : D'abord, dit-il, « il est nécessaire » d'admettre « la génération spontanée d'êtres *organiques* nés de la matière *inorganique* » (ou, en termes vulgaires, d'*animaux* nés de *pierres*, de *gaz* ou de *métaux*.)

— « Il est *nécessaire*, » dites-vous; peut-être nécessaire pour vous, mais, pour moi, je trouve cette proposition aussi difficile à admettre, plus difficile même que les *miracles*, dont vous vous moquez. Le miracle est l'acte d'un Être infiniment supérieur à l'Homme et au Monde qu'il a créés, et qui suspend, quand il lui plaît, l'effet des lois qu'il a posées. Cela se conçoit : le plus peut le moins. Mais comment le moins peut-il le plus? la pierre *inerte* et insensible, engendrer un animal *vivant*, se mouvant, agissant? « l'immobile devenir mobile, l'inorganique l'organique, l'inertie la force (1)? » C'est un trop grand effort pour mon esprit; veuillez m'expliquer cette prodigieuse métaphore.

— C'est tout simple : il n'y a aucune différence entre les êtres *organiques* et les substances *inorganiques,* ni « dans le fond, ni dans la structure, ni de forme, ni de matière, » entendez-vous. C'est une des découvertes de la science moderne, qui reprend ici les données de la science antique : *la matière est une.*

— Oui, j'entends bien ! alors, s'il n'y a pas de différence, ils sont semblables, ils se valent. On peut donc établir la proposition suivante : La pierre égale l'homme; or l'homme pense, donc la pierre pense; Newton, Homère et Pascal ont du génie, donc la pierre a autant de génie que Newton, Pascal et Homère, et vous-même, M. Haëckel !

Mais M. Haëckel ne vous entend pas; il est en train de dresser l'échelle généalogique de l'homme : Regardez tout en bas, dit-il, cette écume, produit des brumes, gaz et brouillards de l'univers, quand il était à l'état de chaos, ce «grumeau de gelée, » selon l'élégante expression de M. E. Perrier, impalpable, presque imperceptible : voilà le germe de tout !

Ne vous hasardez pas à demander comment existe ce *grumeau?* qui l'a fait? qui a fait les gaz, les brumes, les brouillards du chaos, le chaos même? Le construc-

_____
(1) M. Vernier.

teur d'échelle généalogique, tout échauffé, est parti, il court, il vole. Le grumeau engendre d'abord la *mo-nère* ou la *cellule;* car il n'est pas bien certain si c'est la monère qui forme la cellule, ou la cellule la mo-nère ; M. Perrier veut que la monère sorte de la cel-lule, « après une étape, une transformation inconnue ; » moi, je fais naître la cellule de la monère. Peu im-porte, du reste !

Gardez-vous encore plus de vous étonner et de dire : « Mais personne n'a vu se former une monère. Vos dis-ciples, M. Haëckel, pas plus que vous, leur maître, n'ont jamais indiqué où, quand et comment leurs col-lègues en histoire naturelle pourraient assister à la fécondation d'une monère (1). » M. Haëckel s'inquiète peu de la stupéfaction que vous cause son assurance : La monère, reprend-il, est presque aussi impalpable, aussi indivisible que le grumeau, mais elle a déjà une forme, une forme ronde ; et, alors, suivez bien : de cette monère à peine visible vont sortir tour à tour, en l'é-tirant suffisamment, tous les animaux ! Ainsi, vous la voyez devenir poisson, *lamproie,* squale ; oui, « vrai-semblablement » squale.

— Vraisemblablement ! vous n'en êtes donc pas tout à fait sûr?

— Puis, *cératode* « vraisemblablement » aussi, puis *amphibie.*

— Quoi ! amphibie ! Mais, attendez un moment, M. Haëckel. Si nos ancêtres ont été amphibies, ils étaient mieux doués que nous ; au lieu d'avoir pro-gressé, nous avons reculé. Car, Fourier l'affirme, un des *progrès* de l'homme sera d'être pourvu d'une *queue,* et d'être *amphibie,* de pouvoir vivre dans l'air et dans l'eau. Il faudrait, pourtant, s'entendre sur le progrès :

(1) Arduin, *la Controverse,* 15 septembre 1882.

serons nous ou non amphibies? Si nous devons le devenir, M. Haëckel, nous ne pouvons l'avoir été; si nous l'avons déjà été, nous ne devons pas le devenir, comme nous l'annonce Fourier. J'ai bien le droit de compter Fourier parmi les *savants*, puisque ses principaux disciples, les premiers phalanstériens, étaient tous des *savants* ou des apprentis savants, des polytechniciens!

— Nous disons amphibie, continue M. Haëckel; après cela, de l'amphibie sort la *salamandre*, « la salamandre à queue, » et de celle-ci un animal assez vague, pour lequel j'ai créé un nom, et que j'appelle *protamniote*, qui « vraisemblablement » date de l'âge *mésolithique* et provient de « *sozobranches* inconnus. »

— Des sozobranches *inconnus*, qui venaient *vraisemblablement* de.. Comment dites-vous?... de *protamniotes*, dont on n'a jamais entendu parler! Comment en douter?

— Vous pouvez voir maintenant apparaître un animal, auquel je donne le nom de *pomomalien!*

— Vous aimez à créer des noms, M. Haëckel; ils ne sont pas toujours harmonieux...

— Mais ils sont tirés du grec; j'étais très fort en thème grec... Nous disons : le pomomalien, ancêtre de tous les mammifères, « *inconnu* aussi, depuis longtemps *éteint,* » et qui vivait « au commencement de l'âge secondaire, *vraisemblablement.* »

On ne parle pas avec plus de précision que ce M. Haëckel; on doit le consulter comme généalogiste pour l'*almanach de Gotha.*

— « De grands progrès organiques *durent* alors s'accomplir. »

— *Durent,* cela ne signifie-t-il pas que vous le *supposez?*

— Par exemple, « la transformation des *écailles en poils et en plumes.* »

— C'est, en effet, une forte supposition !

— Après cela, l'homme (il n'est pas encore homme, mais déjà on le pressent) devient kangurou, « *marsupiau* », c'est prouvé par « l'anatomie comparée. »

— Je croyais qu'il était, au contraire, établi dans la science que « la ressemblance ostéologique ne prouvait rien? »

— Il est donc *marsupiau,* continue M. Haëckel, qui ne répond jamais; puis, redoublez d'attention : le voilà singe, *singe primitif,* « qui s'est dégagé sans doute de marsupiaux *inconnus...* »

— Alors c'est certain, puisque c'est *sans doute!*

— « *Espèce* depuis longtemps *éteinte,* » mais dont peut-être quelque jour « on découvrira les ossements fossiles. »

— *Peut-être* aussi ne les découvrira-t-on pas?

— C'est égal ! décidons qu'il existait. C'était sûrement, oui, « nous devons le classer *dès à présent...* »

— Parbleu ! il n'y a pas de temps à perdre !

— « Dans le groupe des *singes sans queue!* » Ce premier singe « avait *probablement* une analogie avec certains singes de nos jours à courtes pattes. »

— Très probablement !

— Maintenant, regardez bien ! Voyez-vous poindre la queue, apparaître le singe à queue? Oui, « nos encôtres, à ce moment, ressemblaient *peut-être* aux catarhiniens actuels. »

— *Peut-être!* Alors nous sommes fixés! Vous êtes, M. Haëckel, un modèle de logique, de dialectique et de raisonnement germanique.

— Voici, à cette heure, l'*Anthropoïde!* C'est le fameux *Lémurien,* dont on parle tant, « qui vivait en Asie, au sud de l'Inde, vers l'île de Ceylan. »

Ici, M. Haëckel prend un morceau de craie, et trace

sur un tableau noir la carte du monde, et sur cette carte marque le lieu précis où vivait le lémurien; et, coïncidence étrange, c'est aux environs du *Paradis terrestre!* Oui, sur la carte, voici un grand espace teinté en lilas, où est écrit en grosses lettres : LEMURIENS, et, au-dessus : PARADIS TERRESTRE, avec, il est vrai, un point d'interrogation.

En ce moment, un *savant* Allemand, un évolutionniste aussi, M. Vogt, l'interrompt par un mot irrévérentieux (ils ne sont pas toujours polis, ces Allemands!) : Quelle *blague!* « La Lémurie! Cette belle Lémurie, berceau de l'homme, n'a jamais eu d'autre existence que celle qu'elle a encore aujourd'hui, au fond des mers! »

M. Haëckel fait semblant de ne pas entendre son compatriote : « Le lémurien, reprend-il, *dut* perdre sa queue, se dépouiller de ses poils, se redresser, etc., et devenir ainsi l'ancêtre direct de l'homme. C'était un superbe animal! « Malheureusement, » on ne l'a jamais vu! »

Encore un inconnu! on vit, avec M. Haëckel, dans le pays des féeries : partout des apparitions, des spectres, des ombres, qui sortent on ne sait d'où, passent et disparaissent. C'est une vraie fantasmagorie! Il faut y croire, si vous voulez passer pour savant, pour être au niveau de la science; c'est une condition.

Après le lémurien, enfin, voici l'homme! Mais non! Ce n'est pas encore tout à fait l'homme; c'est l'homme, mais l'homme qui ne parle pas, l'*Alalus!* « Il vivait, *vraisemblablement,* dans l'âge tertiaire. » On ne le connaît pas, non plus, on ne l'a jamais rencontré, mais « on le trouvera peut-être! » Vous, d'ailleurs, « esprit sérieux, » j'en juge par l'attention avec laquelle vous m'écoutez, vous n'en doutez pas! n'en avez-vous pas la preuve par « l'*ontogenèse* et la *phylogenèse glottique? »*

Enfin (cette fois, c'est la vraie fin!) voici l'homme, « qui *vraisemblablement* apparut dans l'âge quaternaire, » mais « peut-être » aussi « dans l'âge tertiaire; » et sa généalogie est complète!

Avouez-le, il était difficile de tracer la généalogie de l'homme avec plus de précision. Vous avez vu comment, en marchant sur « un terrain toujours solide, » de supposition en supposition, d'hypothèses en hypothèses, nous l'avons suivi, depuis son antique aïeul, la *monère*, par la *lamproie*, le *protamniote*, le *pomomalien* et le *marsupiau*, jusqu'au *lémurien* et à l'*alalus*, et avons ainsi prouvé qu'il était, non un être à part, comme on le dit partout, mais un *singe*, un membre d'une des sept familles de l'ordre *simiaque*, et qui, par conséquent, ne doit pas s'appeler *l'homme*, mais, ainsi que l'appelle mon ami Huxley, « *l'anthropinien!* »

II.

M. Haëckel, fier d'avoir si fermement établi sa généalogie, qui, vous fait-il remarquer, « ressort immédiatement des faits, » s'empresse de vous donner tous les détails sur lesquels il a d'abord glissé. Ah! dit-il, il a fallu du temps pour tout cela! C'est une vieille famille que celle de l'homme, je veux dire de l'anthropinien, on ne peut le nier! Les *téléologistes*, ces êtres « stupides, superstitieux, vides et bornés », qui croient en Dieu, lui donnent sept à huit mille ans d'existence. Sept à huit mille ans! Il existe comme homme, comme anthropinien, depuis plus de vingt mille ans. C'est peu, je l'avoue, mais, de son arrière-aïeule, la monère, jusqu'à l'*alalus,* c'est bien autre chose! Il ne faut pas compter par cent ans et mille ans, mais par milliers de siècles, par millions d'années, et plusieurs millions. Nous n'avons pas besoin

Les voyages des Lémuriens.

d'économiser les millions, nous pouvons en mettre tant que nous voulons, qui est-ce qui nous empêcherait ?

Je n'ai fait aussi que vous indiquer la Lémurie, ce vaste pays, voisin du Paradis terrestre, patrie des Lémuriens et berceau du genre humain : « *Tout porte à croire* » que c'était un continent, « *vraisemblablement* » au sud de l'Inde, « à laquelle il se reliait *sans doute*, » en s'étendant jusqu'à Madagascar.

— Excellent M. Haëckel, toujours aussi précis !

— C'est de là que partirent les Anthropiniens ou hommes, fils des Lémuriens, pour peupler la terre.

Et, se tournant vers la carte de la Lémurie, il tire une ligne courbe qui, hardiment et en serpentant, s'en va au nord et s'arrête par une flèche; il en tire une autre qui va à l'est, une autre à l'ouest, etc. De la première courbe sort un autre courbe; de cette deuxième courbe, une troisième, etc.; et, à force de courbes et de flèches, la terre se trouve peuplée : ici de *Mongols*, là de *Méditerranéens*, ailleurs de *Nègres*, plus loin de *Papouas* ou de *Dravidiens*. « Vraisemblablement » les uns allèrent à l'est; « il est probable » que ceux-ci allèrent à l'ouest; « peut-être » cette branche s'étendit au sud; « il semble que ce rameau se détacha de cet autre, » et « ut peut-être voir dans ce peuple un spécimen du type primitif. »

Je n'ai pas besoin, dit-il modestement, d'insister sur la place prééminente des Allemands. Les Allemands sont les premiers des hommes, assure M. Haëckel, qui, ici, si on ose le dire, *ne perd pas la carte*. Autrefois, c'était le *rameau Roman*, les Grecs, les Romains, les Français (qu'il appelle *Celtes*) qui marchaient à la tête de l'Humanité; aujourd'hui, c'est le *rameau Germain*, qui « éclaire » le monde et « fonde une ère nouvelle, une ère de progrès intellectuel. »

Mais n'oublions pas, au milieu des vastes et brillantes perspectives de progrès par les Allemands, qu'il s'agit toujours de singes, que nous n'avons affaire qu'à des singes. L'Homme, ne nous lassons pas de le répéter, n'est qu'un singe; car il est semblable au singe, entièrement semblable. M. Haëckel ne tient aucun compte de la structure du crâne, de celle du *cerveau*, de la longueur des *bras,* etc., qui, pour le vulgaire, servent à distinguer l'homme du singe: « Tout cela est sans valeur! » Mais il y a un caractère indiscutable qui fait reconnaître le singe, la *queue*. Or, l'homme a un débris de queue, oui « visible dans les dernières vertèbres », et, ce qu'on ne peut trop remarquer, « *évidente chez beaucoup de femmes,* » qui ont une vertèbre de plus, et, en outre, « *des muscles pour mouvoir cette queue,* » ce qui leur donne cette tournure frétillante que l'on sait!

Il est vrai que, malgré le bon vouloir des *savants* et le vœu de Fourier, on n'a pas encore vu l'homme à queue; on a cru, un moment, le retrouver chez les fameux *Niam-Niam* de Du Couret; malheureusement il a été reconnu que c'était une imagination de ce voyageur trop avide d'exciter la curiosité de ses lecteurs. Mais on ne perd pas courage : l'homme à queue existe, il doit exister; il n'y a qu'à le chercher. C'est d'un intérêt capital ; nombre de savants « monistes » en ont la fièvre d'inquiétude et « beaucoup espèrent *anxieusement* qu'on le découvrira! »

Très bien! Mais, dites-vous, si vous pouvez arrêter M. Haëckel au milieu de son enthousiasme, permettez-moi une question : Vous nous donnez de l'homme une idée toute nouvelle; comment êtes-vous arrivé à savoir cela?

Cela a été bien facile, répond M. Haëckel, j'ai sup-

posé que j'étais un habitant d'une planète voisine, si-
tuée à trente ou quarante millions de lieues à peine,
venu en visiteur sur la Terre, à l'occasion « d'un
voyage scientifique dans l'univers. » Vous m'accor-
derez bien cette hypothèse d'une excursion qui se fera
aisément avant un certain temps. Tout en me promenant, j'aperçois « un mammifère *bipède*, très répandu
sur la surface du globe, » et, désireux naturellement
d'examiner cette espèce et de la soumettre à une étude
zoologique, j'en recueille un certain nombre de spécimens de différents âges et de diverses régions, et
« les mets, comme d'autres *échantillons* de la *faune*
terrestre, dans un baril d'esprit de vin. »

— Vous pouviez aussi les piquer au fond d'une boîte,
avec une épingle fabriquée dans *Neptune* ou *Uranus*.
Mais, quoi! avant de les emballer, n'avez-vous pas remarqué, M. Haëckel, que ce *bipède*, l'homme, n'était
pas un animal ordinaire, qu'il avait sous lui une quantité d'animaux dont il se faisait obéir, suivre, servir;
que ceux qui lui résistaient, il les poursuit, les dompte,
les tue et les détruit?

— Ajoutez qu'il les transforme : « L'homme a transformé, bouleversé la population animale et végétale
du globe. »

— Oui, et qui donc fait cela parmi les animaux? On
a donné plusieurs définitions de l'homme : l'homme
est un être *religieux;* l'homme est un être qui *pense,*
(en sanscrit, *md,* mesurer, d'où *manu,* le *penseur,*
l'homme); l'homme est un être *qui fait des routes* (remarque singulière, mais vraie). Vous, M. Haëckel, vous
lui reconnaissez un caractère non moins extraordinaire,
un privilège unique : il s'empare des plantes et des
animaux, et il les *transforme!* Quelle plus grande
preuve de sa supériorité sur les animaux! Il n'est donc
pas, comme eux, un *animal;* il est donc leur maître,

un conquérant, un roi, le maître des animaux, le *roi
de la terre;* par conséquent! Si l'habitant de votre planète n'a pas vu cette resplendissante vérité, c'est un
pauvre observateur, et je n'ai pas foi dans le reste de
ses découvertes!

Je ne saurais, d'ailleurs, accepter l'insolente supposition de ces *savants* germaniques; l'*impertinence,*
comme on disait au dix-septième siècle, ne va pas au
delà, et l'on ne peut retenir son indignation. Quoi!
voilà le docteur que l'on écoute, dont on suit les leçons,
dont on va chercher les livres pour les traduire, que
l'on commente, et qu'on propose comme professeur et
éducateur de la jeunesse! Passe encore pour les en-
ants d'au delà du Rhin! Ces rêvassiers Allemands, ces
inventeurs de chimères, ces amasseurs de nuages et de
fumées, en l'écoutant, ne s'étonnent point; ils se reconnaissent en lui, il n'est ni plus songeur, ni plus
déraisonnable qu'eux-mêmes; entre somnambules on
s'entend. Mais nous, Français, à la langue et aux idées
claires, lucides et logiques par excellence, faire une
réputation à ce fabricant d'extravagances, l'exalter,
l'admirer, lui donner la parole parmi nous, pour qu'il
pérore lourdement, et fasse défiler ses ombres fantastiques et ridicules, comme un montreur de lanterne
magique! Heureusement, nous avons une consolation,
et c'est lui qui nous la donne : cet auditoire de Français, ou plutôt d'Allemands nés en France, qui lui sourit si complaisamment, est peu nombreux; M. Haëckel nous apprend que la contrée où ces systèmes avi-
lissants et absurdes « ont eu le moins d'influence, »
c'est *la France;* que les savants qui les comprennent le
moins et leur font la plus vive opposition, ce sont *les
Français!* M. Huxley avoue également que ces doctrines
« sont combattues par *les plus illustres* des naturalistes
français. » Grâce à Dieu, cette résistance prouve que

nous ne sommes pas complètement pervertis, qu'il y a encore en nous quelques restes du bon sens de notre noble race, et que nous pouvons, dès lors, nous tirer un jour du positivisme, du panthéisme, du naturalisme, du germanisme, et peut-être même du bourbier républicain.

CHAPITRE V.

LES DÉCOUVERTES SUR L'HOMMME (*suite*).

Supériorité des singes. — La sélection. — Ses effets sociaux. — L'athéisme, fond de ce système. — Science et véracité de M. Haëckel. — M. Perrier. — L'homme par bourgeonnement.

III.

M. Haëckel est un *savant* Allemand que rien n'ébranle : l'homme est issu du singe, reprend-il, et même aujourd'hui, il est plus singe que bien des singes, « plus voisin des singes supérieurs, que les singes supérieurs des singes inférieurs. »

— En effet, qui ne sait que les singes supérieurs *parlent, marchent droit*, font du *feu*, sont astronomes, poètes, philosophes, etc.?

— Ne raillez pas! oui, il y a un grand nombre d'hommes qui sont au-dessous des singes, et « tout à fait incivilisables. » Cela vous étonne, mais j'en ai des preuves irréfutables : un Anglais, qui a beaucoup voyagé, a écrit : « *A mes yeux*, le nègre est une espèce humaine inférieure; je ne peux me décider à le regarder comme un *homme* et comme un *frère*. » Quel témoignage que celui de ce gentleman! Vous savez combien les Anglais sont naturellement humbles et modestes! Puis, un missionnaire, Anglais aussi et protestant, a dit : « Parmi de tels sauvages, une mission est complètement *inutile*. » Et il a raison : des peuples entiers sont composés de brutes, plus brutes que nos moutons, nos canards et nos lapins. Oui, Monsieur, soyez-en sûr, « nos animaux domestiques sont plus aptes à la civilisation que ces peuplades féroces et stupides ! »

— Peut-être, M. Haëckel, votre missionnaire protestant a-t-il quitté un peu trop tôt ces peuples incivilisables : que ne persistait-il à s'efforcer de les convertir? Mais il n'a garde, il sait bien ce qu'il faut pour civiliser des sauvages et comment s'y sont pris les missionnaires catholiques, qui ont converti le Paraguay, la Californie, la Nouvelle-Calédonie : les premiers ont été tués et mangés; d'autres leur ont succédé, et n'ont pas désespéré : dans ces sauvages, dans ces brutes, dans ces êtres stupides, ils savaient qu'il y avait une *âme*, la même âme que chez les autres hommes, et ils se sont appliqués à dégager cette âme de la grossière enveloppe du corps, à lui faire connaître, comprendre, distinguer le bien et le mal; ils les ont transformés, *élevés*, dans le sens le plus noble du mot, ils leur ont appris à croire au grand Dieu du ciel, qui a créé tous les hommes frères, issus d'une même tige, et de ces brutes ils ont fait des hommes civilisés et de ces cannibales des chrétiens (1)!

Encore une question, M. Haëckel : vous ne nous avez pas dit comment les singes, en devenant hommes, sont parvenus à parler, à briser cette barrière *infranchissable* placée, selon le célèbre philologue, M. Max Müller, entre les hommes et les bêtes, et à posséder le *langage*.

— Je ne l'ai pas dit, parce que cela va de soi! les animaux crient; eh bien! « leurs cris se sont transformés en sons articulés. »

Mais, ici, M. Haëckel s'emporte; on a déjà vu com-

---

(1) Voyez, dans Moréri, le tableau des mœurs des Indiens, avant et après leur conversion par les Jésuites, et celui de la transformation des Australiens par les Dominicains Espagnols, dans le très instructif et très attachant livre du P. Dom Th. Bérangier : *la Nouvelle Neustrie*.

ment il traite ses adversaires : « Il est impossible, s'é-
crie-t-il, il est positivement impossible de ramener
toutes les langues à un seul idiome primitif. » Ceux qui
le soutiennent sont des ignorants, « des êtres stupides, »
des catholiques, des chrétiens, des imbéciles, qui
« manquent d'intelligence philosophique, et tout à fait
inaptes à comprendre les conséquences de la.théorie
monistique ! » Toutes les objections qu'ils osent présenter « ne valent pas, comme dit Huxley, le papier sur
lequel ils les impriment; » leur répondre est « du
temps perdu ! » Et, quant aux autres, ceux qui ne sont
pas totalement ignorants, les naturalistes, zoologistes,
botanistes, etc., qui refusent d'admettre les systèmes
modernes, nous sommes bien bons de nous en occuper ! Ce sont de vieux bonshommes encroûtés, dé-
crépits, *ramollis*, « au déclin de leur vie, » et dont il
ne faut tenir aucun compte. Laissons-les mourir, j'allais dire crever ! ce sera bientôt fait, et, alors, nous
n'aurons plus d'adversaires : à nous la jeunesse ! la
jeunesse est pour nous : « Les jeunes naturalistes sont
réellement philosophes. » La jeunesse, la noble jeunesse, qui a des idées larges et généreuses, n'entend
pas descendre d'un homme parfait, créé par Dieu, à
l'image de Dieu; elle affirme « l'origine *pithécoïde* de
l'homme, » elle veut descendre d'un singe et avoir
pour grand'mère une guenon !

— Mon Dieu ! comme disait Raymond Brucker, si
cela lui plaît, je n'y vois pas d'inconvénient !

Mais, les animaux ayant chacun son cri particulier,
le coq, qui n'est pas compris du renard, le mouton du
loup, le serin du chat, la chèvre du lion, etc., auraient
fait des milliers de langues, sans lien, sans connexité,
sans rapport et par lesquelles les hommes n'auraient
jamais pu s'entendre les uns avec les autres. Tandis
que, toutes les langues ayant une même origine, parce

que les hommes ont une origine commune, ont pu se diversifier avec le temps et l'éloignement, mais ont toujours eu un fond commun, qui permet aux hommes du Nord et du Midi, de l'Orient et de l'Occident, de se rapprocher, de converser, de se communiquer, et de se reconnaître de la même souche et du même sang.

C'est l'opinion des linguistes les plus recommés, de M. Max Müller en tête, de M. William Bleek, que vous appelez « un linguiste éminent, » de M. Pictet, de M. Geiger, etc.

« Pouvons-nous, dit M. Max Müller, *affirmer* une origine *commune* de toutes les langues humaines? Je réponds sans hésiter : *Nous le pouvons?* Cette idée est naturelle et en harmonie avec toutes les lois du raisonnement. Et, si l'on demande quelles sont les causes qui produisent le développement des langues, je dirai qu'elles ne dépendent pas de la volonté de l'homme; ces lois n'ont pas été faites par l'homme, l'homme a dû s'y soumettre, avant même d'en connaître l'existence. »

IV.

Confection des organes par la sélection.

Reste à savoir, cependant, comment s'est fait, par quel procédé s'est opérée cette transformation, que dis-je, cette suite de transformations, de métamorphoses, qui, de la monère, ont abouti à l'homme; comment, par exemple, ces appareils si délicats, si parfaits, l'*œil*, l'*oreille*, ont pu être produits par des causes aveugles. Tu naquis, dit à l'homme le Très Haut, dans les vers du poète (1) :

> Tu naquis, ma tendresse invisible et présente
> Ne livra pas mon œuvre aux chances du hasard;
> J'échauffai de tes sens la sève languissante
> Des feux de mon regard.

(1) Lamartine.

D'un lait mystérieux je remplis la mamelle,
Tu t'enivras sans peine à ces sources d'amour ;
J'affermis les ressorts, j'arrondis la prunelle
        Où se peignit le jour !

Si nous trouvons ces vers sublimes, c'est qu'ils sont la voix du genre humain, ils proclament la toute-puissance de Dieu, créateur de la terre et des hommes, des mondes qui peuplent l'infini et de l'insecte presque invisible, chacun parfait dans sa forme et son essence.

M. Haëckel sourit de notre simplicité : Certainement ces appareils si délicats «semblent avoir été inventés par un créateur *ingénieux*. » (Oui, assez ingénieux !) Mais ce qui vous abuse, c'est que vous êtes de pauvres ignorants (toujours poli, M. Haëckel, et point pédant !), non seulement vous, mais une quantité de « naturalistes, de philosophes » et de savants. Ils ne trouvent pas le *pourquoi* et le *comment* des choses ; les causes premières leur sont cachées ; dès qu'ils poussent un peu loin, partout la nuit et le mystère ; alors ils perdent la tête et ils ont recours à un Créateur, à Dieu. Ignorants ! S'ils parlent ainsi, c'est qu'ils n'ont pas étudié en Allemagne, qu'ils « ne connaissent pas l'*embryologie*, la *biologie*, l'*ontogénie*, la *phylogénie*, » sciences éminemment allemandes, découvertes, inventées ou perfectionnées par les Allemands. Pour moi, qui connais à fond ces sciences et plusieurs autres encore, rien de plus aisé que d'expliquer ces prétendus mystères. Il n'y a point de mystères : tous ces changements et transformations se font par un seul procédé, le procédé unique, universel, employé par tous les animaux, la *sélection*.

Vous avez bien entendu parler de la sélection : c'est l'opération qui consiste à laisser se développer chez l'animal les seuls organes qui peuvent lui être utiles.

L'œil
et l'oreille.

Ainsi, vous parlez de l'*œil* et de l'*oreille* de l'homme, et vous vous extasiez sur leur perfection, qui suppose, dites-vous, un bien habile ouvrier. Illusion ! En voici l'explication naturelle : les animaux tout à fait inférieurs ont des oreilles très imparfaites, n'est-ce pas ? Montez d'un degré, ces organes sont plus compliqués ; un peu plus haut, davantage encore, et ainsi de suite, jusqu'à ce que vous les trouviez parvenus à leur entière perfection chez l'*anthropinien*, le singe que vous appelez l'homme. Comment sont-ils arrivés à cette perfection ? Par l'usage : à force de servir, l'œil et l'oreille se sont peu à peu développés. Cet animal, placé au bas de l'échelle, est presque aveugle et son œil n'est, à vrai dire, « qu'une taie, une tache pigmentaire, tout à fait impropre à donner une image quelconque des objets. » Eh bien ! à force de mal voir par cette tache, à force de ne rien voir, il est parvenu à voir ! Y a-t-il rien de plus compréhensible ? Il voit quelque chose, son fils un peu plus, son petit-fils plus encore, et, aujourd'hui, son dernier descendant est pourvu de cet appareil compliqué, savant, qui fait l'admiration des plus grands poètes et des plus profonds penseurs.

Cela s'est fait tout seul, uniquement par l'effort de l'animal : il avait besoin de voir, il s'est fait un œil ; il ne savait pas ce qu'il faisait et il faisait un chef-d'œuvre ! Voilà l'origine de ces merveilles d'organisme, bien autrement étonnantes que la création par Dieu. Il n'est pas besoin de Dieu ; c'est une opération « purement mécanique, un effet de l'évolution *phylétique*. » Rien de plus évident, de plus facile à expliquer, pour nous qui avons reçu « une solide éducation *biologique, anatomique* et *taxinomique!* »

Et il en est de même partout : ainsi, les couleurs des animaux. Voulez-vous savoir pourquoi ils sont bruns, noirs, gris, bleus, verts, jaunes, roux ou blancs ? C'est qu'ils avaient « intérêt » à se rendre tels. Chaque animal a fait cette réflexion : Le meilleur moyen d'échapper à mes ennemis ne serait-ce pas de me confondre avec ce qui m'entoure? C'était difficile, j'en conviens ; mais ils le désiraient si vivememt qu'ils y sont parvenus : à force de s'appliquer, ils se sont faits de la couleur qu'ils désiraient, le loup, brun comme le sol, l'ours, blanc comme la neige, la gazelle, la girafe, le tigre, jaunes comme le sable du désert.

— Et l'autruche, qui est noire, aussi, sans doute!

— Les poissons même, incolores et transparents comme l'eau, d'où vient qu'on ne les voit pas!

— Et les petits poissons rouges? Ah! ils se sont faits rouges pour amuser les enfants?

En vérité, c'est charmant! Nous sommes en plein conte de fées. Nous voyons défiler ces transformations innombrables, incessamment, sans fin ; à chaque instant, on nous raconte des métamorphoses aussi amusantes que celles d'Ovide, et c'est même ce qui permet de lire ces gros livres Allemands; leurs contes font passer par-dessus leur ennui.

On ne peut en donner que quelques exemples. Ainsi, le lion : le lion a une crinière et la lionne n'en a pas. Pourquoi? Parce que les lions se battaient pour la possession de leurs femelles, et cherchaient à « se faire de cruelles morsures dans la région du cou. » Les lions qui avaient primitivement un peu de poil au cou ont seuls survécu, ont seuls produit des lions à poil; ce poil s'est peu à peu multiplié, et il n'y a plus eu que des lions à crinière. N'est-ce pas un joli conte?

Et « le tournoi musical » des oiseaux mâles, pour l'emporter près des femelles, ce qui a créé les oiseaux chanteurs! Et celui des sauterelles « frottant leurs élytres avec leurs pattes, comme avec un archet de violon, » pour charmer les femelles, qui choisissaient « le meilleur violoniste mâle ! »

L'Angleterre et les chats.

Et l'influence des chats sur l'intelligence des Anglais ! Mais ceci est plus grave. Oui, c'est grâce à leurs chats que les Anglais sont un peuple supérieur par l'intelligence, moins supérieur, pourtant, que les Allemands ; car, quelque bons logiciens qu'ils soient, ils ne sauraient pousser un raisonnement à fond, comme les Allemands. L'Anglais M. Darwin avait observé que « la fécondité du trèfle et des pensées dépend du nombre de chats qui vivent dans le voisinage, parce qu'ils détruisent les mulots, ennemis des frélons, lesquels apportent des semences aux trèfles et aux pensées. »

Ce n'était pas mal raisonner. Mais voici ce qu'ajoute un Allemand : les Anglais l'emportent en intelligence sur la plupart des autres nations, parce qu'ils ont une alimentation solide, « qu'ils mangent beaucoup de bœuf, » et, comme le trèfle n'est fécond que s'il y a beaucoup de frélons, que les frélons ne sont en grand nombre que s'il y a peu de mulots, et que les mulots sont détruits par les chats, « la *prééminence intellectuelle* des Anglais vient donc de *la quantité de chats qu'il y a en Angleterre* ! » Mais ce n'est pas tout : s'il y a beaucoup de chats en Angleterre, c'est qu'il y a, en Angleterre plus qu'ailleurs, de *vieilles filles*, qui « soignent et choient tout particulièrement les chats, » et qui « jouent ainsi un rôle très important pour la prospérité de l'Angleterre ! »

Tout cela était inconnu, c'est un trait de génie de l'avoir découvert. M. Haëckel s'est, cependant, arrêté en route ; on pouvait aller plus loin, et ajouter que c'est ce qui prouve l'excellence de la vieille *constitution anglaise,* qui, en maintenant le droit d'aînesse, a singulièrement accru le nombre des vieilles filles, et, par les vieilles filles, le nombre des chats !

V.

Mais M. Haëckel est déjà occupé de bien autres vues : il a ses regards tournés vers l'avenir de l'humanité, et il nous montre du doigt les progrès admirables résultant de la sélection, « dont la postérité sera reconnaissante à la philosophie *monistique*, » (ne pas confondre avec *monastique*) aux *savants* allemands, et, en particulier, à M. Haëckel. Il nous voit sortis du lamentable état de « barbarie sociale, » de civilisation chrétienne, où nous croupissons : « Nous reviendrons à la nature et à ses lois; » plus de « prescriptions surannées, » relativement à la famille et à l'État; plus de pouvoir paternel, plus de mariage, « plus d'hérédité; » plus de justice administrative, plus « d'éducation hypocrite, » plus de religion, avec « ses mystères et ses révélations mythologiques, » plus de gouvernement, l'anarchie en tout ! La nature, la nature libre, indépendante, sans autres règles que celles qu'on se fait soi-même, et « réalisation de l'état vraiment humain ! »

Ah ! nous sommes trop portés à oublier le vrai caractère allemand ! Parce que, après avoir préparé cinquante ans un plan de campagne, et amassé huit cent mille hommes pour en écraser trois cent mille, ils nous ont battus un jour, nous croyons naïvement que leur victoire est due à la solidité de leur jugement, à leur science profonde, à la rectitude de leurs idées. C'est une illusion de notre esprit trop facilement enthousiaste : les Allemands d'aujourd'hui sont les mêmes que ceux d'autrefois, le caractère ne change pas. A la fois, esprits lourds et rêvassiers, s'enfonçant à plaisir dans les espaces infinis, où ils s'égarent, Goëthe les a bien représentés dans son deuxième *Faust*, dont on ne pourrait dire ni la figure, ni la stature, et qui semble vivre d'une vie factice. Leurs poëtes, leurs historiens, grands fabricants de théories, leurs philosophes, féconds inventeurs de systèmes, leurs savants, si fertiles en hypothèses, sont tous de même nature, des songeurs, qui se laissent enlever par le vent, s'y abandonnent sans résister, et se complaisent à être bercés tant que le vent souffle, jusqu'à ce qu'il les dépose à terre, un peu étourdis, n'ayant rien vu de précis, n'apportant aucune idée nouvelle, mais ravis d'avoir vagué dans l'air, et tout disposés à recommencer.

Et c'est ce qui fait qu'ils adoptent si aisément les idées exagérées, les projets impraticables, les plans gigantesques, les vues fantastiques, transformations, métempsycoses, palingénésies, révolution universelle. Voilà la raison de tous ces systèmes absurdes qui nous viennent d'Allemagne. L'Allemagne ne les a pas tous inventés, mais elle les accueille avec enthousiasme, s'y attache, les embrasse et les développe, sans s'occuper des catastrophes, des chutes, des morts et des ruines qui peuvent être la conséquence inévitable de ces monstruosités insensées.

Ainsi M. Haëckel : il n'a pas inventé l'*évolution* et le système de l'homme descendant du singe; il l'a pris à Darwin, à Lamarck, à tous les matérialistes. Mais il l'a complété, en y apportant une quantité de détails. Entre le singe et l'homme, il a aperçu un vide, il manquait quelque chose : il n'y a, dit-il, qu'à y mettre un singe plus parfait, le *lémurien*. Oui, cela ne fait pas mal; la lacune est comblée, tout va bien! Plus loin, autre solution de continuité : du lémurien à l'homme, il y a encore trop de distance. Si nous introduisions un homme qui ne parle pas, *l'alalus ?* L'alalus n'aura plus qu'un petit effort à faire, c'est de parler! Il le fait, il l'a fait! Voici l'homme, *l'anthropinien!* Attendez! encore un vide : il y a des hommes à cheveux *lisses* et des hommes à chevelure *laineuse;* comment cela se fait-il? Eh! mon Dieu! (Pardon du mot, je me suis oublié, l'habitude!) c'est très facile : l'alalus, avant de devenir homme, aura eu deux sortes d'enfants, les têtes lisses et les têtes crépues, de deux macaques différentes, une « plus poilue que l'autre. » Il pouvait bien avoir deux, dix femmes, cent femmes. La série, maintenant, est complète, tout se tient bien! Les chrétiens vont-ils être ébahis? Pas un vide, rien ne peut passer, pas de place pour leur bon Dieu!

M. Haëckel n'est pas l'inventeur du système, mais il l'a pris, s'en est nourri, et se l'est si parfaitement assimilé, qu'il est devenu le système même; c'est maintenant le système Haëckel. Il vit du système, et le système vit en lui, il va partout où le mène le système, sans objection, trouvant bon tout ce que dit et propose le système, et si pénétré, si absorbé, qu'il ne connaît et n'entend que le système, et ne voit plus le vrai, le faux, le fantastique, le réel, le possible et l'impossible, pas même le ridicule du système (1).

C'est un esprit faux, et, comme les esprits faux, un homme convaincu. Pour lui, la théorie de Darwin « est une des plus grandes conquêtes de l'esprit humain, aussi grande que la théorie de la *gravitation* de

____

(1) Les suppositions les plus déraisonnables même ne lui répugnent pas : la *mémoire,* faculté *psychique,* appartient, selon lui aux *cellules.* Ces suppositions fantaisistes constituent ce qu'il appelle la *psychologie cellulaire.*

Newton, *si elle ne lui est pas supérieure.* » Le Darwinisme est la vérité; il n'y a pas à discuter, à douter, à le démontrer : c'est une foi! Grâce à Darwin, on sait que « tous les phénomènes vitaux, le mouvement, etc., (la vie, en un seul mot), dépendent de la constitution *chimique* des forces de la matière, du *carbone* surtout. »

— Vraiment! Mais, Monsieur Haëckel, ce que vous nous apprenez là est gros de conséquences intéressantes : d'abord, puisque la vie n'est qu'une combinaison chimique, vous pouvez créer par la chimie un être vivant. Puis, attendez! le *carbone* n'est-il pas la base du *diamant?* Le diamant et l'homme sont donc identiques, du carbone pur! Mais, alors, nous avons une source inépuisable de diamants. Il n'y a qu'à analyser chimiquement un homme; en le brûlant selon les règles de la science, on en pourra retirer un beau morceau de diamant. Quelle merveilleuse découverte! C'est à faire rêver bien des femmes!

— Vous plaisantez de tout! dit M. Haëckel, qui ne rit jamais; ces Français ne seront jamais sérieux!

— Vous voulez du sérieux, Monsieur Haëckel, eh bien! voici une sérieuse conséquence de votre système : Si nous créons des êtres vivants, il n'est plus besoin de Dieu, vous supprimez Dieu!

— Ah! vous parlez de religion! mais je ne suis pas ennemi de la religion, moi. Je ne lui fais pas d'opposition, je ne m'en occupe même pas! Et par une raison que vous allez aisément saisir : la religion est une «opinion *téléologique* (1), » et la science s'appuie sur la *dystéléologie* (2), sur la « conception du monde méca-

(1) Doctrine des causes finales, « qui explique les êtres par le but auquel ils semblent destinés » (Littré), c'est-à-dire, qui suppose Dieu et la Providence.

(2) Doctrine contraire, c'est-à-dire, qui nie les causes finales.

nique et monistique. » La science est *objective* et la religion *subjective;* or, le subjectif est l'opposé de l'objectif : donc la science n'a pas à s'occuper de la religion : il n'y a rien à répondre à cela!

— *Téléologie, dystéléologie, objectif, subjectif,* cela signifie la *négation de Dieu,* que vous dissimulez sous ces expressions pédantesques et barbares, parce que vous savez combien ce mot, l'*athéisme,* est odieux au genre humain. Mais vous n'allez pas jusqu'au bout : vous ne dites pas quelle est l'origine de la *monère,* de la nature, de tout ce qui existe, quel est le commencement de tout, qui l'a fait? Nous disons, nous, que c'est Dieu...

— Ah! dit tranquillement M. Haëckel, sans s'animer, sans élever la voix, avec le plus grand calme : Dieu! vous croyez à Dieu? En effet, il y a des gens « dont le cœur a besoin de croire à une créature surnaturelle. » Seulement, quel profit en avez-vous? (Ils sont toujours très pratiques, les Allemands; la rêverie ne leur a jamais fait perdre de vue le profit.) « Vous n'en connaîtrez pas mieux la nature. »

— Il ne s'agit pas de connaître la nature, mais l'*origine* de la nature...

— « Vous n'en recueillez pas le plus mince avantage. »

On ne peut le tirer de là. Pas de démonstrations, pas de preuves, il se contente d'affirmer : Il n'y a pas de *Dieu,* il n'y a pas de « procédés *surnaturels.* » Dieu, c'est de la métaphysique, or, « il n'y a partout que de la physique; la *création* est inintelligible, » ce n'est même pas « une théorie passable. »

En vain se succèdent les objections, et ceux qui les font ne sont pas moins savants que M. Haëckel. C'est Linné, qui déclare que « les espèces ont été créées sé-

parément, et qu'il y en a autant que l'*Être infini* a créé de formes *différentes;* » Cuvier, « que l'*immutabilité* des espèces est une des conditions *nécessaires* à l'existence même de l'histoire naturelle; » Agassiz, que chaque espèce est une pensée créatrice incarnée de la Divinité; » M. Tyndall, que « l'organisation *spontanée* de la matière est un *mystère insoluble,* situé au delà des limites de la démonstration expérimentale. » M. Huxley même s'arrête, M. Huxley, qu'il cite si souvent, dont il a donné le nom à je ne sais quel produit soi-disant nouveau. M. Huxley, du reste, avait donné le nom d'Haëckel au *Bathybius (Haeckelii Bathybius),* produit également tout neuf, que, depuis, on a reconnu *ne pas exister!* Mais, ces politesses échangées, M. Huxley, qui est un Anglais très positif, reprend son attitude grave et, du ton le plus sérieux, prononce les paroles suivantes, propres à refroidir l'enthousiasme de M. Haëckel : « J'adopte la théorie, *sous la réserve* que l'on fournira la *preuve* que des espèces physiologiques puissent être produites par le *croisement sélectif.* » Preuve, à ce qu'il paraît, qui ne lui a pas été fournie. « Quant à l'orgine de l'homme, ajoute M. Huxley, il y a une brèche énorme qui sépare l'homme du singe, et *pas un débris fossile* ne peut être invoqué comme trait d'union entre eux; nier donc l'existence de cet *abîme* serait aussi blâmable qu'absurde. » M. Haëckel pourrait bien, désormais, ne plus faire l'honneur à M. Huxley d'appliquer son nom aux découvertes de la science germanique!

Enfin, Lyell, un des plus illustres savants d'Angleterre, le dit à M. Haëckel : « *L'homme n'est pas un animal,* car, seul, il a cette *croyance en la vie future,* qui tend à l'élever moralement et intellectuellement dans l'échelle de l'existence, et nous ne pouvons nous imaginer que ce monde soit un lieu d'épreuve, pour l'animal, ni qu'aucun d'eux puisse trouver quelque consolation dans cette croyance à la vie future. »

Que répond à ces savants M. Haëckel? Toujours la même chose : « Personne n'a discuté *sérieusement* Darwin ! » Agassiz seul, peut-être. Et encore, ajoute-t-il, on peut s'occuper un instant d'Agassiz, mais « par simple curiosité scientifique. » Car, ce que dit Agassiz est bien peu de chose! ce ne sont pas des preuves, « mais des phrases ! » Voilà le ton avec lequel il juge un des savants les plus respectables de ces derniers temps, ce ton impassible qui distingue ces automates Allemands, qui parlent sans penser, si longtemps et si imperturbablement, tant le mécanisme est bien monté !

On lui cite Moïse : M. Haëckel a un chapitre où il classe, par ordre, les fossiles « *d'après les données de la science,* » à mesure qu'ils apparaissent sur la terre, les poissons d'abord, puis les oiseaux, puis les mammifères, etc. Or, cette classification, on ne peut s'empêcher d'en être frappé, ne diffère pas sensiblement de celle de Moïse, dans la Genèse. Comment, se dit-on, Moïse était-il si savant? Quoi! il y a quatre mille ans, avant les Grecs, avant Pythagore, avant Aristote, *avant les Allemands,* il y avait un homme qui savait nettement ces choses sur lesquelles nous en sommes à chercher, à balbutier encore, qui connaissait la formation du monde, l'ordre de la création, le rang des animaux, des plantes, etc., et qui l'exposait avec tant de justesse et de clarté! Quel phénomène, comme disent les *savants,* propre à arrêter l'attention des *savants!* Plus je lis les *savants,* plus je suis dans l'étonnement que Moïse ait possédé une telle science; elle était ignorée des Égyptiens, si civilisés qu'on les fasse; nous connaissons leur théogonie, il n'y a rien de semblable. Mais ce n'est pas seulement de l'étonnement, c'est de l'admiration, et une admiration qui s'élève encore plus haut : pour en savoir tant, il a fallu que *quelqu'un* de plus savant que Moïse le lui ait appris, et ce quelqu'un était singulièrement savant ! Et qui donc est si savant, si ce n'est celui qui sait tout, l'omniscient, Dieu !

VI.

Aveux d'ignorance de M. Haëckel.

Mais, lui, M. Haëckel, non seulement n'admire pas, mais il passe, en ricanant, devant ce prodige de connaissances, ce père de la science, Moïse, à qui fut révélée la première et la plus grande des histoires, l'histoire de la création, de la formation du monde, de la terre et des premiers ancêtres du genre humain. Et il ose lui jeter le nom de « conteur de fables, » lui, Haëckel, qui ignore tant de choses et qui est obligé d'avouer qu'il ignore ! Il ignore, comme tous les savants, d'ailleurs, les choses les plus importantes, les *causes premières* : il ignore, par exemple, « quelles modifications peuvent se transmettre par voie *d'hérédité,* et quelles autres ne le peuvent pas, » ce qui est tout le *fond de son propre système.* « Nous ignorons, dit-il, les conditions *déterminées* de l'hérédité ; les principes des choses sont des *énigmes.* » — Comment en tirez-vous donc les conséquences que vous venez de nous conter ? Il ignore les *causes spéciales :* Pourquoi « telles et telles parties d'un animal sont-elles unies par une corrélation singulière ? » Pourquoi y a-t-il « une relation entre la longueur des pattes et celle du bec, chez les échassiers ? » Nous l'ignorons ! — Comment donc dissertez-vous sur les *modifications naturelles* et l'évolution ? Il avoue l'*imperfection* de la paléontologie, « les lacunes énormes » qui obligent à faire tant « d'hypothèses, » *l'insuffisance* de la géologie : « A peine a-t-on exploré la *millième* partie du globe. » — Comment donc présentez-vous

comme prouvées, des hypothèses, qui seront boule-
versées dans dix ans, dans un an, demain peut-être?
Il avoue *l'insuffisance* plus complète encore « de nos
connaissances, pour tracer avec précision *l'arbre généalogique* de l'homme. » — Comment donc n'hésitez-
vous pas à affirmer que *l'homme descend du singe ca-
tarhinien sans queue?*

En présence de tant de suffisance, de si peu de preuves et de tant d'ignorance, on hésite entre le dédain et
l'indignation, car on se demande ce qu'il y a de réel
et d'imaginaire, de sérieux et de vantardise, dans tout
ce que débite ce bavard de mauvaise foi.

Oui, de mauvaise foi! comme tous les fils de l'esprit
du mal, il altère la vérité avec calcul et avec la conscience de ce qu'il fait. Voici, par exemple, comment
il opère : Kant a écrit : « Il est *absurde* de penser que
quelque Newton viendra expliquer un brin d'herbe
sans un but prémédité. » M. Haëckel, lui, commence
par affirmer que Darwin a expliqué le brin d'herbe et
le monde entier, par des lois *purement matérielles,* et
ainsi, ajoute-t-il, « il a réalisé le *vœu* de Kant, » vou-
lant nous faire croire que Kant le *désirait,* quand, au
contraire, il regardait cette idée comme insensée!

C'est de sa part un procédé habituel : « Il y a peu
de temps, dit M. Arduin (1), il a été pris en flagrant
délit de *falsification scientifique.* Agassiz, Rutemeyer,
Pfaff, K. Semper, His, l'ont convaincu d'avoir *faussé
les faits.* Dans son *Histoire de la Création,* M. Haëckel
a inséré des gravures qui représentent l'embryon du
chien, du *poulet* et de la *tortue;* or, ces trois figures
ne sont que *trois clichés de la même planche;* cela a
été prouvé, ainsi que pour une autre gravure. Ailleurs,

_____

(1) *La Controverse,* janvier 1881.

ce sont des gravures copiées dans d'autres auteurs, et qu'il a *modifiée dans le sens favorable à ses idées.* » « Quand on *fausse les faits,* dit Agassiz, quand on présente, à l'appui d'une doctrine, des faits qui *n'en découlent en aucune façon,* quand on avance, comme des faits, des *assertions contraires à tout ce que nous savons de positif,* le devoir est de protester. Or, un examen attentif des tableaux généalogiques de Haëckel prouve qu'il n'y a *rien d'exagéré dans la sévérité de ce jugement.* » « A ces accusations, ajoute M. Arduin, M. Haëckel a répondu d'abord par des injures, comme toujours, puis, par le silence, mais il n'en a pas moins *continué à affirmer* les faits dont on avait ainsi démonstré l'inexactitude. »

C'est un fils de Satan et un ennemi acharné de la Religion; il y a en lui une haine féroce, qui se manifeste par des cris furieux : « La Papauté, *avec son enchainement sans fin de crimes horribles,* etc. » Son traducteur, M. Martins, le loue « de son libéralisme et de la largeur de ses idées. » Ses idées, on les connaît, ce sont celles de tous les révoltés : il a en horreur ce qu'il appelle « les préjugés sociaux, » la hiérarchie (« les castes, ») la Religion (« le Fanatisme, ») l'armée (« la Guerre, ») « l'Hérédité, » la Monarchie (« le Despotisme, ») etc., etc. Sa science tend au même but que les révolutionnaires : c'est un vrai *savant* moderne, le parfait savant allemand, athée, socialiste, républicain et pédant! On a honte de voir prendre au sérieux de si ridicules charlatans et des savants si peu savants!

VII.

Mais l'assemblée des sous-maîtres n'en juge pas ainsi : elle applaudit bruyamment le savant allemand; seulement l'un d'eux, M. Edm. Perrier, demande à ajouter quelques mots. Nous avons *fait* l'homme, dit-il, mais comment se *forme-t-il?* Je le sais, moi, je l'ai découvert, en faisant des boutures dans mon jardin (1) : l'homme se forme tout simplement *par bourgeonnement.* Vous savez, le véridique M. Haëckel l'a prouvé, que « les premiers êtres vivants qui ont paru sur la terre, avaient la forme de *grumeaux* microscopiques, » que nous appelons, nous autres savants, *protoplasma*, de *protos*, premier, *plasma*, œuvre façonnée (mauvais nom, d'ailleurs, car une *œuvre* suppose un *ouvrier*, et une construction un constructeur, et les *protoplasma* sont nés tout seuls; il faudra chercher un autre mot). Quoi qu'il en soit, ces protoplasmas sont « la base de tout ce qui vit. » Avec le temps, oh! des milliers d'années, des milliers même de siècles, une portion « se condense, au centre, en noyau, et forme une cellule; » un peu plus tard, une autre cellule se fait, puis une autre. Les cellules, toujours avec le temps, se multiplient, se soudent, « s'associent, » c'est ce que j'appelle des *colonies*. Or, qu'est-ce qu'une colonie? Personne qui l'ignore : une colonie est une réunion d'être vivants, qui demeurent ou qui émigrent. C'est ce qui se passe pour mes cellules : elles deviennent colonies, et les colonies « *organismes*, » des êtres vivants parfaitement organisés, végétaux ou animaux, peu importe, si bien qu'on peut le dire : « les plantes, les animaux ne sont que le résultat de l'accumulation de myriades de cellules. » N'est-ce pas une assez jolie découverte? Le *protoplasma* était inerte, *sans vie;* la cellule, issue du protoplasma, était *insensible :* les cellules se réunissent, s'accumulent, et aussitôt elles grouillent, tout cela *vit!* Vous figurez-vous une pierre qui, tout d'un coup, se mettrait à marcher, sortant de l'immobilité, toute seule, sans l'ordre et l'impulsion de personne?

(1) Edm. Perrier, *Les Colonies animales.*

ce ne serait pas plus merveilleux. Eh bien, c'est ainsi !

Attendez ! je n'ai pas fini : nous voilà ayant des végétaux ; vous voyez tous les jours les végétaux bourgeonner, se reproduire par le bourgeonnement ; « les animaux, aussi, se reproduisent *par bourgeonnement,* comme les végétaux, » et, non seulement « les animaux inférieurs, » mais les plus gros et les plus compliqués, et l'homme lui-même : « *l'homme n'a pas échappé à la loi commune.* » Que j'aie été témoin de la naissance d'un homme par bourgeonnement, je ne saurais l'affirmer, non, je ne l'ai pas vu ; c'est néanmoins indubitable, « *il ne saurait avoir une autre origine.* »

Ainsi, les cellules, en pullulant, ont formé des colonies, les colonies, en se groupant, s'accrochant, se greffant, ont bourgeonné, et, à force de bourgeonnements, ont produit tout ce qui vit sur la terre, plante immobile, ver qui rampe, têtard qui nage, oiseau qui vole, singe qui grimpe, et homme qui parle et qui pense : tout le système du monde est expliqué !

— Mais la preuve, M. Perrier, la *preuve* de ce que vous avancez ? tout cela, permettez-moi de vous le dire, est « pure hypothèse. » Comment la vie s'est-elle montrée ? « comment l'*inorganique* est-il devenu l'organique, l'immobile le mobile, l'inertie la force (1) ? » Toutes vos histoires d'organisme inférieur « ne permettent pas de répondre péremptoirement à ces questions (2) ».

— Ah ! des *preuves !* s'écrie un confrère de M. Perrier (je n'oserais dire un *compère,* il s'agit de trop graves personnages), vous demandez des preuves ; rien de plus aisé. Mais, au préalable, êtes-vous Darwiniste ?

(1) Flourens.
(2) M. Vernier, dans le journal *le Temps.*

croyez-vous au *transformisme?* Si oui, nous allons vous donner tout de suite des preuves, pas claires, par exemple, «pas directes, on n'en a pas et on ne peut pas en avoir, il faut trop de siècles, des milliers de siècles, mais des preuves auxquelles il faut se rendre, car, ce sont «de *solides hypothèses.* » Si, au contraire, vous ne croyez pas à l'*évolution*, nous ne parlerons pas devant vous, « vous ne nous croiriez pas (1) ! »

Absolument comme certains magnétiseurs, qui vous disent, quand une expérience ne réussit pas : « C'est qu'il y a dans l'assemblée un incrédule, un profane! »

Sur ce, ces messieurs laissent là M. Perrier, qui cherche en vain quelque chose à dire; mais un autre répétiteur ne l'abandonne pas, M. Trouessart : On pourrait, dit-il, expliquer *la formation de l'homme tout seul,* par cette conjecture que « les formes animales ont eu des *phases critiques,* où s'est *rapidement* opéré un changement dans leurs organes » (Ce savant sous-maî-tre, par cette *conjecture,* se passe ainsi de milliers de siècles). Qu'en pensez-vous? Oui, « cela *a dû être!* » Et j'ajouterai que « ces époques ont, *selon toute appa-rence,* coïncidé avec les *époques critiques de la terre,* » époques critiques que nous avons inventées dans la science, et « qui remplacent avantageusement la *vieille doctrine* des catastrophes bibliques. »

Qu'est-ce que ces *époques critiques,* dont parle ce ré-pétiteur, M. Trouessard, ces époques critiques *de la terre?* Quand survinrent-elles? Quels phénomènes pro-duisirent-elles? Qui les a vues? Il ne vous l'apprend pas, mais il vous apprend quelque chose de nouveau : les *faits,* les plus avérés, les plus incontestés, les ca-tastrophes « bibliques, » le Déluge, la destruction des

____

(1) MM. Marion et Saporta, *Revue scientifique,* 1880.

villes maudites, etc., tout cela, ce ne sont pas des *faits*, c'est « une *doctrine*, une *vieille* doctrine! » Mais les *suppositions*, les conjectures les hypothèses, les systèmes fondés sur des bases telles que celles-ci : *cela a dû être, il y a apparence*, etc., sont des *faits;* les faits deviennent des doctrines, et les doctrines des faits : voilà la découverte du sous-maître M. Trouessart; elle est très commode pour dispenser de donner des preuves.

Conséquences métaphysiques et sociales du bourgeonnement.

M. Perrier, cependant, s'est remis, et revenant à son sujet, comme s'il n'avait pas cessé de parler : Oui, dit-il, l'homme « n'a pas une autre origine » que le bourgeonnement, et je dis plus : « Nous devons en être fiers! » Car cela prouve qu'en vertu de la loi de sélection l'homme « a développé tel organe par l'exercice, » laissé en repos tel autre; qu'ainsi la puissance vitale s'est transportée successivement de cette partie à celle-là, que « ses organes ont été remaniés, » enfin, qu'il a remporté « des *victoires incessantes*, en anéantissant tout ce qui vivait autour de lui. »

— Mais ces *victoires* incessantes, dont nous devons être fiers, c'est la morale de la *force*, M. Perrier, la morale du *succès!* Singulière loi, et singulière morale! Le *succès* doit donc être le but de nos actions, le but unique?

— Non! reprend M. Perrier, c'est le succès, mais non le succès comme vous l'entendez, non le succès *personnel,* mais « le succès par *l'association*, » c'est-à-dire, par la *solidarité*, l'assistance réciproque, le travail, la *justice, le respect de soi-même et des autres.* » Ce qui était condamnable quand vous étiez seul, est juste si vous le faites avec plusieurs; c'est le *succès*, si vous voulez, la *morale du succès*, mais le succès qu'on obtient en s'associant à d'autres; alors, il est la source « des vertus les plus respectables et de nos *nouveaux devoirs!* »

Et M. Perrier s'étend et pérore sur ces nouveaux devoirs et ces vertus nouvelles, le *respect de soi-même,* le *respect des autres,* etc., respect qui m'empêchera sans doute de voler la bourse de mon voisin, si je suis sûr que personne ne me voit, et sa femme, si je peux, par dessus le marché ! c'est le ton du jour, et il le prend. Mazzini, dans ses prétentieux *manifestes,* savait aussi faire résonner ces grands mots : « *Nouvelle* théorie de la vie, *nouvelle* conception du ciel, dogme *nouveau,* qui, par une *large synthèse,* engendrera une vie *nouvelle* et harmonieuse, etc. (1), » grands mots vagues, vides et retentissants ; mais la formule précise de ces dogmes, de cette religion nouvelle, de ce culte qui devait remplacer « la vieille religion, » le conspirateur italien n'en parlait pas, par une raison très simple, c'est qu'il n'en savait absolument rien. De même, M. Gambetta n'y manquait pas, quand il avait à *entraîner* son peuple de Belleville : il lui parlait de la *solidarité, du respect de soi-même et des autres,* qui est la *vraie religion,* etc., boules creuses que lancent en l'air les charlatans, et qui font s'extasier le gros public, dont ils soutirent les sous. M. Perrier, lui, essaie d'imiter ces maîtres du tréteau, et il nous jette à la tête la *justice,* les *devoirs nouveaux,* les *vertus nouvelles,* etc., qui n'ont d'autre but que d'étourdir les autres et de s'étourdir lui-même. Mais il n'y réussit pas : il est un évolutioniste timide, il craint de se prononcer trop énergiquement et d'aller trop loin. Car il voit bien les suites et les résultats, et il s'efforce de les voiler, de faire en sorte qu'on ne les voie pas. Je ne m'occupe pas des *conséquences,* dit-il, je sais bien « qu'il est impossible de les éviter, » qu'il faut bien, à la fin, déclarer si toutes les transformations, étapes et colonies de monères, de cel-

(1) Voyez *Revue de Westminster,* 1867.

7

lules, de grumeaux, etc., ont « pour cause les lois *naturelles,* » c'est-à-dire, *rien* du tout, ou « une intelligence *créatrice*, » c'est-à-dire, Dieu... Mais en voilà assez pour aujourd'hui; je ne vous en dirai pas plus long, ce sera pour une autre fois! Messieurs, j'ai bien l'honneur de vous saluer! Et il s'en va.

Pauvre brave homme! J'ai pitié de lui, et j'ai pourtant envie d'en rire : car, au fond, il croit en Dieu, et il n'ose pas le dire tout haut.

CHAPITRE VI.

L'HOMME PRÉHISTORIQUE.

Le roman de l'homme préhistorique. — L'homme primitif frugivore. — M. Caméron : le cannibalisme, début de la civilisation. — M. d'Assier : formation de la civilisation par la glace. — M. Topinard : les mâchoires des Parisiennes et les crânes du Hanovre.

I.

Les sous-maîtres n'en ont pas fini avec l'homme, tant s'en faut : ils ont à nous raconter les premiers temps de la vie de l'homme.

Nous avons vu commencer et se développer le roman, ou, comme on dit aujourd'hui, la *légende* de *l'homme préhistorique*, de l'homme des cavernes, des cités lacustres, etc.

Depuis longtemps, de tout temps plutôt (1), on trouvait dans des anfractuosités de rochers, dans les grottes des montagnes, de vieux os mêlés à quelques pierres. On se disait : probablement des brigands, des bandits, se sont réfugiés ici, y ont séjourné, vivant comme ils pouvaient, de chasse et de rapine, et y ont laissé les traces de leur passage. Les amateurs de curiosités ramassaient ces os et ces cailloux, et les oubliaient sur une planche, où ils se recouvraient silencieusement de poussière.

Mais, il y a quarante ou cinquante ans, apparut, sur la surface de l'Europe occidentale, une race d'hommes, presqu'inconnue jusqu'alors, qui se propagea et s'étendit avec une extraordinaire rapidité. Ils se donnaient

L'homme préhistorique.

(1) On cite un livre espagnol, du milieu du dix-septième siècle, dont les planches gravées représentent des objets en silex, haches, couteaux, flèches, etc.

le nom d'*archéologues* ou *antiquaires*, gens doux, inoffensifs, d'ailleurs, et dont le caractère se manifesta aussitôt par un penchant décidé à fouir le sol, à creuser la terre, et un acharnement obstiné à en tirer toutes sortes d'objets qui n'étaient bons à rien, cassés, ternis, usés, déformés, puis à les ranger proprement dans des armoires avec une étiquette.

Or, certains de ces archéologues ou antiquaires, ayant pénétré dans ces trous de rochers, leur imagination (on ne savait pas qu'ils en fussent si richement doués) s'alluma, à la vue de ces os et de ces pierres : grands dieux! dirent-ils, quelles découvertes! quels trésors dans ces *cavernes!* (Les antiquaires ou archéologues, gens éminemment graves, respectables, et même majestueux, n'emploient que des expressions distinguées, et le mot *caverne* leur semble plus noble que celui de *grotte*, et propre à produire plus d'impression.) Nos ignorants aïeux ont pris ces hommes, dont nous voyons les traces, pour des bandits et des vagabonds. C'était bien autre chose! C'étaient les premiers hommes, les hommes primitifs, sortis à peine de la bestialité, qui sait même, des *anthropoïdes!* Nus, sans armes, presque bêtes brutes encore, où vouliez-vous qu'ils habitassent? Ils ont fait comme les autres animaux, ils se sont réfugiés dans les cavernes. Ces pierres sont les armes avec lesquelles ils combattaient les gigantesques animaux, qui vivaient il y a vingt mille ans, cent mille ans, des milliers de siècles probablement, et que nous ne connaissons plus; le grand ours, — appelons-le, à cause de cela, l'ours des cavernes, *ursus spelœus*, le *cervus giganteus*, l'*elephas* semblable à une montagne, l'*atlanteide*, le rhinocéros *tichorninus*, le *carcharodon*, l'*halitherium*, le *cheirotherium*, bêtes énormes, colossales, qui possédaient des cornes, des dents, des griffes et des défenses effroyables, terribles, avec lesquelles ils broyaient tout, transperçaient tout, éventraient tout. Eh bien, à l'aide d'une de ces pierres que voici, l'homme primitif les terrassait, les dépouillait et les mangeait !

— Autre découverte, Messieurs ! ajoute l'un d'eux : voici plus d'une douzaine de pierres, et elles sont taillées. Ce n'était pas seulement une habitation; on travaillait ici, on y fabriquait, oui, c'était une fabrique, un *atelier!* C'est, ici, un *atelier d'armes* préhistoriques ! Remarquez qu'il y en a plusieurs qui sont imparfaites.

— Voyons !

— Voici une *flèche*.

— Je la prenais pour une hache.

— Du tout ! c'est une flèche, peut-être un couteau, que l'ouvrier « a manquée, » et a laissée là.

— Quels progrès fait l'archéologie ! Et il y a des gens qui doutent encore, et lui refusent le nom de *science.* Qu'ils l'osent maintenant ! Nous venons de trouver l'*habitat* de l'homme primitif, ses armes, son atelier de travail, ses instruments, ses outils, les restes de sa chasse...

— Et de sa digestion, s'il vous plaît, les coprolithes ! La science est faite !

Tandis que ces antiquaires naïfs se congratulaient de leurs trouvailles, d'autres se sont approchés, des savants de Paris, moins *candides*, mais plus *forts,* selon l'expression de ce temps-ci; il y en avait aussi d'Angleterre, de Suisse, d'Italie, et surtout d'Allemagne, les plus têtus de tous. Eh ! dirent-ils, ces provinciaux ne savent pas faire ! Ils ont entre les mains une fortune, et ils ne s'en doutent pas ! Ils ont découvert l'*homme des cavernes :* grand mérite de faire une découverte! C'est comme une idée : tout le monde a des idées, le tout, c'est la mise en œuvre; de leurs découvertes, ils font une simple *nouvelle*, et il y a de quoi composer tout un *roman*. Nous allons leur montrer le parti que savent tirer d'un sujet des hommes de talent !

Ces *savants* ont fait alors de la nouvelle science une exposition qui promettait de vastes développements. Il ne s'agit pas ici, ont-ils dit, d'hommes isolés ; c'était bien plus : c'étaient des *peuples,* les peuples *anté-historiques*, c'est-à-dire, dont on ne sait absolument rien. Il y avait plusieurs peuples : ici, étaient les peuples dolichocéphales ; là, les peuples brachycéphales ; là-bas, les semi-dolichocéphales, etc. Et nous allons vous dire comment ils étaient faits : les uns avaient les jambes fortement pliées, et les péronés courbés en dedans ; les autres la tête courte : ceux-ci la tête longue ; ceux-là la mâchoire avancée, etc. Vous avez entrevu qu'ils combattaient les animaux ; nous allons vous nommer ceux à qui ils avaient affaire : ceux-ci chassaient l'ours, tout nus, avec des pierres, ils avaient peut être un peu de peine à en venir à bout ; ceux-là le renne, ils bénéficiaient de sa chair et de son lait ; ici, ils chassaient le cheval, cela est évident : voilà au moins trois fémurs de cheval dans cette seule caverne, ce qui prouve qu'ils étaient hippophages.

Ce n'est pas tout : nous pouvons vous apprendre quelque chose de bien plus intéressant, leurs *voyages!* Oui, regardez ce crâne, et celui-ci, et celui-là ; savez-vous ce que cela veut dire ? Le crâne n° 1 est un envahisseur venu de très loin, car il n'est pas fait comme le crâne n° 3 ; le crâne n° 3 est dolichocéphale, le crâne n° 1 semi-brachycéphale, et le crâne n° 2 dolicho-brachycéphale. Eh bien ! le crâne n° 1 est un peuple venu d'Esthionie, il y a des crânes de cette forme en Esthionie, ou de Fionie, il en y a aussi, ou d'un pays très éloigné enfin ; il a rencontré le crâne n° 3, et l'a poussé devant lui jusque dans l'extrême sud ; mais derrière lui est survenu le crâne n° 2, qui s'est heurté au crâne n° 1 et à quelques restes du crâne n° 3 ; il les a battus, soumis, et s'est établi au-dessus de tous les deux, le crâne n° 3 et le crâne n° 1, et c'est le crâne que je tiens dans la main ! N'est-ce pas évident ? N'assistez-vous pas à cette lutte, la lutte pour la vie, la *sélection*, condition essentielle de l'existence ? Voilà l'histoire des peuples primitifs, à l'époque où ils n'avaient pas d'histoire. C'était une lacune à combler !

Les archéologues ne s'en sont pas tenus là : après les hommes des cavernes, ils ont découvert les bancs d'huîtres, les *Kyœkkœnmodings* et les mangeurs d'huîtres, puis les habitations, que dis-je, les *cités lacustres*, puis les *chasseurs de chevaux* de Solutré, puis les *Troglodytes*, puis le fameux traité d'alliance des hommes et des chiens, etc. Les annales de l'homme primitif sont complètes : la preuve est donnée qu'il n'y a pas de Dieu, que Dieu n'a pas créé l'homme, que l'homme primitif, le premier homme, loin d'être, comme nous le croyions jusqu'ici, un homme parfait, était une pauvre bête assez mal bâtie, sans esprit, sans invention, trop heureux d'imiter les autres bêtes, et telle qu'on devait l'attendre d'un fils de singe, descendant lui-même de marsupiaux, de lamproies, de monères et d'écumes en grumeaux (1) !

(1) « Si l'*homme primitif* des archéologues athées était tel qu'ils le représentent, on se demande, dit un savant géologue. M. l'abbé Hamard (*La Civilisation préhistorique*), comment il se fait qu'un être aussi faible, jeté nu et sans armes au milieu d'animaux gigantesques et redoutables, n'ait pas succombé en face des mille dangers qu'il courait. Pour parer à ce manque de protection que la nature lui avait refusée, il lui eût fallu une intelligence au moins égale à celle des plus sagaces de nos contemporains, et l'on prétend *qu'il se distinguait à peine de la brute !* — Il y a nécessité de le reconnaître : si l'homme a triomphé, c'est qu'il avait pour suppléer à sa faiblesse physique les ressources de son génie ; c'est qu'il n'était pas cet être méprisable, dont l'intelligence ne dépassait guère,

II.

Les sous-maîtres peuvent venir maintenant, pour compléter cette histoire. Un point bien intéressant à établir, dit le premier (1), c'est la nourriture de l'homme primitif : *Que mangeait-il?* Jusqu'ici, on l'avait cherché en vain; mais, moi, j'ai reconnu un fait qui va peut-être vous étonner : l'homme primitif ne mangeait pas de chair, *il ne vivait que de fruits!* Et on le comprend : Qu'est-ce que l'*homme?* Un animal issu du singe, un *singe* lui-même. Et « quelles sont les mœurs du singe? » De quoi se nourrissent les grands gorilles, proches parents, « proches voisins de l'homme? » De fruits et de racines. » Donc, l'homme était frugivore, uniquement frugivore, « ce n'est pas douteux! » C'est là ma découverte.

Mais cette découverte est accueillie par les plus véhémentes réclamations : C'est impossible! s'écrient à la fois les maîtres et sous-maîtres vivement émus; que deviennent, dans ce cas, les os rongés trouvés dans les cavernes? Et les chasses des grands animaux? Et l'alliance de l'homme avec le chien? Et les pierres taillées, les couteaux à dépecer les chairs, les grattoirs à préparer les peaux, etc. Et les grandes dents, et les ongles crochus des premiers hommes? n'en avons-nous pas donné la discription? Et les Sauvages, que vous oubliez, les Fuegiens? Voyez les Fuegiens, ces vrais sauvages, qu'on a amenés à Paris! Qu'est-ce que le sauvage? L'homme primitif, qui vient à peine de passer

au dire de la théorie transformiste, celle des brutes qui l'entouraient; et les progrès qu'il a réalisés supposent chez lui des qualités mentales au moins égales à celles que l'on rencontre chez nos contemporains les plus favorisés. »

(1) *Revue Scientifique,* 31 juillet 1880.

dans l'espèce humaine, fils ou arrière-petit-fils de singe; il mange très bien de la chair, et même de la chair humaine!

— Cela ne me regarde pas, répond l'obstiné sous-maître, je ne m'occupe pas de ce que font les sauvages. Je sais seulement que les singes ne vivent que de fruits et de racines.

— Mais, malheureux, avez-vous réfléchi dans quel embarras vous nous jetez! Nous avons *établi* que l'homme est un *singe;* et vous venez dire que, s'il est un singe, il ne doit pas manger de la chair; or, il en mange, *donc il n'est pas un singe.* Comment concilier cette anomalie! Comment se tirer de là!

— Et, en outre, s'écrie un autre répétiteur désolé, toute la théorie est renversée, le sauvage n'est plus l'homme *primitif;* il serait, au contraire, l'homme *déchu,* comme le prétendent ces ignorants de chrétiens!

— Eh non! mes chers amis, dit alors un sous-maître près de devenir maître, il n'y a pas là de difficulté, pas de termes opposés à concilier. C'est que vous ne connaissez pas une loi admirable de mon invention: « Le *cannibalisme* est une des premières phases de la *civilisation* (1). »

Certainement, les hommes primitifs ne mangeaient pas de la chair, ils étaient trop près de l'état bestial, encore trop singes. Tant qu'un peuple ne s'est pas élevé jusqu'au cannibalisme, tant qu'il n'a pas mangé des hommes, il ne peut se flatter d'être civilisé; il a encore trop à faire! Il faut attendre qu'il ait dévoré quelques centaines, quelques milliers d'hommes. Alors, présentez-vous, vous avez chance d'être écouté; ce peuple débute dans la civilisation! C'est quand ils

(1) M. Cameron, au congrès de Sheffield, 1870.

étaient en train de se civiliser, que nos pères se mirent à se manger entre eux. Voyez ce qui se passe autour de nous : « Les cannibales, disent deux voyageurs de ma connaissance, ont des qualités fort remarquables; » ceux du Gabon ne sont rien moins que des sauvages. Et, en effet, si vous voulez y réfléchir, quel raisonnement, quelle pénétration ne faut-il pas, pour arriver à l'idée de manger de l'homme, au lieu de se nourrir de maigres coquillages, de bêtes des bois, de poissons qu'on guette longtemps dans la rivière ! Deux hommes vivaient ensemble : un jour, l'un d'eux regarda de côté son voisin, et se dit : cette chair ferme et fraîche doit avoir bon goût sous la dent ! Il ne fit semblant de rien, passa derrière son compagnon, lui asséna un bon coup de bâton sur la tête, et, l'ayant tué, le mangea. Ce jour-là fut l'aurore de la civilisation ! Eh ! se dit notre homme, c'est un mets excellent, bien autrement succulent et nourrissant que de méchantes moules, des vers de terre visqueux ou des lézards coriaces ! On pourrait même, au lieu de le manger cru et tout sanguinolent, comme tout à l'heure, le faire cuire coupé par tranches et sur des charbons ardents, ou tout entier à la broche, en le tournant de tous côtés avec soin et recueillant la graisse dans de grandes feuilles de latanier, ou, mieux encore, le bourrer de patates, avec du safran et des clous de girofle : ce doit être exquis ! Il est clair que l'homme qui raisonne ainsi est très avancé en civilisation : il est cuisinier, il crée la cuisine, et l'on sait que la cuisine est un art de civilisé. — Avez-vous connu Monseigneur un tel ? disait, en voyageant dans les forêts du Nouveau Monde, un missionnaire à un Indien nouvellement converti, c'est-à-dire, mal converti. — Certainement, Père, je l'ai connu. — Comme il était bon ! dit le missionnaire. — Oh ! oui, bien bon ! J'en ai mangé ! Cet Indien n'était pas si sauvage, comme vous voyez : il savait apprécier les morceaux délicats, et, à l'occasion, se donner un plat d'évêque à son dîner. Il avait atteint « une des premières phases de la civilisation ! »

III.

C'est là une très piquante découverte, dit en s'avançant un sous-maître jusqu'ici fort attentif, vous nous faites connaître un phénomène entièrement nouveau. Certes, l'anthropophagie a une très grande importance et dont il faut tenir compte pour le progrès de la civilisation, mais, permettez-moi de vous le dire, il existe un puissant élément de civilisation, un *facteur* (vous connaissez ce terme de la science moderne), auquel vous n'avez pas pensé : la *glace* (1).

Influence de la glace sur la civilisation.

— La glace ! et qu'est-ce que la glace a de commun avec la civilisation ?

— C'est de la glace que dépend la civilisation ; rien que cela ! « Il y a une liaison intime entre l'apparition des phénomènes glaciaires et la direction que suit le courant humain, l'expansion des races et l'essor de son activité. »

Cette déclaration, faite avec précision et sang-froid par le sous-maître, excite le plus vif intérêt parmi ses collègues : Écoutons M. d'Assier ! s'écrient-ils, parlez ! parlez !

Le sous-maître, M. d'Assier, explique alors sa découverte : les glaces oscillent alternativement du sud au nord et du nord au sud, *par période de vingt et un mille ans*, — vingt et un mille ans, parce que « le grand axe de l'orbite de la terre fait une révolution entière dans le plan de l'écliptique en vingt et un mille

(1) D'Assier, *les Époques glaciaires*.

ans. » Or, il y a un moment où la périhélie coïncide avec le solstice d'hiver; alors, l'hémisphère sud éprouve un froid excessif et qui dure des siècles. Ce moment, c'est vers l'an 1250 de l'ère chrétienne; le pôle austral, le sud de l'Afrique et de l'Amérique, furent chargés de glaces, et « cela continue encore. » Mais dix mille cinq cents ans auparavant (moitié des vingt et un mille ans), ce fut le contraire : la périhélie coïncida avec le solstice d'été, et alors, le pôle boréal, c'est à dire, l'Europe, éprouva un froid tel qu'il fut enseveli sous les glaces.

Voilà les prémisses de ma découverte, dit M. d'Assier, et il parcourt d'un regard satisfait le cercle de ses collègues pressés autour de lui et silencieux : pas un ne savait cela, ils sont étonnés : c'est vraiment une découverte! Et, ajoute-t-il, voici les conséquences.

Mais, le répétiteur, qui parle d'un ton si assuré, et déjà se pose en maître parmi ses confrères, va tout à l'heure subir une déconvenue qui le remettra à sa place. Tandis qu'il exposait complaisamment sa théorie, un professeur en titre s'est avancé à petits pas, un maître connu, et fort écouté des sous-maîtres, qui ne se hasardent pas à décliner sa compétence et son autorité, M. Lyell, fameux géologue anglais, que quelques-uns nomment même le *prophète de la géologie*. Sans que M. d'Assier s'en aperçoive, il se mêle aux sous-maîtres qui l'écoutent ébahis, et il attend le développement annoncé du système de l'action de la glace sur la civilisation.

Voici les conséquences, reprend le sous-maître M. d'Assier : le nord de la terre étant couvert de glaces, par l'effet du froid de la période de dix mille cinq cents ans, qui finit en 1250, il en est résulté que :

1° L'Europe et l'Occident ont été peuplés seulement il y a sept ou huit mille ans.

2° L'Égypte, qui était beaucoup plus loin, fut civilisée bien auparavant, c'est-à-dire, depuis quinze mille ans; il en fut de même de l'Inde et de la Chine.

— Et pourquoi pas la Tartarie, voisine de la Chine? dit une voix railleuse.

Le sous-maître n'entend pas, ou fait semblant de ne pas entendre, et continue.

3° Lorsque le froid diminua en Europe, la civilisation s'y étendit et s'y développa; mais, d'autre part, la chaleur continuant au sud, il arriva un phènomène contraire : le sud s'amollit, perdit toute énergie, tomba dans une sorte de léthargie, ne donna plus signe de vie.

— Oui! témoin la Chine, si remarquable par son activité et qui est, comme on le voit, endormie! dit la même voix.

Le sous-maître tressaille, cherche d'un regard inquiet l'interrupteur, puis, reprend :

4° L'apparition de l'homme sur la terre remonte donc à cinquante et un ou cinquante deux mille ans; car il y a eu, au pôle boréal, deux périodes glaciaires de vingt-et-un mille ans, plus la moitié de la troisième, où nous sommes.

La même voix : — Pourquoi pas quatre époques, pourquoi pas dix?

5° Enfin, de tout cela résulte une conséquence effrayante : l'avenir de l'Europe est fort sombre; nous nous imaginons que l'Europe est à la tête de la civilisation, parce qu'elle est chrétienne. C'est uniquement parce qu'il fait froid dans l'hémisphère austral! Mais, dans *dix mille ans* à peu près, ce sera à notre tour d'être congelés. La terre penchant d'un côté, le froid quittera l'hémisphère sud et se portera au nord, et l'Europe entière sera couverte de glaces. Alors, plus d'habitation possible en Europe, plus de grandes capitales! Paris, Londres, disparaîtront sous la neige; alors toute la population émigrera vers le Sud.

— Et le Sud deviendra le foyer de la civilisation! dit un répétiteur naïf.

— Non pas! Ces populations du Nord, transportées dans le Sud, s'énerveront sous le soleil des tropiques, s'abâtardiront, perdront toute énergie, et alors, peut-être, « la science sera arrêtée, » la science périra!

— Et les savants avec, n'est-ce pas?

Ce cri d'indignation a été jeté d'une voix irritée par le savant M. Lyell. Cette fois, il n'a pu se contenir. Il sort du cercle des auditeurs, s'avance vers M. d'Assier interdit et, le saisissant par le revers de son veston, et le regardant en face, les yeux dans les yeux, d'une voix âpre et vibrante :

— Ce que vous dites là, mon cher Monsieur, est entièrement « dénué de preuves, contraire aux faits, opposé à la science, » et, ce que vous annoncez comme devant arriver dans dix mille ans, vous n'en savez rien du tout!

— Il est certain, balbutie, d'un ton des plus humbles, le sous-maître intimidé, que je ne peux dire que je le sais : « le plus sage, c'est d'avouer notre impuissance devant l'inconnu. »

— C'est-à-dire, reprend durement le maître, vous reconnaissez votre ignorance pour l'avenir, mais vous pourriez aussi bien la reconnaître pour le passé. Qu'est-ce que votre théorie des glaces alternant du nord au sud et du sud au nord? Vous prétendez que le froid a cessé au nord, à partir de 1250, et l'on constate, au contraire, que le Goënland devient de plus en plus inhabitable depuis deux ou trois siècles, à cause des glaces qui le recouvrent de plus en plus. Le froid n'a donc pas diminué au pôle boréal. Quant au pôle sud, comment savez-vous qu'un froid terrible y sévissait au treizième siècle, puisqu'on ne s'en est approché qu'au quinzième! Comment, en outre, ce froid, au lieu de diminuer depuis six cents ans, augmente-t-il, puisque l'on remarque que la colonie du Cap, au sud de l'Afrique, est bien plus froide qu'il y a deux siècles? Tout votre système est donc une imagination, une pure rêverie.

Mais voici bien autre chose! Vous dites, vous osez, devant moi, parler de périodes de froid de dix mille cinq cents ans. Vous moquez-vous? Dix mille cinq cents ans! Sachez que, pour produire seulement les glaces des Alpes, il nous faut au moins *cent mille ans!* Cent mille ans, entendez-vous?

— Il me semblait, murmure M. d'Assier, que dix mille cinq cents ans « sont plus que suffisants. »

— Du tout! J'ai écrit, j'ai professé, j'ai affirmé qu'il faut cent mille ans, et, seulement, comme je vous l'ai dit, pour les glaciers des Alpes. Mais, au pôle boréal, « il y a des glaces bien plus anciennes; » il faudrait au moins, un demi-million d'années. Certainement, « l'homme est sur la terre depuis un million d'années, *peut-être plus* (1). »

Cette fois, le pauvre M. d'Assier commence à pâlir; il n'est qu'un bien petit garçon près de ce grand maître : C'est vrai, dit-il tout troublé, je l'avoue, vous avez raison! Va pour cent mille ans, deux cent mille ans, cinq cents siècles! (Il ne s'agit plus des quarante siècles qui contemplaient Bonaparte et l'armée

_____

(1) M. Ladrière, en examinant les anciennes rivières du département du Nord, a constaté qu'au troisième siècle, il s'était formé plusieurs couches épaisses de plus de *six mètres*, ce qui est prouvé par des monnaies romaines qu'on y a trouvées. Donc, il ne faut pas des milliers d'années pour former ces couches.

française du haut des Pyramides.) Mettons même un million : « Reculons la limite, » si cela vous plaît. Qui sait, d'ailleurs, jusqu'où nous reculerons! « Peut-être le faudra-t-il! »

Évidemment, dit gravement M. Lyell, « à la suite de nouvelles recherches, » — et de nouvelles suppositions!

IV.

Les sciences anthropologiques de M. Topinard.

Les sous-maîtres et répétiteurs s'attachent surtout aux premiers temps du monde, parce qu'on peut y faire bien plus d'hypothèses, qu'on appelle des *découvertes*. Le malheur, c'est qu'ils ne s'entendent pas, au préalable, pour dire la même chose, et qu'il leur arrive de se donner les plus solides démentis.

Pour le moment, ils sont réunis en congrès (1), et occupés du cerveau de l'homme préhistorique, chacun tenant un crâne à la main, comme Hamlet celui du *pauvre Yorick*, et en suivant les sinuosités et les contours. Ils écoutent attentivement un professeur d'anthropologie, M. Topinard, homme vraiment extraordinaire, car à l'imagination la plus puissante, il joint une ambition au moins égale : il prétend englober toutes les sciences dans l'anthropologie, comme un conquérant, non seulement toutes les terres qui avoisinent son empire, mais les plus éloignées. Oui! dit-il, il ne faut pas dire : *la science* anthropologique, mais « *les sciences* anthropologiques; » tout est anthropologie : qu'est-ce que « la *géologie*, la *linguistique*, la *géographie*? » De l'anthropologie! — Et « l'*histoire*? » De l'anthropologie! — Et « l'*ethnologie*? » De l'anthropologie! — Et « le *droit*? » Encore de l'anthropologie! —

____

(1) *Congrès d'anthropologie*, 1867.

Et « *l'architecture?* » Toujours de l'anthropologie ! —
Et « la *musique* même ? » De l'anthropologie ! — Pourquoi la musique, direz-vous ? Pourquoi ? Parce que la
musique témoigne que « les peuples ne sentent pas
tous de même. » Quelqu'un s'en doutait-il ? Moi, Topinard, je l'ai découvert !

Aujourd'hui, M. Topinard traite cette question : Comment l'homme est-il parvenu à parler ? Car l'homme,
dit-il, est un animal, semblable à tous les autres animaux, « sauf en certaines de ses parties ; » non, dit-
il en se reprenant, « en une partie, » le cerveau.
Oui, le cerveau, chez l'homme, peu à peu a grossi,
« s'est accru. » Comment ? Par un moyen tout à fait
élémentaire, comme celui qu'employait la grenouille,
en faisant des efforts successifs, tous les jours, en
avant surtout, « dans les lobes antérieurs ; » et, ainsi,
à force de pousser de dedans en dehors, d'efforts en
efforts, il n'a pas crevé, comme la grenouille, mais,
vous comprenez, n'est-ce pas, « il a abouti à la parole
et au langage. »

Comment l'homme a-t-il été amené à faire ces efforts destinés à « exprimer ses besoins et ses sentiments ? » Pourquoi, seul de tous les animaux, les a-
t-il faits ? Pourquoi les animaux s'en sont-ils tenus
aux cris, aux chants, aux gloussements, japements,
piaillements, sifflements, braiements, grognements,
aboiements, mugissements, croassements, rugisse-
ments et beuglements ? C'est ce que M. Topinard n'explique pas ; c'est un des mystères de la Science ! car
il y a les *mystères de la Science,* comme les mystères
de la Religion. Seulement, devant les mystères de la
Science, professeurs, maîtres, sous-maîtres et répétiteurs, ne font pas la moindre objection, ils s'inclinent
avec tout le respect qu'inspire la foi, la foi aveugle ;
ils n'entendent pas qu'à propos de Science, on pro-

nonce le nom du grand Dieu qui a fait le ciel et la terre, mais ils acceptent toutes les imaginations de ceux qu'ils appellent des *savants;* ils ne croient pas en Dieu, mais y en a-t-il qui doutent de M. Topinard?

Les Parisiennes et les Troglodytes. Dans ce temps-là, continue M. Topinard, au temps de l'*anthropoïde*, de l'*alalus*, de l'homme aux deux tiers encore singe, la mâchoire était avancée, comme celle des singes, signe de sa bestialité, comme les Australiens, les Hottentots et les Nègres, qui sont presque des singes. Que ceux qui ont en main des crânes de Nègre ou d'Australien, les examinent : voyez comme ils sont *prognathes;* ce n'est pas une mâchoire, c'est un museau!

— Et les Parisiennes, donc! s'écrie un des auditeurs; les anthropologistes n'ont-ils pas constaté que « les Parisiennes ont la mâchoire inférieure fortement projetée en avant, » et qu'un des signes caractéristiques des Parisiennes, oui, des spirituelles Parisiennes, « c'est le prognatisme! »

— Ce qui prouve, encore une découverte, que *plus l'homme est civilisé, plus il se rapproche du singe.* Quoi de plus civilisé que la Parisienne! Eh bien, plus les Parisiennes sont civilisées, par conséquent éloignées du singe, plus elles se rapprochent du singe par la forme et ressemblent au singe! C'est une découverte vraiment extraordinaire.

— Certainement, vous faites bien d'exalter l'esprit des Parisiennes, qui tient sans doute à leur ressemblance avec les singes, dit un professeur qui paraît avoir une grande autorité dans le congrès (il s'appelle Broca; malheureusement il est mort, il aurait fait bien d'autres découvertes admirables); mais il y a une race bien plus spirituelle que les Parisiennes et les Parisiens : ce sont « les *Troglodytes,* » les sauvages Tro-

glodytes, qui vivaient il y a des milliers d'années, peut-
être des milliers de siècles; les Troglodytes étaient
infiniment « *plus intelligents* que les Parisiens, je dis
les Parisiens d'aujourd'hui! » Cela tenait évidemment
à ce que les Troglodytes, par le crâne et la mâchoire,
se rapprochaient des singes bien plus que les Parisiens.

Voilà une découverte qui ne fera pas rire M. Letourneau, qui attestait la supériorité de l'intelligence des
Parisiens, grâce au développement de leur crâne, lequel n'avait fait que grossir depuis des siècles. Il ne
nous avait pas parlé de l'extension des crânes des Troglodytes, qu'il prétend connaître si bien. Jugez quelle
devait être leur dimension! Comment un tel signe
a-t-il pu lui échapper? Une si forte négligence n'est
pas propre à accroître l'estime que pouvaient avoir
pour lui M. Broca et M. Topinard.

M. Topinard, reprenant la parole, après cette révé- Brachycéphales
et dolicho-
céphales.
lation, explique que cette mâchoire en avant, ce pro-
gnatisme, est une conséquence de la forme du crâne :
plus on s'enfonce dans l'antiquité préhistorique, dit-il,
plus l'homme ressemble à la brute, et sa tête à celle
de la brute; il a alors le crâne *brachycéphale.*

— Oui ! oui, c'est évident, il a le crâne *brachycéphale,*
entend-on de toutes parts dans l'assemblée; c'est indubitable! L'homme primitif avait le crâne *brachycéphale;*
proclamons-le bien haut, décrétons-le : « *c'est un principe!* »

Mais voilà que, tout à coup, une troupe d'anthropologistes en retard envahit la salle, en jetant des cris
et annonçant qu'elle apporte une nouvelle des plus
intéressantes et des plus inattendues : il résulte de recherches faites de tous côtés, cette découverte recon-
nue aujourd'hui comme indubitable, que : « les crânes

les plus anciens sont, non pas, *brachycéphales*, mais *dolichocéphales,* » juste le contraire !

Quel coup, dites-vous, pour les anthropologistes ! Mais non ! ne croyez pas que le Congrès se trouble de cette communication : les *savants* anthropologistes, archéologues et antiquaires, sont habitués à ces soubresauts de la science. Eh bien, disent-ils, nous avions décrété que les crânes les plus anciens étaient *brachycéphales*, c'était alors évident, certain; c'était un *principe!* Nous allons décréter le contraire : « les crânes les plus anciens sont *dolichocéphales.* » Ce sera désormais certain, évident, indubitable; ce sera un *principe!*

Mais voici une bien autre découverte, apportée aussi par les nouveaux anthropologistes : non seulement il y a des crânes, naguère *brachycéphales*, maintenant *dolichocéphales*, dans les temps anciens, à l'époque de l'homme primitif, de l'homme préhistorique, chez les Nègres, les Australiens et les Hottentots; mais il y en a *aujourd'hui* même, « chez *tous les peuples*, dans tous les pays et dans tous les temps (1)! »

Étonnement général : il faudrait donc faire un nouveau décret, déclarer qu'il se trouve partout des crânes *dolichocéphales* et *brachycéphales*. Qu'en pense M. Topinard?

— Il est vrai, dit M. Topinard, non sans faire attendre un peu sa réponse, « qu'on rencontre, parmi les peuples les plus sauvages, *les plus isolés*, au moins *deux ou trois types.* »

— Eh ! s'il y en a deux ou trois, il pourrait bien y en avoir quatre ou cinq! Mais n'allez pas plus loin, mon bon monsieur Topinard, car ces différents types prouveraient qu'il y a eu des rapports de ces peuples *les*

______

(1) M. Kolmann, au *Congrès allemand*, août 1880.

plus isolés avec les autres peuples, d'où vous arriverez grand train à *l'unité du genre humain,* et, par là, à la création du monde par Dieu, ce qui doit être contre votre principe.

— Je ne peux nier, non plus, ajoute un autre *savant,* M. Wallace, que le *cerveau* des sauvages est *à peine inférieur* en capacité à celui des Européens. Les sauvages sont de même taille à peu près que le gorille, et leur cerveau est « trois fois plus grand. » Il en résulterait que les hommes ne sont pas des singes.

Et je vous dirai bien plus, reprend M. Kolmann : il y a *dans tous les pays* des crânes de *toutes les formes,* même des crânes qui semblent des crânes de brutes. Il y a de ces crânes même chez les peuples les plus civilisés, en Europe, dans notre Allemagne; oui, *en pleine Allemagne,* dans la savante Allemagne, on trouve des crânes déplorablement brachycéphales, et, oserai-je le dire, « des mâchoires *plus prognathes que chez les nègres d'Australie!* »

Les Nègres
du Hanovre.

— Écoutez! écoutez! crie l'assemblée!

— Et en voilà une preuve irréfragable : un de mes amis, savant anatomiste du Hanovre, a formé, depuis longues années, une magnifique collection de crânes. Récemment il a convoqué, pour les examiner, les savants les plus distingués de l'Allemagne : tous ont été d'avis que la plupart de ces crânes étaient des *crânes de Nègres et d'Indiens.* Eh bien, pas du tout! c'étaient des *crânes hanovriens,* « provenant des environs de Gœttingue, des crânes de sujets du roi de Hanovre! » Nos confrères les savants ont été stupéfaits du nombre « de *crânes de Nègres* que produisait le sol du Hanovre! »

Les savants ont été stupéfaits, un paysan ne l'eût

pas été, il eût dit : il y a, dans mon village, des têtes
de toutes les formes! un paysan de France, aussi bien
qu'un paysan du Hanovre; mais les *savants!* On peut
difficilement évaluer jusqu'à quel point la *science* leur
bouche l'entendement!

Le même honnête et raisonnable M. Kolmann eût
bien voulu profiter de l'ahurissement du Congrès,
pour obtenir un grand perfectionnement scientifique :
il demandait qu'on s'occupât de « mieux *définir* les
termes *dolichocéphales, brachycéphales, mésantocéphales,* etc. » Ce serait un moyen, disait-il, d'éviter « les
malentendus, » une bonne définition étant déjà la moitié
de la solution des difficultés. Mais les *savants* du Congrès
n'étaient pas bien sûrs qu'il n'eût pas voulu se moquer
d'eux, avec son histoire des *crânes nègres du Hanovre,*
il était suspect; sa proposition ne fut même pas mise
aux voix. Comme par le passé, les *mésantocéphales*
continueront à classer les *brachycéphales* au-dessus des
dolichocéphales, et les *dolichocéphales* à chercher des
liens d'union des *brachycéphales* avec les *mésantocéphales!*

CHAPITRE VII.

MŒURS ET PROGRÈS DE L'HOMME PRÉHISTORIQUE.

Les vieilles découvertes. — Mœurs et voyages des Troglodytes. — Le berceau du peuple Français. — Constitution physique des premiers hommes. Leur ignorance des couleurs. — Découverte du *bleu*. — A qui elle est due. — Supériorité des Allemands sur toutes les autres races. — Philosophie de M. J. Soury : l'illusion.

Les grands principes sont établis : les *savants* ont découvert comment il n'y a pas de Dieu, comment le monde s'est fait tout seul, comment l'homme s'est formé par grumeau de gelée ou par bourgeonnement, comment la civilisation est issue du cannibalisme ou de la glace, etc. Ils peuvent s'occuper des détails : une multitude de sous-maîtres et répétiteurs s'élance à cette besogne et, à peine y ont-ils touché, que des cris d'enthousiasme s'élèvent de tous côtés : ce ne sont partout que des découvertes! on va de découvertes en découvertes! à chaque pas, à chaque instant, se succèdent les récits de nouvelles découvertes! A peine a-t-on le temps de les enregistrer toutes.

I.

Il est vrai que, comptant sur l'inattention de l'auditoire, et espérant les faire passer dans la foule, plusieurs sous-maîtres abusent de la facilité qui leur est donnée de se produire. Les uns, voyant que les découvertes sont à la mode, ont pensé que c'était le cas d'en user, comme de ces remèdes nouveaux dont un médecin disait : « Hâtez-vous de vous en servir, tandis qu'ils guérissent! » Et ils en apportent de vieilles, qu'on connaît depuis des siècles. Tel, celui-ci, M. Va-

Les vieilles découvertes.

cherot, qui a découvert « ce que nul n'avait vu auparavant » : que la république Romaine, au temps de Cicéron, était devenue impossible, et que, « César eût-il manqué, un autre maître se serait présenté. » Il paraît qu'aucun historien, ancien ou moderne, ni Tite-Live, ni Tacite, ni Machiavel, ne l'avait soupçonné. Mais, dit M. Vacherot, « la *science* a mis cela hors de doute ! »

De même, ajoute-t-il, il est certain qu'il y avait en France, avant la Révolution, autre chose *« que des rois, »* qu'il a existé *« un peuple, »* que « les *races* ont eu une *influence* sur les institutions, » que « les castes ont *lutté* l'une contre l'autre, etc. » C'est une vérité nouvelle « *aujourd'hui acquise* » (1)! Et nous apprenons que cette vérité, aucun historien, aucun philosophe, ne l'avait, auparavant, même entrevue, ni Mably, ni Boisguilbert, ni Mlle de la Lézardière, qui ont fait une étude spéciale des institutions de la France; ni Boulainvilliers, si occupé des dissemblances des Francs et des Gaulois, ni Montesquieu, qui cherchait l'esprit des lois dans le caractère des peuples et l'influence des climats, ni Voltaire, qui a essayé de chercher l'histoire dans les mœurs des nations!

Les découvertes grotesques. D'autres profitent de l'occasion pour publier les inventions saugrenues de leurs cerveaux détraqués : ils font des raisonnements si bizarres, si contraires à la manière commune de raisonner, que vous ne savez que leur répondre : « Il y a tant de sottise dans le monde, remarquait Henri Heine, qu'il y a plus de sots que d'hommes. » Vous demeurez stupéfait de leur suffisance, de sorte qu'ils disent tout ce qu'ils veulent, sans être interrompus.

(1) *Revue des Deux-Mondes*, juillet 1860.

Ainsi, ce curieux petit sous-maître, M. Farrer, qui se déclare « émancipé de préjugés métaphysiques et religieux, » et entreprend de vous démontrer que « le déluge est un mythe (1). » Voici son raisonnement : On trouve *partout* des récits ou des traditions du déluge; qu'est-ce que cela prouve? « Qu'on a gardé le souvenir d'une *catastrophe locale;* » ou, plutôt, que c'est « l'effet du *zèle* avec lequel on a *cherché* le déluge en faveur de la cause de théories orthodoxes. » En d'autres termes, on a tellement *voulu* voir le déluge, qu'on l'a *vu* partout; on a appliqué l'axiome : « l'intention est réputée pour le fait. » Voici comment ont procédé ceux qui *cherchaient* le déluge, « en faveur des théories orthodoxes. » Mon ami, dit un missionnaire à un Peau-Rouge, est-ce qu'il n'y a pas eu un déluge autrefois dans votre pays? — Un déluge! Qu'est-ce que c'est que cela? — A un moment, il est tombé beaucoup d'eau, et tout le pays a été couvert d'eau. — Certainement, Monsieur, je l'ai vu plus d'une fois. — Et votre grand, grand-père n'en n'avait-il pas vu? — Mon grand, grand-père? Oh! oui, j'ai toujours entendu dire, dans notre tribu, qu'il y avait eu de grandes pluies et des débordements de rivières. — Qui entraînaient tout, qui détruisaient tout? — Oui. — C'est cela! encore une tradition du déluge constatée! Le déluge a été universel, Dieu a puni les hommes par le déluge. Encore une preuve du récit de la Genèse!

Tel est le dialogue que suppose le sous-maître M. Farrer, entre un missionnaire et un sauvage, l'intelligence du missionnaire étant à peine égale à celle du sauvage, qui feint de le renseigner et, en dedans, se moque de lui, et très inférieure, bien entendu, à

____

(1) Farrer, *les Mœurs et Coutumes primitives.*

celle de M. Farrer, qui, étant « émancipé de préjugés métaphysiques et religieux, » ne se laisserait pas ainsi duper!

Cet autre répétiteur, M. Girard de Rialle, ne voit que des Aryens, ne connaît que des Aryens. Il est vrai qu'il ignore ce qu'étaient, au fond, ces Aryens, — où ils habitaient — ce qu'ils faisaient, — quelle langue ils parlaient, etc : « Nous ne connaissons pas leur religion, dit-il, nous ne connaissons pas leur histoire; » de leur langue nous ne connaissons que « quelques mots, par le sanscrit, » qui les leur a pris, peut-être; quant à leur patrie, ce devait être « en Arménie, — ou en Sogdiane, — ou près du lac Balgach, — ou du côté de l'Inde, — ou en Europe. » Il ignore tout cela, mais il sait que les Grecs, les Celtes, les Latins, tous les peuples d'Europe, viennent des Aryens, donc il connaît les Aryens; il connaît la religion, les dieux, les saints, les légendes des peuples Européens, donc il connaît la religion, les dieux, les saints, les légendes des Aryens; vous trouvez un dieu, une déesse chez les Grecs et les Latins, c'est un dieu, une déesse Aryenne. Les siècles, les révolutions physiques et humaines n'y ont rien fait : « les croyances se sont transmises intégralement. » Les Grecs, les Latins, vénéraient la Terre, donc « les Aryens avaient pour la Terre un culte prononcé. » Saint Georges est le patron des Anglais; donc « la légende de *saint Georges est un mythe Aryen*, » car les Anglais sont d'origine Germanique, et les Germains sont des Aryens. Ainsi raisonne le répétiteur M. Girard de Rialle, et ce procédé de raisonnement, à l'usage des sous-maîtres et répétiteurs, s'appelle *procédé scientifique*.

Une autre explication *scientifique* est celle du mythe

du *serpent* du Paradis terrestre : ce serpent n'était pas un serpent, c'était un *nuage!* « Les Védas ont trouvé, et je suis prêt à l'admettre, » que le serpent, personnification du mal dans la Genèse et dans toutes les mythologies, c'est « le *nuage orageux*, qui s'allonge, en rampant, dans les airs, » et qui va lutter « contre le soleil, le Dieu du ciel lumineux. » Eh! dit le commentateur de Védas, pourquoi pas! « L'aspect du nuage qui s'allonge dans le ciel a pu fournir le premier germe de l'idée qui fait du serpent l'image terrestre de la puissance ennemie. »

Et l'idée aussi, sans doute, du Paradis terrestre, de l'arbre de la science, du fruit défendu, de la conversation du serpent avec Ève, etc., etc. Que de choses dans un nuage! Que de choses dans un menuet! disait le grand Vestris (1).

II.

Mais, laissant de côté ces excentriques et ces Prudhommes (il y a des Joseph Prudhommes même dans la science athée), écoutons les sous-maîtres qui nous annoncent leurs découvertes sur les premiers âges de l'humanité. En voici plusieurs, dont les révélations ont le plus sérieux intérêt : M. de Boisjolin, M. Hugo Magnus, M. Jules Soury, etc.

Le plus heureux de ces inventeurs est M. de Boisjolin; nul n'a fait un plus grand nombre de découvertes. C'est que nul n'est plus hardi : il affirme, il ose, il suppose, il avance une quantité de choses dont on ne se doutait pas.

Il a découvert le *berceau du peuple français* : c'est

(1) Je ne nomme pas l'auteur de cette ingénieuse découverte, parce qu'il n'en a pas l'habitude, et qu'au fond il est chrétien : ce jour-là, son esprit était ailleurs.

là sa grande découverte; mais, auparavant, il en a fait beaucoup d'autres (1).

Énumérons-les : il y a d'abord sa fameuse exploration chez les *Troglodytes,* ancêtres de la nation française (ses bisaïeux, sinon ses trisaïeux). Ce n'était pas une médiocre entreprise de pénétrer dans ces cavernes sauvages et assez mal hantées. Mais aussi, que de découvertes et ingénieusement exposées!

Il ne parle pas des Troglodytes comme ces *savants* vulgaires qui ne les connaissent que par les livres. Il les a vus, lui, il les a fréquentés, il les distingue, il les classe : il y a les Troglodytes des *cavernes* et les Troglodytes des *stations à l'air libre;* ceux-ci bien moins avancés que ceux-là. Jugez-en : il vint un moment où l'homme, nous apprend M. de Boisjolin, « trouva cet *immense progrès de civilisation,* d'habiter des cavernes. » Immense progrès, en effet, car si les misérables Troglodytes des *stations à air libre* n'avaient pas même l'idée de se retirer, la nuit, dans quelques grottes de montagnes, au lieu de geler en plein hiver et de recevoir sur leur dos nu des torrents de pluie et des averses de grêlons glacés, c'était des brutes au-dessous des plus stupides animaux! On ne peut donc trop s'extasier, quand ont les voit trouver ce *progrès de civilisation* d'habiter des cavernes. (*Trouver un progrès de civilisation!* la langue ici n'est pas moins admirable que la pensée.) Mais est-ce bien *civilisation* qu'il faut dire? Et n'est-il pas juste de proclamer qu'ils se sont élevés jusqu'à la *bestialité?* Quand les Troglodytes des *stations à air libre* ont l'idée d'habiter des cavernes, ils imitent les bêtes qui habitent des antres et des terriers; c'est un premier progrès, un grand pas de fait, ils deviennent des *bêtes.*

(1) J. de Boisjolin, *les Peuples de la France.*

Mais, alors, auparavant, qu'étaient-ils donc? Voyez-vous quel horizon s'ouvre aux investigations des *savants :* « Rechercher ce que les hommes étaient avant de devenir des bêtes! » Un tel problème est fait pour tenter un savant comme M. de Boisjolin.

Mais M. de Boisjolin, sans s'arrêter à ces réflexions, pousse en avant, fouille les cavernes des Troglodytes, et y trouve une quantité de raretés : non pas seulement des haches, des poinçons, des grattoirs de silex, comme la plèbe des archéologues, mais des objets bien plus curieux, par exemple, « le *bâton de comman-dement* » usité chez les Troglodytes, bâton en bois de renne, et « percé d'*un à quatre trous,* selon *l'impor-tance du grade.* » Mon Dieu! oui! absolument comme les étendards des pachas turcs, à deux ou trois queues. Il sait, et il en est certain, que c'était un bâton de commandement, et il peut vous dire si c'était le bâton d'un lieutenant, d'un capitaine ou d'un chef de bataillon! Et n'en doutez pas, car il est parfaitement au courant de l'organisation militaire des mêmes Troglodytes : il a exploré à fond les *alignements* de Carnac, et non seulement il a reconnu que ces milliers de menhirs étaient des « obélisques funéraires; » il n'en est pas sûr, pourtant, car il dit : « *plutôt* funéraires qu'habitations, » c'est-à-dire, qu'il ne sait pas si c'était des *sépulcres* ou des *maisons;* mais il a découvert un fait bien plus important : le point précis où fut enterré « l'*état-major* tué dans le combat! » C'est le cromlech au bout des alignements.

Mais quoi de surprenant que ce savant homme ait des notions si exactes sur les armes des Troglodytes, leurs officiers, les insignes de leurs grades, le lieu où ils ont livré bataille, où ont été ensevelis les généraux et les colonels; il sait davantage encore : il sait qu'alors

« les chevaux étaient bien plus nombreux que les hommes. » Et pourquoi? Parce que, dans un coin d'une vallée de la Savoie, « on a trouvé beaucoup d'os de chevaux ! »

L'infatigable *savant,* excité par de si belles découvertes, fouille avec encore plus d'acharnement, et nous en apporte une à laquelle personne, certes, ne s'attendait, l'origine des « *lits bretons en armoires.* »

Vous avez entendu parler des *cités lacustres,* ces fameuses *palafittes,* qui ont été, plus d'une fois pour les *savants,* l'occasion de rudes méprises : les pilotis, qu'ils appelaient pompeusement des *cités lacustres,* ont été reconnus « pour des habitations de castors, » notamment au lac Saint-Andéol, dans la Lozère ! Vous avez vu aussi, si vous êtes allé en Bretagne, ces « lits hauts en armoires » des fermes bretonnes.

Eh bien « cette bizarre coutume, » comme dit M. de Boisjolin, est due « aux habitants des cités lacustres, » qui, évidemment, montaient dans leur lit par une échelle, pour ne pas se mouiller les pieds. Vous vous étonnez, et M. de Boisjolin s'en étonne lui-même : « C'est, s'écrie-il, un *fait frappant* dans l'histoire ! » Très frappant, certes, mais, ce qui ne l'est pas moins, c'est qu'aujourd'hui encore, les Bretons, non seulement couchent dans des « lits hauts, en armoires, » mais continuent à en fabriquer tous les jours ! *Frappant* effet de la perpétuité des habitudes : au bout de *quatre mille* ans, *dix mille* ans, *vingt mille* ans (les *savants* ne demandent pas moins pour les cités lacustres ; M. de Boisjolin exige *vingt-quatre mille* ans pour la formation de la Scandinavie), les paysans des montagnes d'Arée ont encore les mœurs des cités lacustres ! Je dis comme M. de Boisjolin : « Fait frappant dans l'histoire, » et preuve nouvelle de l'incroyable entêtement des Bretons!

Et le *bronze*, la découverte du bronze, sur lequel les archéologues sont autant divisés que pour *l'ambre!* Le bronze est d'origine *finnoise*, dit M. Vorsaï; — *scandinave*, prétend M. Desor; — *hyperboréen*, assure M. Bertrand; — *étrusque*, réplique M. Nilsson; — *phénicien*, affirme en dernier lieu M. Schermans. Mais, non! tous ces savants se sont trompés; voici la vérité : le bronze nous vient des Bohémiens, Gypsis, Tsiganes ou Égyptiens, et il y en a une raison péremptoire : les épées de bronze ont « de *courtes* poignées, » or, les Bohémiens ont de petites mains (les Aztèques en avaient de bien plus petites); donc, eux seuls ont pu tenir ces épées, donc ils ont inventé le bronze! Il a fallu tout un congrès d'archéologues (à Pesth, en 1876), pour faire ce raisonnement, devant lequel M. de Boisjolin se prosterne et admire.

Tout a du prix de la part d'un tel observateur : que Leur caractère
et leur génie. de choses charmantes, nouvelles, profondes, sur lesquelles il faudrait encore s'arrêter, et qu'on ne peut que signaler en passant! Par exemple, cette découverte : que les Romains de la fin de la République étaient des *Auvergnats!* Je n'invente pas, écoutez M. de Boisjolin et suivez bien son argumentation : Caton et Sylla avaient des yeux bleus et des cheveux roux; or, les Celtes, les habitants de la Gaule, avaient des cheveux blonds et des yeux bleus; de plus, les Auvergnats, tribu des Celtes, ont des cheveux blonds et des yeux bleus et la peau tannée, brunie par l'air des montagnes; donc, les Romains du temps de Caton et de Sylla étaient « semblables aux Auvergnats, » des sortes de *Celtes*, un peu cuits par le soleil!

Autre découverte : vous croyiez, avec le monde entier, que nulle part l'imagination n'avait été plus vive, plus brillante que dans la Grèce, cette patrie de la fable, de l'allégorie, de l'esprit le plus inventif. Et, après la Grèce, Rome, dont les poètes Ovide, Horace, Virgile, le *divin* Virgile, comme on disait, qui mit tout en images, ont développé, orné, embelli cette riante mythologie grecque, qui peuplait de dieux et de déesses, de faunes, de nymphes et de néréïdes, les monts, les mers, les bois, les eaux, la terre et les cieux :

> Là, pour nous enchanter tout est mis en usage!

« Le caractère d'une grande imagination, a-t-on dit, est de féconder toutes les autres. » Quelle imagination avaient donc ces Grecs et ces Romains, qui ont fécondé celle de toutes les nations pendant des siècles! Ils ont profondément erré sur la vérité religieuse, c'étaient de tristes théologiens, mais quels grands poètes!

Eh bien, le monde entier n'y connaissait rien : les Grecs et les Romains n'avaient pas d'imagination, ou plutôt, n'exagérons pas, c'étaient « des hommes d'imagination *courte!* » M. de Boisjolin nous l'apprend, et en voici la preuve : « Le culte des Druides les frappait de *respect* et de *terreur,* » ce culte des Druides, qui brûlaient des troupes de pauvres gens dans un gigantesque mannequin d'osier. Je le crois bien : on serait terrifié à moins, et évidemment les Druides avaient une imagination beaucoup plus *vaste* que les Romains. Et les hommes de la Commune, donc! Ils mettent le feu à Paris, et ils voient *flamber* Paris sans *terreur* et sans *respect!* Voilà des poètes! Voilà des hommes d'imagination, d'imagination *large,* — et de conscience large aussi!

Mais M. de Boisjolin ne va pas jusque-là; sans recourir aux revenants de Nouméa, il a sous la main des races bien mieux douées que les Grecs et les Romains. Où? Tout au nord de l'Europe, dans le *Continent polaire!*

— Quoi! dans les glaces! Il y est donc allé? Il a donc fait le voyage du pôle boréal, découvert le passage du Nord-Ouest, vu la mer Libre, la Polynia?

Non! le *Continent polaire* a disparu, a sombré, où, quand et comment? Peu importe! Mais il a laissé « des fragments, » l'Islande, les îles Feroë, les Orcades, etc., le nord de l'Écosse aussi, la Suède et la Norwège.

— Et le Groënland, l'oubliez-vous, M. de Boisjolin?

— Et ces fragments produisent « la variété humaine *la plus robuste* de corps et d'*intelligence.* » Les Grecs, les Italiens, les Juifs, qui passaient pour les races les plus intelligentes, sont, du coup, repoussés à l'arrière-plan : les races qui marchent à la tête de l'humanité, les vrais chefs de la civilisation, ce sont les naturels de Reikiawik et du cap Nord, au haut de la Norwège, les Lapons et les Esquimaux!

III.

Cette révélation du « continent polaire » nous mène à la découverte capitale de M. de Boisjolin, *le berceau de la nation française.*

Découverte du berceau de la nation française.

Il y avait, au pôle, à l'extrémité nord de la terre, un continent qui a disparu; mais ce n'est pas le seul, plusieurs continents ont disparu, des mers ont disparu; le détroit de Gibraltar n'existait pas : il s'est formé *deux mille* ans avant Jésus-Christ, dit gravement M. de Boisjolin.

Non pas, réplique un autre *savant, quatre mille* ans avant Jésus-Christ (1).

____

(1) Hennebert, *Histoire d'Annibal.*

Les *savants* parlent de *deux mille* ans, *quatre mille* ans, comme on dit : « Monsieur un tel a *quatre* à *cinq cent mille* francs de rente. » Il y a une petite marge entre les deux chiffres !

La forme des rivages de la France, continue M. de Boisjolin, n'était pas la même qu'aujourd'hui : « Elle était *sans doute* infléchie au centre. »

— Rien de plus précis !

Et ses extrémités « allaient *peut-être* de la Galice aux côtes de l'Irlande. »

Sans doute, peut-être! nous sommes absolument fixés !

Dans ce temps-là donc, parmi les mers disparues, « il y avait une *mer centrale,* qui *séparait* l'Europe de l'Asie. » Or, par delà cette mer, en Asie, se trouvaient les Aryans, ancêtres de toutes les nations de l'Europe; ce sont eux qui ont peuplé l'Europe (Les communications ne devaient pas être faciles avec cette mer qui *séparait* l'Europe de l'Asie!) et M. de Boisjolin connaît « le lieu de leur naissance : » c'est à la *source* des quatre fleuves, l'Indus, l'Oxus, l'Helment et l'Yaxarte. C'est déjà beaucoup, mais il sait plus encore : il sait « le *canton* précis où habitaient les ancêtres des Français : » c'est « *la petite Boukarie!* »

Arrêtons-nous un moment; voilà qui est entendu. Il y avait en Asie une grande nation, les Aryans; une tribu des ces Aryans habitait la Boukarie, et les Boukariens sont les pères des Français. C'est une découverte assez importante, on l'avouera, et dont personne n'avait ouï parler. Nous voilà donc Boukariens !

Mais on nous fait part d'une nouvelle découverte qui va avoir de bien étranges conséquences. Jusqu'ici les *savants* savaient, il était établi, enseigné, prouvé que les Aryans habitaient l'Asie, étaient *d'origine asia-*

tique. Or, voici que d'autres *savants* savent, établissent et enseignent qu'au contraire les Aryans sont d'origine Européenne, au lieu d'être allés d'Asie en Europe, sont venus d'Europe en Asie ! De sorte que, bien loin que la lumière soit partie de l'Orient, de l'Inde, de la Perse, de la Chaldée, c'est l'Occident qui aurait éclairé l'Orient, et notre Europe qui, par ses colonies, aurait civilisé la Chaldée, la Perse et l'Inde !

Vous avouerez que ce nouveau système, qui renverse toutes les idées et les théories précédentes ethnologiques, ethnographiques, ethnoplastiques, etc., est propre à décontenancer les autres *savants,* les *savants* d'hier, qui *savaient* juste le contraire.

Mais vous connaissez les *savants :* ils ne se déconcertent jamais. Au fait, dit M. de Boisjolin, « il est aussi rationnel de croire *l'un que l'autre!* » Cette «hypothèse européenne » vaut « l'hypothèse asiatique. » Pourquoi «supposer » ceci plutôt que cela? *Supposer,* il a raison, et ce mot explique tout : sciences ethnogéniques, ethnonomiques, ethnotaxiques, tout cela ce sont des *suppositions!*

Mais voici la conséquence : si « le berceau de la race aryane est l'Europe septentrionale et centrale, » et on nous montre ce *berceau :* il se trouve « entre les Alpes, les Balkans, la mer du Nord et la mer Caspienne, » — à moins que ce ne soit « entre les Alpes, les Balkans et les Cévennes, » et si la race aryane a émigré d'Europe en Asie, et non d'Asie en Europe, que devient le berceau des Français, le *canton précis* d'où sont venus nos ancêtres, ce point de la Petite-Boukarie? Au lieu de *venir* de la Petite-Boukarie, ils y sont *allés,* et, au lieu que la Boukarie ait peuplé le France, c'est la France qui aurait peuplé la Boukarie !

Ce n'est pas tout encore; autre déconvenue : il paraît que, si les Français sont allés en Boukarie, ils n'y sont pas restés; car, écoutez bien ceci : les savants qui ont récemment visité la petite Boukarie, « n'y ont plus *plus trouvé d'Aryans,* » à plus forte raison, de Français !

Moi, je ne m'en étonne ni ne m'en afflige; mais le malheureux M. de Boisjolin, que va-t-il dire? les Aryans d'Asie lui manquent sous les pieds; les Aryans d'Europe n'apparaissent plus aux plus puissantes lunettes des *savants.* Il ne peut s'en tirer que par une nouvelle hypothèse, une nouvelle supposition. C'est pour le coup qu'il faut une *robuste* intelligence et une imagination non *étroite!*

IV.

Résultats inattendus de l'étymologie.

Ne quittons pas, pourtant, M. de Boisjolin sur ce triste échec. Il se relève immédiatement d'un mouvement preste, et nous émerveille par des tours d'équilibriste des plus extraordinaires. L'*étymologie,* c'est là qu'il nous fait encore voir du nouveau : « L'étymologie, disait Voltaire, est une science où les voyelles ne signifient rien et les consonnes pas grand'chose. » M. de Boisjolin va nous le prouver. Toujours soucieux de nous instruire des origines de notre patrie, après l'ethnologie, l'ethnographie, l'ethnotaxie, etc., il se tourne vers l'étymologie. Vous connaissez Vannes, en Bretagne, nous dit M. de Boisjolin, eh bien, vous pouvez appeler Vannes *Bangor* et la Bretagne *Lithuanie.*

— Mais la Lithuanie est une province russe ou polonaise et Bangor est dans l'Inde !

— Précisément, *Vannes,* c'est la *ville des eaux;* or, il y a, dans l'Inde, *Bénarès,* les *eaux sacrées,* et, à Belle-Ile-en-Mer, *Bangor,* la *ville élevée sur les eaux. Ban* c'est *Van*, eau, donc « Vannes, Bénarès et Bangor, c'est le même mot. »

Leibnitz, lui, et il semble plus près de la vérité, croyait tout simplement que « Venise et Vannes tiraient leur nom de *marais*, que les Saxons et les Danois appellent *Veen* ou *Fenn*. » Mais poursuivez, savant monsieur de Boisjolin.

Maintenant, *Vannes*, du Morbihan, est parente, fille ou sœur, de *Venèse*, sur la Vistule. Or, ceci demande attention, Venèse n'est pas loin de la *Lithuanie*.

— Eh bien?

— Eh bien, la Bretagne ne s'appelait-elle pas autrefois *Letavia?*

— Mais Letavia...

— Letavia c'était, *Llydaw*.

— Et après?

— Vous ne saisissez pas : Llydaw, c'est *Lithuanie*; donc *Bretagne* et *Lithuanie*, c'est la même chose!

C'est ainsi, ajoute-t-il, que l'on sait que les habitants de la *petite Russie* viennent de Rhodez.

— De Rhodez, en Rouergue?

— Certainement!

— C'est bien loin l'un de l'autre!

— Mais non! les Gaulois sont allés à de bien plus grandes distances, en Asie, comme vous savez (les *Galates*), en Égypte.

— Comment?

— Oui! Psammétique, « le dernier organisateur de l'Égypte, » était issu des Gaulois, était Gaulois.

— Quelle découverte! mon cher monsieur, laissez-moi respirer! à chaque mot vous nous éblouissez!

— Ils sont allés en Abyssinie, oui, « dans les profondeurs de l'Abyssinie! » Vous avez entendu parler d'une peuplade errante, les *Gallas*. Qu'est-ce que peuvent être ces Gallas, sinon des *Gaulois?* Noirs Gallas de l'Afrique et blonds Flamands de Belgique, ce sont les mêmes hommes : Gaëls, Galls, Wall, Welsh, Wallons, Gallas, Gaulois, c'est le même nom !

Un autre joli tour est celui par lequel M. de Boisjolin fait toucher du doigt que les Français qui s'appellent *Martin*, sont des *Perses* aryans, des descendants des *Marses, Marrhyn* en breton, d'où *Martin* et *Merlin!* Il y a des combinaisons de ce jeu-là à l'infini.

Enfin, car il faut s'arrêter, savez-vous d'où vient la ville de *Cahors?* des Gaulois *Cadurques*. Mais Cadurques, c'est *Carduques*, et Carduques, c'est *Kurdes !*

— Quoi! ces fameux Kurdes, les brigands du *Kurdistan*, si habiles à détrousser les voyageurs?

— Ce sont les Kurdes qui ont fondé Cahors !

— Mais Cahors est la patrie de M. Gambetta ! mais alors... On a dit qu'il était Génois, c'est une erreur, il était de Cahors, il était *Kurde!*

On voit à quel degré de certitude est arrivée la *science,* et de quelles lumières elle peut éclairer la politique.

V.

Bien entendu, M. de Boisjolin est libre penseur. Il est de ces hommes dont parle le philosophe grec, qui « cherchent la science dans leurs petites sphères, et non dans la grande sphère universelle (1). » Il ne serait pas si *savant,* s'il croyait à ce que l'on a cru de tout temps. « La rédaction du *Deutéronome* n'est pas de Moïse, dit-il en passant; elle est récente, du huitième siècle, » mettant ainsi à néant, d'un seul mot, la foi au Pentateuque, à Moïse, à toute l'histoire de la

(1) Héraclite.

Bible. C'est, du reste, le système des protestants libéraux, qui ne sont plus chrétiens que de nom.

M. de Boisjolin ne dit que ce seul mot, afin de nous apprendre qui il est. Le vrai libre penseur, c'est le *savant* commentateur et traducteur de M. Hugo Magnus, M. J. Soury.

M. Soury est, lui aussi, un grand *découvreur;* il a écrit un livre où il expose sur le Christ une opinion tout à fait nouvelle : « Jésus-Christ, dit-il, était *fou,* il a *déliré* pendant tout le temps de sa mission, et il serait mort dans l'*idiotisme,* si les Juifs, *mal inspirés,* avaient préféré voir mettre Barrabas en croix... On doit *supposer* que, parmi ses ascendants et ses collatéraux, Jésus avait des parents atteints de quelques affections du système nerveux, des *maniaques,* des *épileptiques,* des *suicidés* ou des *ivrognes...* Jésus était un *fou,* réservé aux *gâteux,* dans un temps qui aurait été court, s'il n'avait pas été sacrifié, etc., etc. (1). »

Vous êtes prêt, lecteur, à vous écrier que c'est ce M. J. Soury qui est fou, que c'est lui qu'il faut enfermer! Ce n'est pas l'avis d'un autre *savant,* M. Ledrain : il pense, lui, au contraire, que, si M. Soury pèche par un excès, c'est par un excès de *spiritualité :* « M. J. Soury, dit-il, est un *idéaliste;* homme d'une imagination ardente, les sciences naturelles l'ont attiré, il leur communique la fièvre dont il est atteint; les phénomènes s'*animent,* se *colorent;* il est de ceux qui peuvent répéter ce vers de Musset :

Malgré nous, vers le Ciel il faut lever les yeux !

« Il tend à *échapper à ce monde* où le nombre des insensés est si grand... Il a fait *comparaître* Jésus *devant les sciences naturelles,* pour le juger... Il est préoccupé

(1) M. J. Soury, *Jésus et les Évangiles.*

d'expliquer les hommes de génie par une *affection physique.* C'est par là qu'il est *original...* M. Renan se rapproche de *Raphael;* M. Soury a pris le pinceau sombre de *Michel-Ange!...* L'un et l'autre sont capables d'études sérieuses. Il ont voulu faire *œuvre d'artistes,* jeter dans un livre l'*idéal* qu'ils avaient en eux-mêmes, etc. (1). »

M. *Renan Raphael,* M. *J. Soury Michel-Ange!* Cette découverte vaut toutes celles de M. de Boisjolin.

Revenons, cependant, à M. J. Soury, il vaut la peine d'être écouté. Il y a un avantage avec M. J. Soury, il ne vous laisse pas un instant dans l'indécision; dès qu'il ouvre la bouche, c'est un athée : « Un des titres les plus glorieux de la science moderne, dit-il, c'est d'avoir *établi* que les *formes* si nombreuses des organismes vivants, loin d'avoir rien de *fixe* et d'*immuable,* se sont *développées* au cours des siècles, et se *transforment* indéfiniment, *sous l'action des forces de la nature.* »

C'est-à-dire, il donne comme *prouvé* ce qui est en question, comme admis ce qui est contesté : il affirme, 1° que les *espèces* ne sont pas *fixes,* et précisément tous les grands naturalistes affirment le contraire; 2° que les *êtres* se *transforment* (ou, en d'autres termes, que l'homme vient du singe, etc.), ce qui est encore à prouver : le lion est le même qu'il y a quatre mille ans, et la coquille enfouie dans les terrains recouverts autrefois par la mer est la même que celle ramassée aujourd'hui au bord de l'Océan; 3° que la *nature* suffit pour *tout accomplir* (ou qu'il n'y a pas de Dieu), ce qu'il est au-dessus des forces humaines de démontrer.

(1) M. Ledrain est, dit-on, un prêtre, et même un ancien oratorien. Ce qu'il y a de certain, c'est qu'il n'est plus chrétien.

Mais voilà comment on trompe le gros public; on écrit : « *la science a établi!* » Vous n'avez rien à répliquer.

Cette petite proposition jetée en l'air et avalée comme une boulette par le public qui écoute, bouche béante, le *savant* M. Soury commence (1).

C'est un tout autre explorateur que M. de Boisjolin : il part du point où celui-ci s'arrête. M. de Boisjolin nous a fait connaître (on a vu avec quelle netteté) nos ancêtres, les Troglodytes. M. Soury nous présente les bisaïeux, les trisaïeux des Troglodytes, les singes, les singes, « ces *vieux pères* des races humaines, » comme il dit avec une respectueuse déférence. Il peut bien en parler, car il les a vus et il les décrit : « Rudes anthropoïdes, velus, aux oreilles *pointues* et mobiles, aux canines *terribles* et aux yeux protégés par une troisième paupière ou membrane *nictitante*. » Que cette troisième paupière fait bien! c'est une vraie trouvaille! Une paupière *nictitante! Nictitante,* se dit le lecteur, qu'est-ce que cela peut vouloir dire? Que cet homme est savant! *Nictitante!* Je ne sais pas ce que c'est, mais, évidemment, c'est une paupière que je ne possède pas, donc, les anthropoïdes velus qui avaient une paupière nictitante étaient les *vieux pères* des hommes!

Le naïf lecteur continue : il apprend que ces *vieux pères* velus vivaient sur les arbres touffus, où ils se suspendaient au moyen de leurs queues. (Nous n'avons plus de queue, nous hommes, et, selon M. J. Soury, c'est un progrès, tandis que, selon Fourier, nous arriverons un jour à avoir une queue, et ce sera un grand

(1) Voyez **J. Soury.** *Introduction à l'Histoire de l'Évolution des couleurs.*

progrès. A ces deux *savants* de s'entendre ensemble).
Mais en quoi donc ces anthropoïdes, *vieux pères,* etc.,
différaient-ils des singes, des singes que nous connaissons? En quoi? M. J. Soury nous en informe : « Ils
avaient une *esthétique* du goût, des odeurs et des
couleurs... »

— Une esthétique? Les singes connaissaient l'esthétique?

— Oui, mais qui « n'était pas comparable à la
nôtre, » et cela par suite, saisissez bien, « de la différenciation progressive des aptitudes. »

— *Différenciation,* n'est-ce pas un mot de la langue
des vieux pères anthropoïdes?

On va vous expliquer comment : c'est ici la fameuse
découverte de M. Hugo Magnus.

VI.

La découverte de M. Hugo Magnus (je traduirais
bien le *grand Hugo,* mais que dirait l'autre?) c'est
que les hommes sont loin d'avoir *toujours* senti, perçu
et vu *toutes* les couleurs; car s'ils avaient toujours vu
toutes les couleurs, que deviendrait la théorie des espèces qui *se transforment* indéfiniment? Cela ne peut
être, nous nous sommes transformés, nous avons été
singes, anthropoïdes, troglodytes, etc.; donc, autrefois, dans les premiers temps, « nos lointains ancêtres » n'avaient pas les yeux faits comme nous. Ils
ne voyaient que la lumière, du *blanc,* voilà tout, « la
faculté de discerner n'existait que pour les couleurs
lumineuses, » (M. Hugo Magnus) ils ne voyaient que du
blanc et du *noir,* c'est-à-dire, du gris, « du gris plus
ou moins clair ». (M. J. Soury.)

Un peu plus tard, « aux plus anciennes époques historiques, ils eurent la capacité de percevoir le *rouge* et le *jaune,* » (M. Hugo Magnus) mais, ce qui vous surprendra sans doute, c'est qu'ils « distinguaient à peine le *rouge* du *blanc;* ils sentaient le rouge, » mais pas franchement, « ils confondaient le blanc et le rouge. » Que dites-vous de ce phénomène?

— Rien n'est plus surprenant!

— « Toutes les autres couleurs étaient alors invisibles à l'œil humain. » (M. J. Soury.)

Mais comment savez-vous cela? dites-vous au grand Hugo ou à Hugo Magnus, et à son interprète le *savant* M. Soury. Nous sommes dans l'admiration qu'un homme du dix-neuvième siècle ait pu découvrir ce phénomène étonnant que les hommes d'autrefois ne voyaient pas les couleurs que nous voyons. Déplorable
aveuglement
d'Homère.

— Je le sais, répond M. Hugo Magnus, et M. Soury avec lui, parce que je l'ai vu dans les livres.

— Dans les livres! Quels livres nous font connaître le temps où vivaient ces pauvres malheureux qui ne voyaient que du blanc, du jaune et du rouge, et encore à peine du rouge?

— Quels livres? Les livres que vous avez entre les mains, la Bible, Homère, les Védas, le Zend-Avesta.

— Je n'ai pas entre les mains les Védas et le Zend-Avesta; mais j'ai la Bible et Homère.

— Ouvrez donc Homère, et vous verrez que jamais il ne parle du *bleu* ni du *vert;* il ne parle que du *rouge* et du *jaune.*

— Eh bien?

— Donc il ne voyait ni le *vert* ni le *bleu!* Et la Bible! Que lisez-vous dans « ce livre d'histoire de ce *petit peuple sémitique?* » (A la bonne heure! voilà une Des Israélites. excellente expression pour désigner la nation qu'on appelait jadis le *peuple de Dieu.* Ce *petit peuple sémi-*

tique! Israël est aplati du coup, et la Genèse et son Dieu! c'en est définitivement fait!) La Bible parle du *blanc,* du *noir,* du *rouge,* du *rouge brun,* du *jaune,* du *jaune-vert,* du *vert,* du *bleu,* de la *pourpre violette,* de la *verdure,* des arbres et des champs.

— Mais voilà un assez bon nombre de couleurs! Il semble que l'œil des Israélites était assez bien conformé.

— Bien conformé! Ils ne voyaient pas tous les *bleus,* ils ne voyaient pas le *bleu céleste!* Dans la Bible, « on ne parle pas de *ciel bleu!* » Tout cela est prouvé. Quant au *vert,* dans « les documents littéraires des plus anciens âges, » on ne parle pas de couleur *verte.*

Des Indiens.

— Je crois, pourtant, me rappeler, dites-vous, qu'il est question, dans les Védas, d'herbes, de rameaux d'arbres, de montagnes couvertes de pâturages; tout cela n'est-il pas *vert?* Ou voulez-vous dire que les herbes, les arbres et les montagnes paraissaient *rouges?*

—. Nullement, mais y trouvez-vous « l'expression de *vertes* prairies? » Non! n'est-ce pas? C'est qu'au temps des Védas, on ne les voyait pas *vertes.* On ne connaissait pas le *vert!* « La couleur *verte,* par un manque d'aptitude de l'organe de la vue, n'était pas encore transmise à la *conscience* par une sensation distincte et *spécifique!* » Y a-t-il rien de « mieux justifié? »

De même Hésiode : il fait bien entendre que les montagnes ont une végétation verte, mais il n'emploie pas le mot *vert.* Homère également : « La *verdure* ne semble pas avoir fait sur son œil une impression bien marquée; il voyait des nuances *pâles jaunâtres,* mais, la couleur d'un paysage *n'avait pas grand attrait pour sa rétine.* »

— Continuez, grand Hugo, qui parlez une langue si élégante!

— Autre preuve, l'arc-en-ciel! Comment décrivent l'arc-en-ciel les poètes et les philosophes anciens, Homère, Ézéchiel, Xénophane? Ils disent que l'arc-en-ciel est *rouge, pourpre* et *jaune vert*. Aristote aussi : il appelle l'arc-en-ciel *tricolore*.

Des Grecs.

— Mais c'est l'impression que l'arc-en-ciel donne en général à tout le monde, il paraît de *trois* couleurs.

— *Trois* couleurs! Il y a *cent* couleurs dans l'arc-en-ciel, des *milliers* de couleurs! Nous les voyons, nous les connaissons, nous les décomposons, nous les décrivons. Or, Aristote, Xénophane, Homère, Ézéchiel, n'en parlent pas, donc ils ne les voyaient pas! Donc ils avaient les yeux faits autrement que nous!

— Mon Dieu! quel dommage que nous n'ayons pas quelques portraits des hommes de ce temps-là! Fait vraiment extraordinaire, on conserve dans les musées des bustes, sinon de Xénophane, du moins d'Aristote et de plusieurs de ses contemporains, et ils ont les yeux absolument semblables aux nôtres. Il faut qu'une catastrophe déplorable ait anéanti précisément les bustes des philosophes et des poètes dont les yeux étaient si singulièrement conformés! Ils avaient peut-être, ces *lointains ancêtres*, une troisième paupière! Nous aurions pu savoir ce qu'était cette fameuse membrane, la membrane *nictitante!*

Permettez-moi aussi de vous soumettre une autre difficulté. Platon parle souvent du *bleu;* il voyait donc le *bleu*. Comment donc ses contemporains ne l'ont-ils pas vu?

— Certainement! c'est une difficulté, mais de peu d'intérêt! Avançons! Ainsi, il est démontré qu'Aristote, Xénophane, Théophraste aussi, qui ne connaissait que *quatre* couleurs, « en ces âges reculés »...

— *Ages reculés!* le siècle de Périclès! Pourquoi pas *temps préhistoriques?*

— Oui! oui! je sais, c'est le siècle que, vous autres, vous appelez un des quatre grands siècles des lettres et des arts! Ah! les Grecs! et les Romains! Je vais tout à l'heure dire leur fait aux Grecs et aux Romains! Il est certain, dis-je, que « la capacité de sentir les couleurs » (c'est la seule façon de l'expliquer d'une manière un peu satisfaisante) n'existait pas pour eux; que ni Aristote, ni Socrate, ni Platon, ni Périclès, ni Xénophane, ni Théophraste, ni Alexandre, etc., et aussi, ni Phidias, ni Praxitèles, ni Apelle, etc., ne connaissaient autre chose que *trois* couleurs; tout était tricolore! Ces espèces d'hommes, ces demi-hommes, avaient les yeux faits ainsi! Ou plutôt était-ce des yeux, de vrais yeux? Disons le mot : ils étaient aux trois quarts aveugles!

Et ces gens-là prétendaient faire des temples, des statues, des tableaux! Aussi quels temples, quelles statues, quels tableaux! Le monde s'en étonne encore!

De l'Asie.

Ah! j'oubliais Aulu-Gelle : remarquez qu'il ne parle pas, pour ainsi dire, du *vert* et du *bleu!*

— Quoi! Aulu-Gelle, qui vivait au deuxième siècle *après Jésus-Christ?*

— Certainement! C'est que non seulement l'Antiquité n'a pas vu le *bleu*, le *vert*, « la sensation du *bleu* n'existait pas dans la rétine humaine, » mais le même phénomène est constaté bien après l'Antiquité : Mahomet...

— Mahomet!

— Même Mahomet, *au septième siècle de l'ère chrétienne*, n'a jamais vu le *bleu!* Encore un œil mal conformé! « Le Koran ne connaissait pas encore le *bleu*, » bien qu'on y parle souvent du ciel. Et, quand je dis Mahomet, je dis les Arabes, et par conséquent, l'Asie, l'Afrique, et sans doute l'Europe! Vous voyez comme l'homme s'est transformé!

Mais je dis bien : l'Europe! Dans l'*Edda*, le poème du Nord, aucune mention du *ciel bleu!* Le Nord ne voit pas le *bleu;* le Sud, l'Arabie, ne voit pas le *bleu!* De l'Europe.

— C'est vraiment étrange! Comment donc l'humanité est-elle arrivée à voir le *bleu?*

— Ah! je vais vous l'apprendre; je l'ai découvert, et vous avez dû le pressentir. Qui a fait connaître le *bleu* au monde? Qui? et qui pourrait-ce être, sinon la grande nation, la nation par excellence, la nation qui découvre tout, sait tout, voit tout, imagine tout, invente tout, l'Allemagne! Découverte du *bleu* par l'Allemagne.

C'est l'Allemagne qui a révélé le *bleu* à l'humanité : « Les races latines n'avaient pas de mot pour le *bleu,* » c'est l'Allemagne qui leur a donné le mot, donc la chose, *blau,* d'où vous avez fait *bleu :* sans l'Allemagne le monde ne connaîtrait pas le *bleu,* ne saurait pas qu'il y a un ciel *bleu!* Encore une obligation qu'on a à l'Allemagne!

VII.

Et c'est ce qui prouve la supériorité de cette race admirable, les Allemands : leur rétine « a développé peu à peu ses aptitudes *fonctionnelles.* » Par quel *processus,* je ne saurais le dire, mais le fait est certain : la rétine allemande « s'est élevée d'un état *rudimentaire* à un degré d'*élaboration supérieure!* » Et prochainement de l'ultra-violet.

Peut-être, à bien y regarder, cela vient-il d'un phénomène particulier à l'Allemagne, de ce que les petites filles allemandes ont « un goût très précoce pour les belles toilettes. » Elles cherchent, elles s'ingénient, elles exercent davantage le sens des couleurs, et elles trouvent : elles ont trouvé le *bleu!*

Et, comme les Allemands sont le premier peuple du monde, et qu'une *loi* veut (disons que c'est une *loi*) que la vue des couleurs s'étende indéfiniment (car nous sommes dans un état d'élaboration, d'imperfection), ce sont les Allemands qui, les premiers, verront, dans les âges futurs, une quantité de couleurs que vous ne voyez pas, et particulièrement « l'*ultra-violet!* » Je ne saurais dire comment sera fait alors l'œil humain, combien il aura de paupières, quatre, cinq ou six, s'il y en aura une *niclitante* ou non; mais ce sera un œil parfait, le type de l'œil, le patron sur lequel devra se modeler l'œil du reste de l'humanité, l'œil allemand!

Nos *lointains ancêtres* ne voyaient qu'*une, deux, trois* couleurs; nous, nous en voyons sept, huit, cent, mille. Ce n'est pas tout : il y en a encore une infinité d'autres! Nous ne les voyons pas, mais nos *lointains descendants* les verront!

— Et comment?

— C'est tout simple! L'homme de l'avenir ne ressemblera plus à l'homme d'aujourd'hui, il sera modifié, transformé; son œil sera façonné autrement que le nôtre; la vision s'étendra, « elle pénètrera plus avant *dans les régions de l'extrémité sombre du spectre!* »

— Ah! mon Dieu! vous me faites peur!

— Et il verra l'*ultra-violet!*

— L'ultra-violet!

— Oui! « l'évolution du sens chromatique finira par donner à l'humanité la claire *conscience* (toujours la conscience) de l'*ultra-violet!* »

Quel progrès! avoir la *conscience,* quelle précision dans les mots! la *claire conscience* de l'*ultra-violet!*

Et tout cela, notez-le, par le moyen de l'Allemagne, par la puissance d'invention de l'Allemagne! Moi,

Hugo Magnus, Allemand, j'ai fait cette remarquable
découverte de l'état des yeux du genre humain dans
le passé; toutes les autres découvertes, désormais, seront faites par les Allemands !

VIII.

Quelques personnes trouveront peut-être qu'on
donne trop d'importance à ce M. Hugo Magnus, dont
le cerveau, diront-elles, est aussi mal fait que celui de
nombre de ses compatriotes, et que l'on est bien bon
de passer son temps à lire et à réfuter des insanités
qui ne méritent que le dédain de tous les gens sensés.

A cette objection on répondra qu'il n'y a pas tant de
gens sensés qu'on le pense, et la preuve, c'est que le
livre de M. Hugo Magnus, à peine annoncé en France,
a trouvé un traducteur, et un éditeur, donc des lecteurs. M. Soury, enthousiasmé des idées de M. Hugo
Magnus, ne l'a pas seulement traduit, il l'a commenté,
prôné, proclamé grand homme, homme de génie. Le
gouvernement, en apprenant quelles importantes vérités venait de révéler M. Soury, s'est ému, et, pour le
récompenser, l'encourager à continuer, et lui fournir
les moyens de répandre plus abondamment les lumières
qui émanent incessamment de son front, s'est empressé
de créer une chaire dans le premier établissement
d'enseignement supérieur, le Collège de France, et d'y
installer M. J. Soury, auteur de *Jésus et les Évangé-
listes* et traducteur de l'*Histoire de l'Évolution des couleurs,* de M. Hugo Magnus.

M. J. Soury et M. Hugo Magnus ne sont donc ni inconnus, ni dédaignés, ils comptent parmi les puissants
du jour; voilà pourquoi l'on est obligé de s'en occuper.

IX.

La pensée intime de ces savants inventeurs n'est pas difficile à découvrir : M. Hugo Magnus l'a dévoilée ingénument. Ces théories, ces découvertes, ont été faites pour démontrer la *grandeur des Allemands,* la supériorité des Allemands, l'excellence des Allemands, pour glorifier les Allemands.

Et pour abaisser, *humilier les Français.* Et, comme il n'y a pas d'Allemands qu'en Allemagne, mais qu'il y en a un certain nombre en France et dans tous les pays, c'est-à-dire, tous les rêveurs, les utopistes, les illuminés, qui sont, ainsi qu'on l'a démontré, de véritables Allemands, quoique nés hors de l'Allemagne (1), et comme les idées des Allemands d'Allemagne ne sont bien exprimées que par les Allemands de France, c'est un Français, un Allemand de France, qui nous explique clairement et sans détour la véritable pensée de l'Allemagne. Le perspicace M. de Boisjolin, qui nous a révélé les Troglodytes, leur physionomie, leurs habitudes, leur caractère et leurs mœurs, était plus propre qu'un Allemand même à nous faire voir l'immense distance qui sépare le pauvre petit Français du beau, du grand, du divin Allemand.

Les Français! dit M. de Boisjolin, les Français, « esprits plats, positifs, à l'horizon borné, railleurs. »

— C'est vrai, ils ont l'audace, ces Français, de se moquer des rêveurs qui créent des mondes dans les nuages, et qui y croient!

— Les Français, « esprits courts, » qui ne compren-

(1) Voyez, *les Trois races,* les Anglais, les Allemands, les Français, 1 vol. in-12.

nent pas qu'on puisse soutenir la vérité, « en soutenant deux thèses *opposées*. »

— Il a raison : ces illogiques Français n'admettent pas que, s'ils voient le soleil au-dessus de leur tête, on puisse le voir *en même temps* sous leurs pieds, aux antipodes !

— « Ils ne peuvent entendre froidement les idées hostiles. » Croyez-vous qu'ils s'indignent, qu'ils se révoltent contre les absurdités, et les rejettent au nom de ce qu'ils appellent « le bon sens ! » Intelligences incomplètes, ils n'ont pas « la faculté d'oublier un certain *idéal de justice et de beauté !* » Ils croient à Dieu, s'il vous plaît, à l'âme, à l'immortalité, etc. ! Quant à la beauté, ils ont l'impertinence de trouver dans les statues grecques et romaines un type plus noble et plus sublime que les Saxons et les Prussiens ! Aussi, « dépourvus de la *grande imagination* du midi, » des Grecs et des Romains.... (J'ai bien dit ailleurs que les Grecs et les Romains avaient une imagination *courte*, mais il est bon ici de rappeler leur *grande* imagination) « dépourvus de la *couleur* des grands observateurs du Nord, » de cette couleur plate et morne que vous savez, celle des peintres de la Pinacothèque, à Munich, etc., « ont-ils des arts *faibles*. »

— Évidemment ! la France n'a jamais eu de grands artistes !

— Bref, et sans en dire davantage, le Français doit être considéré comme une espèce inférieure, dégradée, et décidément incurable, « prétentieuse, grossière, » un « *être dangereux*, » qui fait courir à l'humanité « d'incalculables périls, » et dont, à mon avis, il faudrait, au plus tôt, débarrasser la terre !

Attendez ! Je ne veux cependant pas être trop sévère ; il y a une circonstance atténuante : le Français a fait une chose par laquelle « il est arrivé à la pleine clarté de l'idée » (c'est bien clair ce que je dis là) : « Il a fait la *Déclaration des Droits de l'homme!* » A cause de cela, on peut le laisser exister.

Comment ne pas applaudir à l'*idée* de M. de Boisjolin ! la *Déclaration des Droits de l'homme*, quelle source de félicité pour l'humanité ! Nous en sommes témoins tous les jours.

Aussi, c'est au Français de suivre de loin l'Allemand, l'Allemand, type de l'homme. Tournez vos regards « vers le nord-est : » c'est là que vous verrez une race vraiment supérieure. Ces hommes-là ont toutes les qualités : ils sont « *froids,* » ils sont « *lents,* » ils sont « *forts,* » ils « *mangent bien,* » ils boivent encore mieux ; ils ne se laissent pas entraîner par le sentiment et les illusions propres aux « peuples *mal nourris,* » affamés, de France, d'Espagne et d'Italie. Ils ont « un *grand front,* » capable « *d'absorber* beaucoup de science, » je ne dis pas de la digérer. Ils sont « *sévères* pour les écarts de *conduite,* » comme le témoignent leurs *divorces* multipliés, le nombre infini de leurs *enfants naturels,* l'incomparable multitude de leurs *maisons de débauche* (1), etc. Et surtout, ils ont deux grands mérites : ils n'ont pas « des *idées rapides,* » cela est bon à ces vifs génies du Midi, qui ont toujours mené le monde, et « *ils ne font pas cas de l'esprit.* » L'esprit, quelque chose de précieux, d'estimable, que l'esprit ! à quoi cela sert-il, l'esprit ? On dit que, « pour faire cas de l'esprit, il ne faut pas manquer d'esprit. » Eh bien, nous en manquons, d'esprit, nous autres Allemands, et nous nous en faisons gloire ! Pas

Brève énumération des vertus et des qualités des Allemands.

______

(1) Voyez Mgr de Méneval, *Essai sur l'Allemagne*, et la *Pétition du comité de l'Église évangélique allemande*, 1875.

un de nos grands hommes n'a d'esprit, ni Schiller, ni
Schlegel, ni Schelling, ni le grand Gœthe! Cela empêche-t-il Gœthe d'être presque un dieu? Et c'est pourquoi nous sommes si grands! Ceux à qui il appartient
de mener les gens d'esprit, ce sont ceux qui n'ont pas
d'esprit!

Voilà pourquoi l'Allemagne est la première nation
du monde, la race par excellence, le peuple de l'a-
venir, et la France la race la plus basse et la dernière! A l'Allemagne de porter le sceptre du monde,
à la France de tenir la queue de l'impérial manteau
de l'Allemagne! Voilà l'espoir des Allemands, des
Allemands de France et des Allemands d'Allemagne!

X.

Et c'est leur espoir, parce que, au fond, ils ont la
même pensée, les mêmes principes, la même haine, le
même but, la destruction du christianisme et l'abolition de Dieu.

But de ces
théories :
destruction
de la religion.

Oui, ils le disent, ils l'impriment, ils le crient à nos
oreilles, pour nous forcer à l'entendre ; mais ils ne sont
pas aussi convaincus qu'ils le paraissent. On peut le
voir par M. Soury, leur traducteur, leur introducteur,
qui nous les présente et les annonce, en faisant sonner
leurs titres. Il n'y a rien tel que ces Français, avec la
clarté de leur lampe, la langue française, pour nous
faire pénétrer jusqu'au fond des abîmes germaniques.

M. J. Soury, après avoir expliqué et éclairci tant
qu'il a pu la découverte de M. Magnus, s'est mis à
professer en son propre nom. Il voudrait bien se déclarer athée, mais il n'ose dire franchement, nettement : Dieu n'existe pas, il n'y a pas de Dieu! Il dit
bien en termes alambiqués : « La structure de notre
esprit, comme celle de notre corps, est *l'œuvre de la*

nature... La *nature* est *l'auteur* des conditions par lesquelles nous nous la représentons (la nature), » ce qui signifie, en français, que la *nature a fait la nature.* Mais sa bravoure ne va pas plus loin; c'est à vous de commenter, de traduire, de deviner.

Mais il se revanche bien sur les adorateurs de Dieu! Ah! il ne craint pas de leur dire leur fait : Vous admirez l'œil, s'écrie-t-il d'un ton de pitié, vous l'appelez une *merveille.* Une merveille! Cet organe médiocre, « cet instrument d'optique fort imparfait! » C'est bon à vous, chrétiens, catholiques abrutis, « pèlerins de Lourdes et de la Salette, » (attrape!) « *causes-finaliers!* » — A la bonne heure! voilà un mot nouveau et excellent pour injurier les gens : désormais, on les appellera *Causes-finaliers!* — Vous voyez dans l'œil « la prodigieuse industrie de la divine providence! » *La divine providence!* Ah! ah! ah! comme s'il y avait une divine providence! « La *lumière* et la *matière* organisée par les vibrations mécaniques de l'*éther*, » voilà le « Grand Artiste, » qui fait voir! Notez comment j'écris le Grand Artiste, avec un grand A, ce qui veut dire : il n'y a pas d'autre Dieu que la matière! Et, si vous ne comprenez pas, je vais vous le redire : « Les *ondes éthérées* ébranlent la rétine, voilà la cause *toute mécanique* (1). »

M. J. Soury prouve ainsi combien il a réfléchi et *médité.* Seulement il néglige de nous dire quel est *l'auteur* de la *matière,* de la *lumière,* de l'*éther,* et des *ondes éthérées!*

XI.

Découverte par
M. Soury d'une
philosophie
nouvelle :
l'illusion.

Ce n'est pas tout; il va nous prouver plus encore : qu'il est un grand philosophe. Il s'est mis la tête dans

(1) Introduction à l'*Histoire de l'Évolution des couleurs.*

ses mains, et, en la relevant, il nous jette un regard
profond : Savez-vous ce qui résulte de tout ceci, « en
méditant de tels faits? » (Il appelle ces suppositions et
ces hypothèses des *faits*) On se persuade que « ce
monde, tel qu'il nous apparaît, n'est qu'un *phénomène
cérébral.* »

— Comment! Voulez-vous dire que le monde n'est
qu'une *illusion?* Revenez-vous à la vieille philosophie
éléate, qui niait toute réalité et ne voyait dans le
monde que des mirages?

Mais il continue : Il n'y a ni *bleu,* ni *rouge,* ni *froid,*
ni *chaud;* il y a « un ébranlement de la substance ner-
veuse; » ce que nous appelons les propriétés, les qualités des choses, est « une création de notre esprit. »
C'est nous qui imaginons tout cela, en étant plus ou
moins frappés par des vagues de lumière : «Couleurs,
sons, odeurs, saveurs, sont des *illusions* de notre sensibilité; » et aussi la figure des choses, leur étendue,
leur nombre, leur mouvement : « Nous ignorons ce
que c'est! » Certes, « la nature existe, » et continuera
à exister dans les siècles des siècles, « sans qu'on
puisse dire pourquoi. » Il y a sur la terre des animaux qui vivent et meurent : « C'est un rêve sinistre,
une hallucination douloureuse; » mais la nature, elle,
n'est rien; elle n'est que « ténèbres et silence. » Elle
a des qualités, elle est belle, dites-vous : « C'est nous
qui la dotons de ces qualités idéales, » mais c'est une
apparence, « une éternelle *illusion!* » De sorte que je
ne sais trop ce qui existe!

Il n'y a plus de Dieu, nous l'avons anéanti. Restait
la nature, il n'y a plus de nature, « la nature se dérobe, » elle n'est, comme tout le reste, que « *duperie.* »
Que reste-t-il donc? (je ne dirai pas, mon Dieu!) mais
que reste-t-il? « L'*Illusion,* le *fantôme* de l'*Illusion,* »
c'est-à-dire un nuage, un rêve, pas même un gaz, une

fumée, rien! Voilà « la philosophie qui se dégage de la théorie, de l'énergie spécifique des sens! »

Comprenez-vous? Voilà où ce *savant* et ce philosophe aboutit : à ne savoir que croire, ou plutôt à ne savoir s'il veille, s'il sommeille, s'il rêve, s'il voit, si ce qu'il voit est, et si lui-même est!

J'ai toujours envie de demander à ces *savants*, qui m'expliquent l'origine *simiesque* de l'homme, c'est-à-dire, leur propre descendance du singe : « Est-ce que les singes savent qu'ils font mal, quand ils volent? — Non, répond le *savant*, qui se prétend fils de singe. — Alors, pourquoi ne volez-vous pas? »

« Les livres écrits par les antichrétiens, a dit Lacordaire, sont presque tous infectés d'ignorance, d'orgueil, de systèmes vains, d'opposition *secrète* à la vérité, quand elle n'est pas *déclarée;* on y perd toujours plus qu'on y gagne. » Leur science consiste « à chercher, à errer, à ne rien trouver, et à enseigner des erreurs (1). »

(1) Paracelse.

CHAPITRE VIII.

LES DÉCOUVERTES RELATIVES AUX ANIMAUX.

Les animaux : d'où ils viennent. — M. Topinard : les animaux sont
religieux. — M. Grant Allen : comment les hommes ont perdu leurs
poils. — M. Marius Fontane : pourquoi les Indiens sont doux de
caractère. — Création des fleurs par les insectes. — Création des
arts par les fleurs, les insectes et les singes. — M. d'Assier : la télégraphie stellaire. — M. Flammarion : une nouvelle race humaine.
— M. Paul Bert : la fin du monde.

Les *savants*, demi-savants, maîtres, sous-maîtres,
répétiteurs, archéologues, anthropologistes, sociolo-
gistes et biologistes, ont *établi* que l'homme est un
animal semblable à tous les animaux. C'est ce qui
explique leur zèle à étudier les *animaux* : ils espèrent
découvrir chez les animaux l'origine des facultés, des
qualités, des sentiments même de l'homme, après
quoi le doute ne sera plus permis.

I.

Il y a bien une première question qui les embarrasse :
d'où viennent les animaux, particulièrement les animaux domestiques; quand et où ont-ils apparu? Le
problème est très difficile : le *chat*, par exemple, c'est
une découverte du sous-maître, M. Roger de Guimps,
n'a été connu en Égypte, qu'environ « 630 ans avant
Jésus-Christ, » et le *chien* n'était pas « connu des Hébreux avant Samuel. »

Vous vous étonnez : comment le *chat* a-t-il été connu
si tard des Égyptiens, quand, tout le monde le sait,
il était un de leurs dieux? ils l'adoraient. Comment le
peuple d'Israël n'aurait-il pas connu le *chien*, quand

D'où viennent
les animaux :
Le chat.

l'Égypte le possédait depuis des milliers d'années, comme le montrent les dessins des monuments?

Mais les *savants* ont une réponse à laquelle vous ne vous attendez pas, et qui vous laisse sans réplique : le *chat* n'existait pas autrefois en Égypte, car *il n'est pas représenté* sur les obélisques ou les stèles égyptiens (1); et les Hébreux ne savaient ce que c'était que le *chien*, car il n'est pas *nommé* dans les livres de *Moïse*, de *Josué* et des *Juges*.

Toujours le même procédé, le *procédé scientifique*, procédé infaillible, et tel que tout ce que vous direz contre ne sert de rien !

Ainsi, trois historiens écrivent l'histoire contemporaine, et ne parlent ni du chat, ni du cochon, ni du mouton; les hommes du cinquantième siècle devront en tirer cette conclusion : le mouton, le chat et le cochon n'étaient pas connus en France au dix-neuvième siècle !

Il vous semble étrange que les Israélites n'aient pas connu le *chien,* eux qui avaient vécu plusieurs siècles en Égypte et passé quarante ans dans le désert, où ils rencontraient à chaque instant les pasteurs Arabes et les gardiens des troupeaux des Pharaons, qui, apparemment, avaient des chiens. Un *savant* Génevois vous répond : cela témoigne du peu d'intelligence des Israélites : « *Ils n'avaient pas su apprécier les qualités du chien* (2). » Vous vous récriez : — Quoi ! ils auraient

Le chien.

----

(1) Ces *savants* vont se trouver quelque peu embarrassés, car cet argument même leur manque : on vient de découvrir précisément plusieurs représentations du chat sur des monuments Égyptiens, notamment sur un *papyrus de la 18ᵉ dynastie,* et dans la fameuse *caricature du harem de Ramsès II,* du *British Museum.* (Voyez *Revue catholique* de Louvain, septembre 1881, article du P. Bohnen, S. J.)

(2) *Bibliothèque universelle de Genève,* t. XXXV.

été si stupides! — Je ne dis pas le contraire, réplique le savant : « Cela ne fait pas leur éloge! » Qu'on vienne nous parler, maintenant, de l'intelligence de la race juive, de ces Juifs dont la science étonnait Aristote, le plus grand savant de l'antiquité! Ils n'avaient même pas compris la valeur du chien!

Pour le *cheval*, le débat porte sur un détail du plus puissant intérêt, à savoir : si, à *l'âge quaternaire*, le cheval était *chassé*, comme les autres animaux, ou *domestiqué*, comme le renne, et, en cette qualité, « tué, dépecé et mangé sur place » par l'homme préhistorique? M. Toussaint assure qu'il était *mangé sur place*; mais rien n'est moins sûr, selon M. Joly, car le *renne*, contemporain du cheval, était-il lui-même domestiqué? On ne le sait : « *La question est indécise.* »

— Il est bon, dit à ce propos M. Pétermost, de se rappeler que le cheval vivait chez les Aryens « 19,350 ans avant Jésus-Christ. »

— Quoi! dix-neuf mille trois cent cinquante ans; pas une année de plus ou de moins!

— Oui, dit ce sous-maître, mais, ajoute-t-il avec candeur : « *Nous ne savons pas d'après quels documents.* » — Je vais le lui dire, moi, je le sais : d'après son imagination (1).

Rien de plus ardu, comme on voit, que ces questions de cheval, de renne, de chien et de chat, si ce n'est une question bien plus difficile encore : *de quels pays viennent-ils,* ainsi que les autres animaux domesti-

____

(1) Il est bon de faire remarquer qu'il existait des *chevaux sauvages*, que l'on chassait sous Vespasien, sous Adrien, etc., même, au moyen âge, aux Xe et XIe siècles. Ce n'est donc pas la peine d'imaginer des milliers d'années pour les hommes qui vivaient avec eux.

ques? Ici, la confusion, le désordre, sont complets :
tous, maîtres, sous-maîtres, répétiteurs, parlent à la
fois; il n'en est pas deux qui aient une opinion semblable; on ne s'entend plus.

— Nos animaux domestiques, les animaux domestiques d'Europe, mais c'est bien simple! Ils sont origi-
naires d'*Europe* (1)!

— Du tout! d'*Orient* (2)! ils nous sont arrivés en
contournant la mer Noire et le Caucase, par la Russie,
ou en franchissant le Bosphore ou l'Hélespont; la mythologie ne raconte-t-elle pas qu'un bœuf ou un bélier
passa le détroit à la nage? Si un bœuf l'a passé, le reste
a suivi. Il y avait déjà des *moutons de Panurge!* Ils
viennent « d'*Asie!* »

— D'Asie! oui, après être sorti des profondeurs « de
l'*Afrique* (3). » C'est d'Afrique que sont natifs tous
nos animaux domestiques : ils n'ont eu qu'à traverser
l'isthme de Suez, que, heureusement, M. de Lesseps
n'avait pas encore coupé.

— Ils ne viennent ni d'Europe, ni d'Asie, ni d'Afrique; ils viennent « de l'*Amérique* (4), » qui mérite plutôt le nom d'*ancien monde* que de *nouveau
monde*.

A la suite de je ne sais quelle catastrophe, il y eut
une émigration des bêtes domestiques d'Amérique en
Asie, par le détroit de Behring, qu'elles franchirent sur
la glace (le détroit n'a que vingt et quelques lieues de
large; les moutons, les bœufs, les chevaux et les ânes
eurent un pressentiment que l'Asie était au delà). Cette
émigration dut être considérable, générale, *universelle*
même, pour quelques espèces, car tous les chevaux

(1) MM. Milne-Edwards et Joly.
(2) M. I. Geoffroy Saint-Hilaire.
(3) M. C. Vogt.
(4) M. Marsh.

s'en allèrent sans exception ; il n'en resta pas un seul.

— Comment savez-vous cela ?

— C'est évident ! Car, lorsque les Espagnols arrivèrent montés sur des chevaux, « la vue de ces animaux frappa de terreur les Mexicains. »

— Ainsi l'Amérique ne connaissait pas les chevaux ?

— Ce qui prouve que les chevaux sont venus d'Amérique.

— Quel raisonnement !

— Quel conte !

— Quelle fable !

— C'est une hypothèse !

— C'est une rêverie !

— Les animaux domestiques viennent d'Asie !

— D'Afrique !

— D'Europe !

— D'Amérique !

Il n'y a qu'un moyen de mettre fin au tumulte : le président agite violemment sa sonnette : « La question, dit-il, *est à l'étude!* » Ce président, M. Joly, me semble un homme de bon sens ; comme on dit à la Chambre : « La proposition est renvoyée au ministre ; » cela veut dire *enterrée!*

II.

Nos *savants* peuvent alors embrasser un sujet fécond : les animaux considérés dans leurs facultés, dans leurs sentiments, leurs méditations et leurs pensées ; comment ils ont modifié, fait le monde physique, le monde moral, le monde intellectuel ; comment les uns ont fait l'homme ; les autres les fleurs et les couleurs ; d'autres formé le caractère des peuples ; d'autres enfin inventé les beaux-arts.

Ce vaste programme vaut la peine d'être traité : un seul *savant* n'eût pas suffi à une telle tâche, une quantité s'y sont mis; mais aussi, ils ont fait des découvertes merveilleuses. Les rapporteurs se succèdent à la tribune et en font l'attachante énumération.

Premièrement, dit M. Topinard, le sous-maître que nous connaissons, l'homme aux crânes, on a découvert que : *les animaux ont le sentiment religieux.* Jusqu'ici, on avait cru que le sentiment religieux était l'apanage de l'homme, et que c'est précisément ce qui le différenciait le plus des autres animaux : il n'en est rien ! Les animaux sont autant portés que l'homme à la piété, à la dévotion. Tout le monde peut s'en convaincre : vous avez un chien, voyez comme il vous obéit, mieux que cela, comme « il est attentif à vos ordres ! » Vous lui parlez, il vous écoute, il remue sa queue éloquente, il vous respecte, « il vous vénère ! » Or, Messieurs, qu'est-ce que la *vénération ?* Inutile d'ouvrir le dictionnaire de l'Académie : la vénération est « une forme du culte. » Le chien vénère son maître, il est près de l'adorer, de lui rendre un culte, c'est « *le germe de la religiosité,* » germe chez le chien, expansion chez l'homme, mais sentiment identique : l'homme est religieux, le chien est religieux, tous les animaux sont religieux.

M. Topinard ajoute accessoirement quelques mots sur l'état social et politique de la race canine, particulièrement sur le gouvernement des chiens turcomans, qui n'admettent pas la forme démocratique, mais vivent sous un monarque, un chef très bien endenté probablement, et qu'ils se gardent de contrarier. M. Topinard voit là « une organisation sociale, » mais, fait-il remarquer, seulement « un rudiment d'organisation sociale. » La monarchie, en effet, n'existe qu'au berceau des nations; l'organisation sociale parfaite, c'est la république. Quand les chiens turcomans auront atteint la période de maturité morale, il n'est pas douteux qu'ils se constitueront en république.

Le second rapporteur a une tâche encore plus importante que M. Topinard : *exposer l'action des animaux sur le génie et le caractère des peuples.* Vous connaissez tous et acceptez cet axiome, dit-il (1) : *Le milieu fait l'homme,* mais on n'en avait pas encore tiré tout ce qu'il renferme. L'homme n'est pas seulement formé, « il est *absorbé* par la nature. » (Il y en a qui disent la *matière,* moi, je dis la *nature.*) Il n'y a qu'une véritable force, une véritable puissance, la *nature;* tout ce qui vit, plantes, animaux, pierres, hommes, vit dans la nature et par la nature, suit les mouvements de la nature, progresse ou décroît avec la nature; la nature est tout, l'homme n'est rien, pas plus qu'une motte de terre inerte. Et il ne peut résister à la puissance de la nature, il est obligé de la suivre, de lui obéir; c'est *fatal.*

Qu'en résulte-t-il? Que « la *nature impose* à l'homme des habitudes, des mœurs, même des précautions *fatales,* en un mot, *façonne* son caractère, » et, quand je dis son caractère, j'entends son caractère physique et moral : « Les spectacles doux ou terribles, les tableaux laids ou gracieux de la nature, font l'homme grand ou petit, dans sa *taille* comme dans sa pensée, doux ou terrible, *bon* ou *méchant,* » et quoi qu'il veuille, quoi qu'il fasse, « il ne peut s'en empêcher. »

Je sais bien que M. Taine avait déjà dit cela, mais j'en ai tiré, moi, une application bien saisissante. Vous n'ignorez pas, par exemple, combien les Indiens ou Indous sont doux de caractère; mais vous êtes-vous jamais demandé d'où venait cette placidité? Non, n'est-

---

(1) M. Marius Fontane, l'*Inde védhique.*

ce pas? Et vous ne vous en êtes jamais douté. Eh bien,
je vais vous le dire, j'en ai trouvé la cause : les Indiens
sont doux, *parce qu'ils vivent au milieu des tigres et des
moustiques;* leur placidité vient du grand nombre de
fauves qui rôdent dans les jungles, et de la multitude
innombrable de maringouins qui fourmillent dans
l'air.

L'Inde, en effet, est peuplée d'une quantité infinie
d'animaux : au milieu de toutes ces bêtes, « l'homme
est d'une minorité insignifiante. »

— Il y a pourtant cent cinquante millions d'Indiens.

— « Autour de lui, insaisissables, grouillent des
hordes d'infiniment petits, dont la masse est un tout
visible, mais invulnérable. » Que doit donc faire l'individu humain? « Il doit vivre, et il vit, dans ce tour-
billon, indifférent, presque immobile, » pour que les
hordes ne fondent pas sur lui.

— Les pauvres Français de Chandernagor et de
Pondichéry, si vifs, et qui n'ont pas l'habitude de rester
longtemps à la même place, doivent être dévorés! On
ne comprend pas qu'il en reste un!

— « Comment disperser ce nuage vivant d'insectes,
que la main ne peut saisir, et cette vermine toujours
montante? » Et les singes! « qui donc oserait *lever un
doigt* contre eux? » Et les tigres, et les serpents, etc.,
etc! « De là, cette crainte et ce renoncement à la
lutte; de là, cette *patience* et ce respect de la bête
qu'a l'Indien! »

— Comment la même cause ne produit-elle pas les
mêmes effets, partout, dans l'Amérique méridionale,
par exemple, sur les bords de l'Amazone et de l'Oré-
noque, où il y a tant de fauves et d'insectes?

— Je ne m'en occupe pas; je ne connais que l'Inde.
Je vous disais bien que la nature *imposait* à l'homme
des *précautions,* elle le force à se résigner; s'il résistait,

elle l'anéantirait : « au moindre geste d'impatience, il serait perdu; » cent cinquante millions d'Indiens disparaîtraient à l'instant !

Comment ont-ils fait, lors de leur insurrection de 1858, où ils se sont donné tant d'agitation et de mouvement ! On ne saura jamais combien les insectes ont dévoré d'Indiens. Quoi qu'il en soit, nous tenons le secret de la placidité de l'Indien : « La mort, continuellement décrétée par les fauves et les serpents, entretient la terreur, et l'inévitable grouillement des bestioles fait la patience. » De là, ces jolis ouvrages en ivoire sculptés et incrustés de nacre, que les Indiens fabriquent à si bon compte, ces boîtes, ces coffrets, ces couteaux à papier, ces éventails découpés, dont nous ornons nos salons et nos boudoirs, sans songer que, si nous jouissons de ces chefs-d'œuvre de patience, c'est que les cousins et les moustiques font trembler le pauvre Indien et l'obligent à se tenir tranquille, immobile et accroupi sur ses talons !

III.

Ici « la question s'élargit, » comme disent en leur langue nos législateurs parlementaires. Un membre de la compagnie scientifique fait observer que les sujets qu'on vient de traiter : les animaux domestiqués par l'homme, les animaux religieux comme l'homme, les animaux façonnant le caractère de l'homme, etc., supposent que l'homme ou anthropoïdien était passé de la forme de bête à celle d'homme. Or, les bêtes les plus proches de l'homme, les singes, lémuriens, alalus, etc., sont ou devaient être *couvertes de poils*, et l'homme, lui, *n'a pas des poils*. Comment ces poils ont-ils disparu?

La question est si nouvelle et si inconnue, que les *savants* restent sans réponse. L'un d'eux même, un

Anglais, M. Wallace, ne craint pas de l'avouer : un tel fait est inexplicable; il ne peut le comprendre « sans l'intervention de quelque *pouvoir intelligent;* » la seule explication qu'il puisse en donner est « essentiellement *surnaturelle.* »

Un pouvoir *intelligent,* une explication *surnaturelle!* Dieu, alors! Mais où en sommes-nous? Le pauvre homme, il lui faut, pour si peu de chose, un Dieu! Comme si, quand on s'est passé de Dieu pour créer le monde, il était besoin de Dieu pour ce petit détail, faire disparaître de l'homme les poils qu'il avait étant demi-homme, demi-singe, demi-lémurien, demi-bête, enfin! Le *savant,* qui a posé la question, un Anglais aussi, M. Grant Allen, ne sait comment exprimer la peine que lui cause le scandale donné par son compatriote, quand la solution est toute simple, ajoute-t-il, et M. Darwin l'a depuis longtemps donnée. L'homme a perdu ses poils, tout uniment, « *en se couchant sur le dos,* » au lieu de se coucher sur le ventre, comme les autres animaux; les animaux se couchent sur le ventre, aussi leur ventre est nu; l'homme s'est couché sur le dos, son dos est nu (1).

— Oui, hasarde M. Wallace, c'est bon pour le dos; mais l'homme n'est pas seulement nu sur le dos, il n'a de poils ni sur le ventre, ni sur les bras, ni sur les jambes, enfin presque nulle part.

— Eh! répond le sous-maître Anglais, M. Grant Allen, le frottement les a usés. Voyez les singes à queue prenante, leur queue, à force de se frotter aux branches, est usée. Vous vous embarrassez pour bien peu! Le gorille a les poils moins épais sur le dos, ses poils commencent déjà à s'user : pourquoi? Parce qu'il lui arrive parfois (on l'a vu ou, du moins, on l'a entrevu

(1) Voyez *Revue Scientifique,* janvier 1881.

de loin) de s'asseoir, en s'appuyant sur le tronc d'un arbre ; le frottement râcle son poil, et l'use : toujours le frottement ! Mais, attendez ! supposez un singe, « un singe *en voie de développement* » : vous comprenez ce que cela signifie : en train de se développer et de devenir homme ; supposez-le « *apprenant* à se tenir droit et à se coucher sur le dos ». Vous demandez qui le lui apprend et où cela se voit ? N'importe ! Vous pouvez bien m'accorder cette supposition : qu'arriverait-il ? « Il est *probable* que les poils du dos s'useraient. »

Eh bien ! c'est ce qu'a fait l'homme : à mesure « qu'il *s'habituait* à la stature verticale, *il a dû* se coucher sur le dos. » Il n'est pas nécessaire d'expliquer *pourquoi il s'y habituait*. Il s'y habituait, parce qu'il *devait* s'y habituer !

Il s'est donc couché sur le dos, et, à force de se coucher sur le dos, il ne se couche que sur le dos : aujourd'hui, « à l'homme *complet* il est presque impossible de se coucher *sur le ventre* ». Je sais bien qu'on voit tous les jours, vers midi, les ouvriers, après leur dîner, dormir au soleil, couchés sur le ventre. Mais les ouvriers sont-ils des hommes *complets?* Les Sauvages, au contraire, « aiment à se coucher sur le dos. » Pourquoi ? Parce que, hommes primitifs, anthropoïdes à peine sortis de la bête, ils ont hâte de compléter leur métamorphose et de se dépouiller de leurs poils, et, pour cela, ils se couchent sur le dos ; ils aiment beaucoup cette position, « plus que les Européens ! » M. Grant Allen n'est pas allé à Naples, il aurait vu que les lazzaroni ne dédaignent pas cette façon de prendre le soleil, *tomar el sol*, comme disent les Espagnols.

Les Sauvages aiment à se coucher sur le dos, *plus que les Européens*, plus évidemment que les ouvriers Européens, qui se couchent encore sur le ventre !

Mais alors, cher M. Grant Allen, les Sauvages seraient donc plus près d'être des hommes *complets*
que les ouvriers Européens? Vous êtes, pourtant, de
ceux qui affirment que le Sauvage est, non l'homme
qui finit, mais l'homme qui *commence*. Comment donc
est-il, à la fois, un *essai* d'homme, l'homme qui sort
à peine de la bête, et l'homme *complet*, plus complet
que l'Européen (1)?

M. Grant Allen ne répond pas à cette observation,
non plus qu'à celle d'un de ses collègues, inquiet de
savoir pourquoi il y a d'autres animaux que l'homme
qui sont nus, l'éléphant par exemple, et le rhinocéros?
Comment leurs poils ont-ils disparu? Il n'y a, cependant, eu de frottement ni sur le ventre ni sur le dos.

M. Grant Allen a bien d'autres préoccupations : il
a découvert, il a vu, il nous montre les conséquences
de la disparition des poils chez l'homme : ce singe,
cet anthropoïdien, que nous appelons l'homme, ayant
perdu ses poils, à force de se tenir droit, de se coucher
sur le dos et de se frotter contre les arbres, il en est
résulté toute une révolution sociale, économique et
domestique.

De tous ces singes ou hommes, quelques-uns arrivèrent plus tôt que d'autres à être dépourvus de
poils; en outre, ils avaient une chevelure abondante.
Car j'ai oublié de vous dire que, si le singe-homme a
des cheveux, c'est qu'il les tient « de certains de ses
ancêtres anthropoïdes, qui avaient des poils sur la tête.»
Au lieu de les frotter pour les user, ces *gandins* anthropoïdes « avaient soigné les poils de leur tête, »
trouvant que cela faisait bien, — avec quelle pommade,

_____

(1) Le dos est la partie du corps où les sauvages souffrent le
plus du froid. « Ce n'est donc pas, dit M. Wallace, à cause de leur
inutilité que les poils ont cessé de croître. »

on ne l'a pas encore découvert. Or, les hommes-singes les plus nus, et qui avaient la plus riche chevelure, furent considérés « par le sexe, » comme des spécimens tout à fait supérieurs. Peste! se dirent les femelles ou femmes, montrant tout de suite le goût qui les distingue, décidément la peau nue ne va pas mal! Elles coquetèrent avec les mâles dont la peau était la plus lisse, elles les trouvaient « bien plus beaux; » qui leur en ferait un reproche? Ce que voyant, les autres mâles se hâtèrent de faire disparaître leurs poils par tous les moyens, en se frottant énergiquement contre les arbres, et passant des journées entières couchés sur le dos. Ce fut une émulation universelle; et ainsi, au bout d'un certain temps, — oh! des milliers de siècles! — le genre humain tout entier, tous les hommes étaient absolument débarrassés de ces vilains poils, de cette fourrure de bête, qui déplaisait tant aux femmes ou femelles : « la nudité fut *complétée* par la *sélection sexuelle* en faveur des individus les plus *esthétiques*. »

Il faut savoir que *esthétique*, ici, signifie *beau,* quoi qu'en puisse dire le Dictionnaire de l'Académie.

Mais ce n'est pas tout : remarquez le mot *esthétique*, il indique le développement d'une civilisation parfaite. Ces beaux hommes n'avaient plus de poils, étaient nus; mais, à un point de vue autre que l'aversion des femmes pour les poils, n'avoir pas de poils est « un *désavantage* » : en hiver, on a moins chaud. Comment « combattre ce désavantage? » Eh! vous le devinez bien.: « en cherchant des moyens artificiels. » Vous avez entendu : *artificiels,* c'est-à-dire, *en créant les arts,* en se faisant « des vêtements, des ornements et des abris, » lesquels « ont donné naissance à un grand nombre d'arts » et d'artistes, sculpteurs, peintres, tapissiers, orfèvres, ciseleurs, doreurs, tailleurs, gantiers, chemisiers, coiffeurs, parfumeurs, costumiers pour les dames, et opticiens pour les lorgnons des *petits crevés!* En un mot, les arts naquirent, parce qu'il y eut des singes anthropoïdiens qui se frottèrent contre les arbres et se couchèrent sur le dos. C'est une origine qui avait échappé jusqu'ici à tous les historiens de l'art, depuis Lessing, Raphaël Mengs et Winkelmann, jusqu'à Eméric David et Charles Blanc!

IV.

Attendez! s'écrie M. Grant Allen, en voyant l'assemblée près de lever la séance, je n'ai pas tout dit, et ce que je vais ajouter va vous sembler peut-être encore plus surprenant.

Oui! les singes anthropoïdiens ou hommes, en perdant leurs poils, ont créé les arts. Mais ils n'étaient pas seuls; la tâche était grande : ils furent fort aidés, — par qui? par les *insectes,* les insectes, « à qui est dû le *sentiment de la couleur,* » sans laquelle il n'est pas d'art (1)!

Cette intervention des insectes, et aussi des *fleurs,* ainsi que vous l'allez voir, mérite d'être expliquée : commençons par le commencement.

Au commencement donc, sur la terre tout était *vert :* arbres, feuilles, herbes, fleurs, arbustes étaient uniquement verts. Comment je le sais, ce n'est pas la question : M. Hugo Magnus prétend que tout était *gris* ou *blanc,* que l'homme ne voyait que le gris ou le blanc; il s'est grossièrement trompé : l'homme pouvait ne voir que le gris, mais ce qui lui paraissait gris était vert : « la flore primitive était uniformément

_____

(1) M. Grant Allen, *Le Sens des couleurs, son origine et son développement.*

verte. » Or, vous n'ignorez pas qu'à un moment les cellules et les *grumeaux* d'écume, origine de tout, à force d'être immobiles, devinrent mobiles, d'être mortes, devinrent vivantes, et d'être impuissantes, finirent par engendrer, et que c'est ainsi que naquirent les poissons, les reptiles, les oiseaux, les insectes et tous les animaux. Tenons-nous en, pour l'instant, aux insectes. Les insectes parurent, et que firent-ils d'abord? *Ils créèrent les fleurs!* Oui, en voltigeant sur cet océan de verdure universel, ils se posèrent çà et là, et créèrent les fleurs, les fleurs de toutes formes et de toutes couleurs. Les insectes, bien entendu, étaient eux-mêmes diversement colorés, bleus, jaunes, rouges, noirs, etc., et de toutes les formes, longs, étroits, larges, ronds, ovales, etc. « Ils visitaient » les plantes, les plantes vertes et, sans prendre la moindre peine, leur donnaient leurs couleurs, et « leur imposaient leur forme. » Rien de plus aisé à comprendre et de plus facile à accepter!

C'est M. Darwin, qui a découvert cet engendrement des fleurs par les insectes; il a découvert aussi, ce qui n'est pas moins évident, que les *fruits* avaient été produits par les *oiseaux*.

Il y eut donc des fleurs de toutes couleurs, de ces belles couleurs qui charment nos yeux : rose, lilas, jaune d'or, rouge vif, orange, violet, pourpre, mais, aussi, de couleurs horribles, déplaisantes; je veux parler de ces fleurs « *couleur de viande pourrie,* » qu'on ne peut regarder sans dégoût. Comment ont-elles été produites? se demande-t-on. Eh! c'est bien simple : elles « ont attiré les insectes *amateurs de charognes,* et elles ont ainsi pris l'aspect de la chair corrompue. » Vous n'avez peut-être pas remarqué ces fleurs-là? Je vous engage à les chercher, vous les reconnaîtrez tant de suite : « il y en a un grand nombre, » on les trouve partout. Quelqu'un a dit que, « s'il y a des animaux hideux, il n'y a *pas de fleur laide*. » C'est absurde ! Et les fleurs *couleur de charogne !* Pouah ! quelle horreur !

Nous ne sommes qu'au début de la création des couleurs. Il fallut bien du temps, pensez-vous peut-être, pour que les fleurs fussent complètement pénétrées et imbues de ces couleurs si vives, si variées, et si bon teint. Vous oubliez la grande loi darwinienne, la sélection, la *sélection sexuelle*. En vertu de la sélection sexuelle, « les animaux se font beaux pour attirer la femelle, et la femelle choisit le plus beau ; » il en est de même des fleurs : elles jouaient le même jeu vis-à-vis des insectes, et les insectes vis-à-vis des fleurs : « les fleurs *se sont faites belles*, pour plaire aux insectes, et les insectes visaient à leur ressembler, » doux échange, charmant penchant à l'harmonie, qui ne doit pas étonner chez les fleurs ! C'est ainsi que les fleurs ressemblent aux insectes, et les insectes aux fleurs.

Notez, en outre, que les insectes n'avaient pas seulement *créé* les fleurs ; ils se nourrissaient des fleurs, du suc des fleurs. Or, règle générale, les animaux sont tous de la couleur de ce qu'ils mangent, « ont tous une *couleur* qui rappelle celles des objets qui leur servent de *substances alimentaires*. »

· — Ah ! oui, dit quelqu'un de l'auditoire, le renard, par exemple ; le renard est *jaune,* parce qu'il se nourrit de poules *noires,* et le loup *brun,* parce qu'il mange des moutons *blancs !*

· Les animaux qui se nourrissent de fruits, ajoute M. Grant Allen, qui n'entend pas, sont les plus brillants : « Plus la nourriture est vivement teintée, plus belles sont les couleurs de l'animal. »

— Comme les canards, reprend la même voix, les

canards aux si belles couleurs, et qui se nourrissent des mets les plus immondes, des choses les plus ternes et les plus dégoûtantes.

— « C'est une exception ! » s'écrie M. Grant Allen, qui, cette fois, n'a·pu se dispenser d'entendre.

— Et les paons !

— C'est une exception !

— Et les coqs !

— Exception !

— Et les faisans !

— Exception !

— Et les flamands !

— Exception ! oui, le renard, le loup, le canard, le paon, le flamand, etc., etc., sont « une exception, » très nombreuse, je l'avoue, mais c'est une exception.

Revenons aux fleurs : vous venez de voir les penchants des fleurs, j'oserai dire leurs passions, qui font qu'elles prennent telle couleur de leurs *amants*, les insectes. Mais il y a une autre raison, leur *intérêt :* si elles sont plus ou moins brillantes, c'est par intérêt ! Car, pourquoi, je vous prie, une fleur se ferait-elle jaune, rouge ou bleue? « Pourquoi dépenserait-elle à produire ces couleurs une grande partie de sa substance? » Parce qu'elle y a intérêt : Essayons du bleu, dit l'œillet, il est *bon* que... Encore une teinte de rouge, dit le coquelicot, cela *servira* pour... Rayons notre corolle, dit la tulipe, *parce que*... Éteignons ce pourpre, dit la rose, *car*... Chaçune a ses motifs d'agir, raisonne, calcule, combine, et cherche « *à réaliser* une économie. »

Prodigieuse puissance de raisonnement des fleurs.

— Mais vous *supposez* donc, dit M. Wallace, qui se débat toujours contre le darwinisme, et ne peut se décider à être tout à fait pour M. Darwin ou contre

M. Darwin, que les insectes, les animaux et les plantes *raisonnent* et ont les *mêmes sensations* que nous!

— Comment! nous *supposons!* s'écrie M. Grant Allen, indigné : nous ne le supposons pas! C'est vous « qui faites une supposition, » en disant que les animaux et les plantes ne nous ressemblent pas, ne raisonnent pas comme nous! M. Lubbock, lui, une des autorités de la science contemporaine, n'en doute pas; il le croit, et il le dit : « Certaines plantes *se sont* modifiées, *dans le but* de faciliter la fertilisation par tel ou tel insecte. » Elles ont donc la connaissance, une conscience, « les unes *se faisant* pousser des poils, d'autres des épines, etc. »

— Elles ont donc un raisonnement, des réflexions, des combinaisons; la plante pense donc! On conçoit, dès lors, comment tout est égal dans le monde : la plante pense, et la pierre aussi sans doute; la pierre, la plante, l'animal, tout se vaut, tout est égal, tout constitue le dieu universel, le monde-dieu, qui est la négation de Dieu même!

— Oui, les plantes raisonnent, pensent, combinent et inventent; en voici une preuve : vous savez que les semences se dispersent au souffle des vents dans l'air. Eh bien, les plantes, ayant reconnu cette puissance des vents, en ont tiré de précieuses déductions : elles ont fait des calculs, et, avec leur esprit vif, « imaginé » oui *imaginé*, non pas un, mais « plusieurs moyens de disperser leur semence. » C'est véritablement du génie!

Et les fruits, donc! Ils sont encore plus forts : ils possèdent une sagacité, une pénétration, une malignité, que l'homme ne peut surpasser. Certains fruits vénéneux veulent se nourrir de la chair des insectes : savez-vous ce qu'ils font? Ils se parent, ils s'ornent, ils se donnent un air agréable, ils prennent un aspect aimable. La pauvre mouche ou libellule s'approche, pour contempler ce beau fruit, se pose sur lui : crac ! il la pince, la tue et la mange. Le misérable ! il « *n'a pris* un aspect attrayant que pour profiter du cadavre de l'animal ! » Et les plantes, qui secrètent des jus amers, pour défendre certaines parties qu'elles « veulent » protéger ! Quelle astuce ! quelle perfidie ! quelle rouerie ! quelle politique ! quel machiavélisme !

Et, si je vous parlais des animaux, des tigres, qui ont des *taches*, et des chenilles, qui ont des *zébrures !* Comment ces taches et ces zébrures leur sont-elles venues? Parce qu'ils ont fait tout ce qu'il fallait pour les avoir, parce qu'ils aimaient ces couleurs avec passion. Les tigres, dans leurs pérégrinations par toute la terre, ont rencontré les jungles, les grands bois ensoleillés, ils ont été éblouis de ces vives plaques de lumière sur le gazon, à travers les arbres, et ont résolu de vivre au milieu de ces jungles et de ces plantes. Les arbres « projetaient sur eux leurs ombres; » les tigres sont restés immobiles, à la même place; vous devinez pourquoi? pour que la couleur se fixât, prît sur eux, et, ainsi, ils sont devenus zébrés, tachetés, mouchetés : « ces couleurs, pour lesquels *ils avaient tant de goût*, sont devenues les leurs ! »

Et des tigres.

Quels progrès supposent ces raisonnements, ces calculs, ces combinaisons, chez les animaux, les fleurs et les fruits !

— Et chez l'homme, le progrès n'est pas moindre, s'écrie un des auditeurs enthousiasmés, un sous-maître, qui s'appelle M. Delbœuf. Nous avons sans cesse progressé, nous progressons chaque jour, et nous progresserons constamment, c'est forcé : « l'évolution n'est pas de nature à s'arrêter. » Je parle du progrès de notre corps, de nos membres, de nos *sens*, de la vue, du goût, de l'odorat ; je ne doute pas, par exemple, que, moi, je n'aie l'odorat bien autrement fin que celui d'Aristote, et le goût bien plus délicat que Cicéron, et que, si l'on me servait un souper comme un de ces fameux « festins de Lucullus, » je ne pusse y toucher, tant je « le trouverais grossier ! » Vous verrez ! vous verrez ce que nous serons dans cent mille ans ! On ne pourra pas penser, sans que le cœur vous lève, aux pitoyables dîners de chez Brébant !

V.

Mais, reprend M. Grant Allen, je ne vous ai fait voir que la moitié de ces métamorphoses, en vous montrant la création des fleurs et des couleurs par les insectes. Il y a une contre-partie : les insectes avaient fait naître les fleurs ; en retour, les fleurs ont fait naître chez les insectes le *sentiment de la couleur*. Car les insectes avaient bien créé les belles couleurs des fleurs, et étaient eux-mêmes colorés, mais ils l'étaient inconsciemment, ils l'étaient sans savoir pourquoi, ils ne comprenaient pas la couleur, ils n'avaient pas le *sentiment de la couleur*.

C'est cet enseignement qu'il appartenait aux fleurs de donner aux insectes, en récompense de la beauté qu'elles devaient aux insectes (sauf, bien entendu, les épouvantables couleurs de *viande corrompue*). Elles apprirent aux insectes ce que c'était que la couleur, elles leur « *donnèrent le goût de la couleur ;* » elles leur enseignèrent à tirer parti de la couleur ; les insectes devinrent *coloristes*, comme on dit dans les ateliers.

Les insectes, alors, et non seulement les insectes, mais bien d'autres animaux, car les fleurs avaient obligeamment donné des leçons à tout ce qui les approchait, aux mouches, aux papillons, aux oiseaux, etc., se mirent à se peindre pour s'embellir, les uns colorant leurs plumes, d'autres leurs pattes, ou leur bec, ou leur queue, ou leurs ailes. De là, « les brillantes couleurs des *papillons* et des *oiseaux*. » Vous voyez ainsi, pour le paon, ce que devient la ridicule fable des *yeux* d'Argus; mon explication est bien plus raisonnable. De là, « les couleurs des *perroquets*, des *mouches*, » — et des singes, « de *certains singes*. »

— Oui, probablement ces singes qui se sont ingénieusement embellis, en se faisant les joues *vertes*, avec un point *blanc* sur le bout du nez (1)!

J'ai dit le singe, nous voici sur la voie : le singe a le sentiment de la couleur, il va le transmettre à son héritier, l'homme, « au *Sauvage* » d'abord, à l'homme primitif; le Sauvage a « le goût des *plumes coloriées* et du *tatouage*. » Car je n'admets pas du tout l'opinion de je ne sais quels soi-disant savants, qui affirment que le *tatouage* était une sorte de blason, « une marque de servitude du vaincu imposée par le vainqueur; » ce sont des récits de voyageurs qui avaient longtemps séjourné et vécu avec les Sauvages, par conséquent pris leurs préjugés; ils n'avaient donc pu pénétrer, comme moi, la *raison physiologique* et esthétique du tatouage. Si le Sauvage se tatoue, c'est, incontestablement, en souvenir du singe, son grand-père : il se peint le visage en rouge et en bleu, parce que son aïeul, le jocko, avait le museau *violet* et la tête *orange!*

Et je suis bien aise de le déclarer, ajoute M. Grant Allen : je repousse, comme je l'ai dit, avec le dédain qu'elle mérite, la théorie de cet Allemand, M. Hugo Magnus, qui veut que les hommes n'aient acquis que *tout récemment* la faculté de percevoir les couleurs. M. Hugo

(1) Voir Buffon, *les Singes.*

Magnus prétend avoir trouvé cela en étudiant l'Antiquité; il s'est donné ainsi facilement le renom de savant. Faux savant ! Moi aussi, « j'ai compulsé tous les ouvrages de l'Antiquité, » je n'y ai rien trouvé de semblable à ce que nous conte M. Hugo Magnus. Les hommes, étant des singes, voient et ont vu, depuis des siècles, depuis des centaines, des milliers de siècles, toutes les couleurs, comme les voyaient les singes, et particulièrement le *bleu*, le bleu, que selon M. Hugo Magnus, « ne connaissaient même pas les Grecs du temps d'Homère. » Je voudrais bien voir la mine qu'il fait, aujourd'hui que M. Schliemann vient de découvrir, à Mycènes, dans les fouilles du tombeau d'Agamemnon, « une tête d'homme en pierre, reposant sur un fond peint en *bleu*. » Les Grecs du temps d'Agamemnon connaissaient donc le *bleu*, et la révélation du *bleu,* n'a donc pas « été faite à l'humanité » par les Allemands. Les Allemands se sont donc vantés, là, comme en tant d'autres cas ! Ils n'ont pas inventé le bleu.

Le sens de la couleur, précieux héritage légué à l'homme par le singe.

J'ai dit que les singes avaient donné le *sentiment de la couleur* aux Sauvages, mais il n'y a pas que les Sauvages; ils en ont fait part aussi à tous ces demi-sauvages, à ces races barbares, pour qui les couleurs voyantes ont un si vif attrait : les *Italiens*, qui aiment tant les robes *rouges*, les jupons *bleus* et les tabliers *jaunes*, ce qui fait que les peintres les font venir de la Pouille et des Abruzzes à Paris, pour servir de modèles; les *Bretons*, ceux de Pleyben, entre autres, qui portent des vestes *vertes*, avec une multitude de boutons *jaunes* ou *blancs*; les *Valaques*, dont les femmes ornent leur front de sequins d'or ; les *Mauresques*, qui se peignent les paupières avec le *coheul;* et les *Suédois*, et les *Danois*, et les *Russes*, et les *Hollandais*, dont vous avez vu les brillants diadèmes de cuivre *doré* à l'Exposition universelle de 1878, etc., etc. Je n'en finirais pas, si je vous citais toutes les races primitives qui aiment la couleur, et même non primitives, comme on peut en juger par toutes les belles dames de Londres, de Vienne et de Paris, qui arborent des ombrelles *rouges cerise,* et des plumes *bleues* sur leur chapeau *Directoire,* témoignant ainsi, par ce goût prononcé pour.les couleurs turbulentes et tapageuses, de leur *origine pithécoïde.* Et ces grands artistes, aussi, dont les œuvres se distinguent par une couleur brillante, et qu'on appelle, pour cela, *coloristes :* Rubens, Véronèse, le Caravage, le Titien, le Tintoret, Delacroix, etc., etc. Tous ceux-là, évidemment, descendaient de singes fortement colorés, de singes verts, peut-être, tandis que les peintres qui ont préconisé la *ligne,* au détriment de la *couleur,* Raphaël, Michel-Ange, David, Ingres, etc., ne sont que des produits dégénérés, des bâtards de singes, probablement par suite de légèretés de quelque ouistiti, leur aïeul, ou la mésalliance d'un sagouin, leur arrière-grand-père !

Puis, de degré en degré, ce sentiment, ce goût de la couleur, inappréciable héritage du singe, a pénétré tous les hommes, au point qu'en se perfectionnant, nous sommes arrivés, « nous autres civilisés, » à savoir peindre « les *admirables vitraux* des églises gothiques. » Oui, vous le voyez, on ne rend pas assez justice à nos aïeux : ces œuvres d'art si merveilleuses, les rosaces, les flamboyantes verrières des cathédrales catholiques, à qui les devons-nous? A nos pères les singes, à leur sentiment de la couleur !

De là, enfin, effet dont la cause était depuis longtemps cherchée, le goût, que dis-je, la passion, « *l'admiration naïve des bonnes d'enfants pour le pantalon garance des troupiers !* » Cet attrait, on ne pouvait se l'expliquer; je vais vous le dire, moi : c'est que « le *rouge* épuise moins les nerfs, » lesquels peuvent ainsi « procurer plus de plaisir, quand ils sont irrités. » C'est la raison des fesses *rouges* de certains singes, macaques ou babouins, et par suite, des pantalons *garance* et des succès, près des nourrices, des soldats français!

Ce que c'est que la finalité retournée.

Tout cela était ignoré; je l'ai découvert et je vous le fais connaître : l'ensemble de tous ces faits constitue un système, auquel j'ai trouvé, je crois, un nom assez heureux, le système de la *finalité retournée*, ce qui veut dire, non, comme pourraient l'appeler certains savants attardés dans les anciennes doctrines, le système du *bon sens à rebours*, mais *l'identité* des contraires, de la cause et de l'effet, du pour et du contre, du *oui* et du *non*.

La chaîne est complète : la couleur est venue à l'homme ou anthropinien par les singes, — aux singes par les insectes, — aux insectes par les fleurs, — et aux fleurs par les grumeaux d'écume.

Il resterait bien à expliquer quelques effets vraiment singuliers : le *bleu de ciel*, le *vert des mers*, les couleurs de *l'arc-en-ciel*, les *rayons du soleil*, etc.; il est vraiment inconcevable comment toutes ces couleurs ont pu se produire sans les insectes, les grumeaux et les singes; mais à quoi bon nous arrêter à ces minuties!

En dernier résultat, j'ai *établi* que les arts viennent : 1° de ce que l'homme a perdu ses poils de singe; 2° de ce que l'homme a hérité du singe le sentiment de la couleur. En d'autres termes : l'homme a créé les arts, *parce qu'il n'était plus singe*, et il a produit les œuvres des arts, *parce qu'au fond il est singe*. De sorte que l'on ne sait ce dont il faut nous applaudir : de ce que nous sommes des singes, — ou de ce que nous ne sommes plus des singes. Car, si nous étions restés singes, nous n'aurions pas perdu nos poils, et, alors, plus d'arts; mais étant restés singes, nous avons créé les arts.

J'avoue que le problème n'est pas commode, il vaut bien celui qui exerçait l'esprit des écoliers au Moyen-Âge, et je ne sais comment je le résoudrais.

Mais il n'en demeure pas moins acquis que tout s'est fait comme je l'ai dit : « si l'on n'admet pas que cela s'est passé ainsi, » je le déclare, je ne réponds de rien, « *le monde reste une énigme indéchiffrable,* » à moins qu'on aime mieux admettre, et comment l'oser? « qu'il est régi par un *génie capricieux et bizarre.* »

Ce génie capricieux et bizarre, c'est Dieu. Pour M. Grant Allen, Dieu est *bizarre,* il est *capricieux,* car il ne pense pas comme M. Grant Allen; il ne voit pas les choses de la même façon que M. Grant Allen, et M. Grant Allen ne lui marchande pas la vérité, il la lui dit avec un dédain marqué, qui doit fort humilier Dieu, venant de la bouche de M. Grant Allen.

Il n'est pas seul à parler ainsi, d'ailleurs, et M. Delbœuf court l'embrasser et lui crie : Bravo! c'est évident! Hourrah pour le système de la *finalité retournée :* « cette idée s'impose à l'esprit! » C'est évident, à l'esprit de M. Delbœuf.

VI.

Tout n'est pas fini, pourtant : après avoir applaudi les amusantes pièces d'un si brillant feu d'artifice, le congrès scientifique ne se séparera pas sans avoir vu le *bouquet.* Le voici : la *télégraphie stellaire,* et, curieux phénomène, il est allumé par le *savant* M. d'Assier, celui qui fait venir la civilisation de la glace.

Par quel revirement M. d'Assier s'est-il, des régions polaires, élancé dans les profondeurs du ciel, jusqu'aux planètes et aux étoiles? C'est que M. d'Assier, après avoir suivi les mouvements de la civilisation oscillant, avec les glaciers, du pôle austral au pôle boréal, a fait ce raisonnement bien naturel : pas de civilisation avec les glaces, mais aussi pas de civilisation sans l'homme. D'où vient l'homme? comment ne connaissons-nous rien de son origine? « Comment cette énigme est-elle au même point que du temps de Thalès et de Pythagore? » Il paraît que M. d'Assier ignore qu'il y a près de vingt siècles, apparut sur la terre *quelqu'un*, qui donna aux hommes une explication de leur origine, telle, que les hommes n'ont plus rien à demander; car, ainsi que l'a dit un philosophe, cette explication répond à tout, elle montre, à la fois, à l'homme son commencement et sa fin : *nous venons de Dieu et nous retournons à Dieu.*

M. d'Assier, occupé, comme il l'était, au milieu des glaces, n'a donc pas eu connaissance de cette révélation, connue pourtant de tout le monde. Mais, à son retour des pôles, il s'est mis à réfléchir sur ce problème : *l'origine de l'homme.* Longtemps, il l'a trouvé inextricable, puis, tout à coup, il a bondi : J'y suis! s'est-il écrié, j'ai trouvé la cause de l'ignorance universelle : « La raison en est simple; l'homme, ayant à prononcer sur l'homme, aurait dû, pour que sa réponse ne fût pas entachée de *partialité*, déclarer son *incompétence*, et remettre *l'enquête* à des juges *exempts de ses préjugés.* »

— Oui mais quels *juges*, excepté l'homme lui-même? où sont-ils?

— Eh! des juges non terrestres.

— Des anges?

— Est-ce qu'il y a des anges? Des juges « tels que seraient *les habitants d'une planète voisine* ». Malheureusement, « la *télégraphie stellaire* ne nous a *pas encore* mis en rapport avec le *monde planétaire,* » de sorte que l'homme « a dû être, à la fois, juge et partie dans sa propre cause, et il est d'axiome qu'une sentence rendue dans de telles conditions est d'avance *frappée de nullité.* »

M. d'Assier a raison : nous ne savons rien de notre origine, parce qu'il n'y a pas encore de *service télégraphique* entre la terre et les autres planètes. Il n'y a pas encore, là-haut, de *ministre des postes et télégraphes,* ou bien le nôtre est tout à fait insuffisant à sa tâche, il n'a pas songé à établir cet important service. Il n'a pas même eu l'idée de lancer un premier signal à *Mercure, Uranus* ou *Neptune,* pour lui apprendre qu'il existait des hommes sur la terre, des hommes et un ministre des postes et télégraphes à Paris. Que, de Mercure on ait la bonté de regarder de ce côté-là, on verra ces hommes, ils feront signe, et on conversera, on se fera des questions et on répondra. On se dira : « D'après votre opinion, combien y a-t-il de temps que vous vivez? Savez-vous d'où vous venez, et qui vous a faits? Nous, nous avons cru jusqu'ici que le monde était l'œuvre de Dieu. Mais il y a, aujourd'hui, des *savants* qui ne veulent pas que ce soit, quoiqu'ils ne soient sûrs de rien. Nous attendons votre réponse. Nous pensons que vous avez un Bureau des longitudes, un Observatoire et une Académie des sciences. Réponse, s'il vous plaît ! »

Mais j'oublie qu'avant cette première communication, il y aura eu une conversation par signes, entre les habitants de Mercure ou d'Uranus et ces MM. de l'Académie française et de l'Académie des Inscriptions. Car il fallait préalablement s'entendre : « En quelle langue causerons-nous? Savez-vous le latin? Non! Mais quelle langue parlez-vous? Ne serait-ce pas le *basque* ou le *bas-breton?* Des savants de chez nous prétendent que c'est la langue primitive. Nous allons, pour essayer, envoyer chercher un pêcheur de Lokmariaker ou un guide des Eaux-Bonnes. Vous ferez signe si vous comprenez. »

Ces préliminaires terminés : « Nous sommes prêts à vous écouter, vous êtes *exempts de préjugés,* — des nôtres, du moins, — vous êtes donc *compétents.* Faites votre *enquête,* et veuillez prononcer votre arrêt ; nous nous engageons d'avance à l'accepter, comme étant rendu par des gens absolument *impartiaux!* »

Un tel début présage, évidemment, un avenir de progrès indéfini, illimité. On n'en restera pas là, et l'on peut entrevoir une période nouvelle, l'époque féconde des *relations inter-stellaires et planétaires,* qui modifiera profondément la physionomie de la terre, des étoiles, des planètes, du ciel et de tout l'univers !

Comment en douter, s'écrie un jeune et bouillant répétiteur, M. C. Flammarion (1), quand déjà il y en a tant d'indices ? N'existe-t-il pas dans les planètes, « dans Vénus » particulièrement, des âmes qui « cherchent à *deviner,* » il ne s'agit pas ici de poésie vide, mais de science certaine et positive, si le corps des habitants de la terre ressemble au leur ? Ne remarquez-vous pas « les liens mystérieux » qui attirent les planètes et les étoiles ? Un charme irrésistible tend à rapprocher les mondes : « Ils se *sentent,* à travers les nuits, par l'attraction; » que dis-je, « ils se connaissent, ils *fraternisent!* »

— C'est très vrai, dit M. d'Assier, je *sens* Vénus et j'ai du penchant à *fraterniser* avec Mercure.

— Que sera-ce donc plus tard ! reprend M. Flammarion. De ce commerce de la Terre avec les astres, de

Et apparition d'une nouvelle race humaine.

(1) Voyez *les Terres du Ciel* et *Astronomie populaire.*

cette connaissance que les astres feront les uns des autres, de la fraternité qui s'établira entre eux, qui sait?
plus même que de la fraternité, il devra y avoir, il y
aura certainement un résultat que vous prévoyez : la
naissance d'une nouvelle race sur la terre, d'une « *nouvelle race humaine,* » qui, par l'effet de ses relations
étendues, des idées qu'aura développées la fréquenta-
tion des planètes et des étoiles, sera une race bien
« *supérieure intellectuellement à la nôtre!* » Quelle force! quelle puissance, quelle science ne possédera pas
une race croisée d'habitants de la *Terre,* de *Mercure* et
de *Vénus!* Elle comprendra tout, elle saura tout, elle
pourra tout! Elle sera réellement Dieu!

Bravo! bravo! crie M. d'Assier, qui, la tête levée,
suit avec ravissement le resplendissant essaim de feux
de toute couleur, le merveilleux *bouquet* que M. Flammarion vient de lancer au plus haut des cieux.

Oui, c'est très beau! disent deux ou trois voix auprès
de lui, mais pour un tel progrès, une première condition est nécessaire : il faut que le monde vive. Et, auparavant, il est probable qu'il sera fini! Des siècles, et
combien de siècles! s'écouleront, avant qu'on ait établi
votre *télégraphie stellaire,* les relations inter-planétai-
res, etc. Or, « le soleil, ce rouage indispensable à la
vie sur notre planète, est-il capable de fournir une
aussi longue carrière? » Beaucoup de savants pensent
le contraire, et ce ne sont pas de petits savants : ce sont
« les plus éminents physiciens, » et ils prétendent que,
dans un temps plus ou moins proche, la terre et le soleil disparaîtront, et tout le système solaire avec.

C'est un savant chrétien qui parle ainsi, M. l'abbé
Hamard (1).

Aperçu de la
fin du monde.

(1) Voyez aussi l'opinion identique, exprimée par M. de Lapparent, *Revue des questions scientifiques,* 1880.

M. d'Assier, inquiet, tourne son regard interrogateur vers un de ses amis, un vrai savant, celui-là, car c'est un savant athée : Il n'est que trop certain ! murmure mélancoliquement M. Paul Bert, un jour, oh ! « dans quelques milliers de siècles, espérons-le, » il est, hélas ! indubitable que « les planètes, la terre, le soleil, seront brisés et retourneront à l'éparpillement moléculaire d'où ils sont sortis. »

Ou, en un seul mot plus clair, s'écrie M. d'Assier, et, avec lui, les savants éperdus, *ce sera la fin du monde !*

Mais alors, ô savants, si le monde finit, il a donc commencé ! S'il a commencé, il n'est donc pas éternel ! S'il n'est pas éternel, — comme le temps suppose l'é-ternité, et le fini l'infini, — au-dessus du monde *fini* et qui a *commencé* il y a donc un être *éternel* et *infini*, il y a donc un Dieu !

Que nous disiez-vous donc ? Comment osiez-vous nier, affirmer, enseigner ? Vous ne *saviez* donc pas réelle-ment, ou, si vous saviez, vous nous cachiez la vérité ! Et, maintenant, vous nous laissez dans l'ignorance et dans la nuit.

C'est, en effet, la nuit : l'éblouissant feu d'artifice a jeté son dernier pétillement, sa dernière lueur. L'om-bre, tout d'un coup, tombe et enveloppe la terre, l'air et le ciel, et les *savants* ne se reconnaissent plus, errent et cherchent, en tâtonnant et perdus dans un désert de ténèbres.

DEUXIÈME PARTIE.

CHAPITRE PREMIER.

LES PREMIERS SIÈCLES DU CHRISTIANISME.

Caractère des ouvrages de M. Renan. — Ses découvertes. — Comment saint Jean n'est pas l'auteur de l'Évangile de saint Jean. — Portrait de saint Jean. — Saint Paul.

I.

Les ouvrages que compose M. Renan (1) peuvent se définir en deux mots : livres où presque rien n'est affirmé, et où ce qui est affirmé n'est pas prouvé. En revanche, ils sont remplis de découvertes. M. Renan a même une supériorité sur les autres *savants :* non seulement il découvre, mais il invente ; il est créateur. D'abord, il a créé tout d'une pièce un personnage comique, qui apparaît à chaque instant dans son œuvre et y joue un rôle considérable, Monsieur *On.* Ce monsieur *On* est une utilité de premier ordre, et dont il serait bien difficile de se passer. D'une activité infatigable, il sait tout, entend tout, dit tout, tente tout, ose tout, suppose tout. Personnage très original, *On* a des idées bizarres qu'il n'exprimerait peut-être pas s'il était connu ; mais il a pris ses précautions : Ulysse, pour Polyphème, s'appelait *Personne ;* lui, il s'est mis un

Monsieur On.

(1) Voyez : E. Renan, *L'Église chrétienne, Les Apôtres, Saint Paul,* etc.

masque sur la figure, pas de nom; c'est monsieur *On* !

Ainsi déguisé, *On* s'avance, s'insinue, parle, raconte, commente, remarque, explique, toujours preste, toujours alerte, jamais embarrassé, jamais hésitant. Il a, d'ailleurs, derrière lui, un souffleur excellent, l'auteur lui-même, qui ne le quitte pas, et, de temps en temps, lui crie : « Dites cela ! » et *On* le dit, et le souffleur d'applaudir et, en se tournant vers le public : « Quel personnage ! quel acteur ! »

Il y a lieu, en effet, de s'étonner : *On* est, tour à tour et presque à la fois, philosophe et poète, ambitieux et imposteur, naïf et commère, savant et ignorant. Que de choses il a vues, faites, pressenties, devinées ! Suivez-le et vous apprendrez : Comment, dès le début du Christianisme, *On* s'ennuyait de faire partie de l'Église, *On* trouvait que « marcher, comme une brebis perdue dans les rangs pressés du troupeau, » était « fastidieux ». *On*, alors, faisait bande « à part; » *On* créait un schisme, *On* devenait hérétique, *On* « paraissait » ainsi « distingué ! » C'est ainsi que se sont créées les hérésies.

On « regrettait » que saint Jean n'eût pas laissé d'Évangile, « fixé lui-même ses souvenirs de son vivant. » Il fallait que *On* fût bien mal renseigné, car l'Église connaissait depuis longtemps l'Évangile de saint Jean. N'importe ! *On* se mettait à l'œuvre; comme *On* avait son évangile à lui (« chacun avait son évangile »), rien de plus facile : *On* fabriquait un évangile de saint Jean. Et une fois que *On* y était, plein de zèle, pourquoi s'arrêter? *On* fabriquait bien d'autres pièces : *On* supposait les *Épîtres de saint Paul à Tite et à Barnabé; On* imaginait une prétendue *Épître de saint Pierre; On* inventait les *Actes des Martyrs*, et en composait un recueil de romans, de « romans pieux, » etc., etc.

C'est bien grave, dites-vous, tant de falsifications! Que devait penser le public de cet outrecuidant et osé *On?* — Ce que pensait le public? Mais le public et *On,* c'est la même chose. Le public ne pouvait donc s'étonner de ce que *On* faisait; le public, ou *On,* si vous voulez, ne craignait pas d'altérer les textes, d'arranger, de « compléter » les Évangiles; c'était une habitude générale, universelle, *On* ne s'en faisait « aucun scrupule. » Et ne croyez pas que *On* fît cela à la légère, sans réflexion, et, pour ainsi dire, inconsciemment. Bien loin de là! *On* s'appliquait à son œuvre, examinait, cherchait, étudiait, jusque dans les derniers détails. Ainsi, *On* était particulièrement préoccupé du « rôle qu'il convenait de faire jouer à la sainte Vierge, » et *On* s'abîmait, à ce sujet, dans les plus profondes méditations; plus *On* allait, plus « *On* réfléchissait » à ce que *On* pouvait faire « pour la Mère de Jésus. » *On* tâchait de la faire croire de race royale, de « la rattacher à la race de David. » *On* allait plus loin : *On* se supposait assistant à la naissance du Sauveur; *On* suivait toutes les péripéties de l'accouchement, *On* s'étonnait, *On* avait des doutes, et, ma foi, *On* prenait le meilleur moyen de s'éclairer sur le vrai état de la sainte Vierge : *On* tirait à part « la sage-femme, » et lui demandait ce qu'elle en pensait, et ce que *On* devait en penser!

On ne se repose jamais : il y aurait à rapporter de lui une quantité d'autres traits aussi dignes d'attention, par exemple, cette observation de monsieur *On :* que « les cérémonies se ressemblent dans toutes les religions. » Oui! les fêtes du Catholicisme et les orgies du culte de Vaudoux se ressemblent. Et cette autre : que « la morale est la même partout. » Phénomène, certes, qui a besoin que *On* vous le fasse remarquer, car, au premier aspect, il est difficile de voir comment « *la même morale* » a inspiré le Code Napoléon et le Code du Mexique (avant la découverte de l'Amérique), de cet empire si policé, où il était prescrit de tuer jusqu'à quatre-vingt mille hommes par an, pour les faire apprêter délicatement par de savants cuisiniers, et les déguster sur des plats d'or, dans des festins de gala !

Mais une remarque aussi ingénieuse n'appartient pas en propre au personnage *On;* elle est trop forte pour lui, et rentre déjà dans les découvertes de l'inventeur lui-même, M. Renan.

II.

Menues découvertes de M. Renan.

Mais, comment rapporter toutes les découvertes de M. Renan? Il en a tant fait, qu'on est obligé de se borner à en indiquer quelques-unes, et encore sommairement et en abrégé. Il a découvert ce que signifie « l'*Intervention du Saint-Esprit,* » dont parlent souvent les *Épîtres* et les *Actes des Apôtres.* L'intervention du Saint-Esprit, eh ! c'est un mot parlementaire d'alors : Cela signifiait de « *secrètes manœuvres électorales.* »

Il a découvert que les Gnostiques étaient une secte abominable, « *malsaine,* » impudente, *immorale,* une végétation *empoisonnée;* » ce qui fit qu'ils eurent dans l'Église une « influence de premier ordre, » un rôle « capital : » ils donnèrent à l'Église « son culte, ses fêtes, ses arts, ses chants, ses sacrements, » autant dire tout : ils constituèrent l'Église.

Il a découvert que, dès le premier siècle, dès que l'Église s'est constituée, « qu'elle a un clergé, des prêtres, des évêques, » c'en est fait d'elle ! Sa force vitale s'éteint, « le sentiment vivant » s'évanouit. Elle suit un régime régulier; grand Dieu ! « un ver rongeur » la dévore : elle a un gouvernement, « une hiérarchie; »

l'air lui manque, » elle étouffe, » elle est destinée à périr prochainement, à « s'écrouler ! »

Nous faisons, il est vrai, nous aussi, une découverte : M. Renan est un disciple de Proudhon; son idéal de gouvernement est l'*an-archie*, l'absence de gouvernement.

Il a découvert que saint Justin n'est pas seulement le premier en date des apologistes, mais le *maître* de tous les apologistes chrétiens : « Ils n'ont rien ajouté » à ce qu'il a dit, ils se sont bornés à le répéter; tous « se sont inspirés de lui. » Et pourquoi? Parce que saint Justin est un apologiste *déplorable*, « faible d'arguments, inexact, sans critique, » puéril; son érudition est « frelatée, » et sa « théologie pas orthodoxe. » Les apologistes chrétiens ne pouvaient donc mieux faire que de l'imiter !

Il a découvert que, sous Antonin, la persécution fut effroyable, incessante, impitoyable; les martyrs ne se comptent pas : « les condamnations à mort, les *dénis de justice* se multiplient... point de relâche... l'Asie Mineure est ensanglantée. » D'où nous devons conclure qu'Antonin est « un sage accompli, le meilleur des souverains, » très supérieur à saint Louis : il avait « bien plus de jugement et de portée d'esprit; » c'est « le souverain *le plus parfait* qui ait jamais régné ! »

Il a découvert que le règne d'Adrien fut suivi d'une *renaissance* sociale, d'un nouveau printemps. En effet, Adrien *s'amusait;* et, fait remarquer M. Renan, « il en avait le droit » (c'est évident, même avec Antinoüs). Mais à cet aimable viveur succède « un ascète. » Alors adieu la joie! Le monde tombe dans le marasme, que dis-je, dans une tristesse noire, il a le spleen, il se resserre sur lui-même, il « s'encapuchonne! » Il ne parle plus, il ne bouge plus, il est étendu tout de son long, maigre, pâle, alangui : plus de fêtes, « plus de gaieté, » plus de plaisirs ! C'est « la décadence; » faut-il l'avouer, le monde « se change en un vaste hôpital ! » Ce qui veut dire que c'est la régénration, et que « le monde se reprend à vivre (1) ! »

Enfin, car on ne peut compter toutes ces découvertes, vous savez que saint Paul parle des luttes que l'esprit soutient contre la chair, et que lui-même, se donnant pour exemple, se plaint des assauts qu'il a plus d'une fois livrés à l'ennemi acharné contre son salut : *L'aiguillon de la chair !* dit M. Renan, des secousses, des élancements ! je sais ce que c'est, je connais cela ! ce sont des rhumatismes : saint Paul « *avait des rhumatismes !* »

III.

Ses grandes
découvertes.

Ce sont là les petites découvertes de M. Renan; il en a fait de bien plus grandes : deux ou trois suffiront pour en montrer la nouveauté.

Jusqu'ici, l'Évangile de saint Jean était considéré comme le plus beau des quatre évangiles; dans aucun Jésus-Christ ne parle un langage plus grand, plus sublime, plus pur, plus divin. C'est à l'Évangile de saint Jean que pensait J.-J. Rousseau, quand il disait : « La majesté des Écritures m'étonne, la sainteté de l'Évangile parle à mon cœur. » C'est dans l'Évangile de saint Jean qu'est ce tableau de la Passion, si émouvant, qu'après l'avoir lu vingt fois, on en est encore touché jusqu'aux larmes; c'est en entendant ce récit pathétique de l'apôtre aimé de Jésus, que ce chef de Bar-

(1) Ces deux assertions semblent si contradictoires, qu'on est obligé d'indiquer où elles se trouvent : elles sont dans deux pages qui se suivent presque : voyez l'*Église chrétienne*, p. 294 et 298.

bares s'écriait, la main sur son épée : « Ah ! si j'avais été là, avec mes Francs ! »

Oui, telle avait été, pendant dix-neuf siècles, l'opinion, le sentiment du monde, de l'Église, des philosophes, des incrédules comme des croyants. Mais M. Renan a découvert que tout le monde s'est trompé, et il nous révèle un nouveau saint Jean.

D'abord, l'Évangile de saint Jean n'est pas de saint Jean.

— Ah ! et de qui donc ?

— Il est « probablement » d'un nommé Jean, qui s'appelait le prêtre Jean, *presbyteros*, mais qui n'est pas saint Jean. Il pourrait bien être aussi d'un certain Aristion, ou, peut-être, de Cérinthe, un adversaire de saint Jean.

— Quoi ! un adversaire de saint Jean aurait fait l'Évangile de saint Jean ?

— Il était adversaire de saint Jean, certainement, mais il était aussi son séide, son ombre, « son spectre. »

— Cela n'est pas très facile à comprendre.

— Pourquoi ? est-ce que vous ne connaissez pas l'identité des contraires, du *pour* et du *contre*, du vrai et du faux ? Ici, la règle s'applique : mon ennemi, c'est mon ami.

L'Évangile de saint Jean doit donc être de Cérinthe, — ou d'Aristion, — ou du prêtre Jean, — ou plutôt, disons le mot, « d'un anonyme. » Oui ! « il semble » que cela a dû être ainsi ! En tous cas, c'est une falsification. Vingt-cinq ou trente ans après la mort de saint Jean, « un disciple » conçut une idée qui devait avoir du succès : publier, comme étant de saint Jean, un Évangile, ou histoire de la vie du Christ, en prêtant à saint Jean des discours et des dialogues avec le Christ, et qu'on donnerait comme authentique et écrit par saint Jean. Bien plus, on mettrait, dans la bouche de Jésus-Christ même, des paroles que saint Jean prétendrait avoir entendues, et qu'il rapporterait comme les ayant sténographiées sur l'heure, à la fois témoin, acteur et auteur.

Vous vous étonnez un peu d'un plan aussi audacieux : c'est une double falsification, dites-vous, puisqu'il s'agit de faire parler et agir, comme si on les avait vus, le maître et le disciple ! Comment cet homme, cet écrivain, ce faussaire, pouvait-il être chrétien, *disciple* de saint Jean, et avoir l'idée d'une fraude destinée à tromper les fidèles, l'Église entière, sur un sujet aussi capital, et qui touche au fond même de leur foi?

Vous vous exagérez la portée de cet acte, dit M. Renan; vous appelez cela une *fraude :* sans doute, mais c'est « une fraude pieuse, » et quoi de plus inoffensif et de plus innocent ! Tromper, frauder, mentir ! D'abord, vous savez le mot de Bacon : *Le mensonge est un plaisir !* Et, dans ce temps-là surtout, « alors, » tout le monde se donnait ce plaisir. Je vous l'ai déjà dit, et je le répète : en Orient, mentir ne compte pas, personne ne s'en fait faute. Mais, que dis-je, en Orient! C'est la même chose chez nous, je veux dire chez vous, Chrétiens et Catholiques. Vos prédicateurs ne se préoccupent nullement de tromper, de mentir à chaque instant. Est-ce que, pour gagner l'opinion et s'attirer la faveur publique, ils ne feignent pas de se dire « libéraux, socialistes » même? Je sais bien qu'ils ne sont pas socialistes, mais ils « le font entendre, » cela suffit pour que les gens soient séduits. » C'est une habitude de l'Église catholique; c'est ce qu'on appelle la fraude pieuse, « un pieux malentendu ! »

Je ne leur en fais pas un reproche, remarquez-le bien ! Vous connaissez mon sentiment à cet égard :

non seulement il est permis « d'altérer la vérité, » (vous appelez cela d'un mot brutal, *mentir; c*'est de bien mauvais ton) mais c'est le meilleur, l'unique moyen de réussir. Essayez donc, « avec vos scrupules, avec votre sincérité, » dont vous êtes si fiers, de faire la centième partie de ce que font les vrais grands hommes, « les héros, » « avec leurs mensonges » ! Je vous en défie ! C'est par « l'imposture, » le mensonge, si vous voulez, que se produit le grand, le beau !

Et écoutez bien ce raisonnement : « Rien n'est *beau* que le *vrai,* » a-t-on dit, c'est-à-dire, le *beau* et le *vrai,* c'est la même chose. Or, le mensonge seul a « la puissance » de produire le grand, le *beau.* Donc, pour dire *vrai,* il faut mentir, en d'autres termes, *le mensonge c'est la vérité.*

Tirez-vous de ce syllogisme !

Ils le comprenaient bien en Orient; et la preuve, c'est l'aisance avec laquelle agit Jean *Presbyteros,* — ou Aristion, — ou Cérinthe, — ou l'anonyme, ce dévot chrétien enfin, qui se fit passer pour saint Jean, et pour avoir conversé avec le Christ. En y réfléchissant, il se dit qu'il se pourrait qu'on eût quelques doutes sur son Évangile : un Évangile de saint Jean paraissant plus d'un quart de siècle après la mort de saint Jean, sans que saint Jean eût jamais dit qu'il avait l'intention de l'écrire, y eût même fait allusion, pouvait sembler équivoque. Que fait alors notre habile Chrétien, ce disciple de saint Jean? Il ne faut pas qu'on me soupçonne de faux! Eh! mon Dieu, il y a un moyen bien simple : c'est de faire un premier faux, je veux dire un second faux.

— Comment?

— Oui, je vais publier d'abord, comme ballon d'essai, un prétendu écrit, une lettre, une *épître,* soi-disant de saint Jean. Une lettre, cela a peu d'importance;

le public y fera moins d'attention qu'à un Évangile, mais elle aura un grand avantage : « c'est de faire l'essai » du style que j'aurai prêté à saint Jean, style nouveau, « métaphysique, » qui paraîtra pour la première fois dans l'*épître*. Le public aura, d'abord, quelque difficulté à le comprendre, mais il finira par s'y faire et le lire couramment; et quand je *lancerai* l'Évangile, on sera tout « habitué au style, » on ne s'en étonnera plus; on dira même : Mais c'est le style de saint Jean, le même que dans l'*Épître de saint Jean!* je le reconnais; l'Évangile est bien de saint Jean!

Ce n'est pas mal raisonné, comme vous voyez; le *Chrétien*, le *disciple* de saint Jean ne vous paraît-il pas doué de vraies dispositions commerciales? Aussi, a-t-il touché le but, le seul désirable pour qui connaît l'identité de la fraude et de la vérité : le *succès*. Le monde entier a adopté son Évangile de saint Jean, le croit de saint Jean, jure par l'Évangile de saint Jean!

IV.

Voilà bien des découvertes, à l'occasion de l'Évangile de saint Jean. Ce n'est pas tout, et ce que nous révèle encore M. Renan n'est pas moins digne d'intérêt.

Ne nous occupons plus, dit-il, de l'origine de cet Évangile; je vous ai appris d'où il sort : examinons-le en lui-même. Faut-il vous dire mon opinion sur ce fameux Évangile, tant admiré, beaucoup « trop admiré? » Eh bien, c'est un livre absolument manqué, un ouvrage « frelaté. »

— Oh! M. Renan! le mot est bien dur!

— Frelaté quant au fond, et, quant à la forme, détestable. Est-il rien de plus lourd, de plus gonflé, de plus « enflé! » Avec cela, sec, « aride, » obscur,

« faux, » rempli « de bizarreries, » de pointes, de recherches, « de mièvreries. » Et le style ! un style « précieux, » un vrai style de petite maîtresse. Et long, « prolixe, » il n'en finit jamais, on a la plus grande peine à le comprendre : Il est « fatigant, » assommant ! en un mot, un vrai pathos, « un pathos verbeux ! »

Et l'auteur lui-même, est-il assez insupportable ! Quelle vanité ! Quel sentiment personnel toujours éveillé ! Il ne pense qu'à se montrer, à se faire valoir : « Il se vante, » il parle constamment de lui, c'est : J'ai fait, j'ai dit, j'assure ! des *je,* des *moi,* comme un simple ministre de 1870 ; une suite incessante « d'affirmations emphatiques, » qui vous écœure ! Il ne vous laisse pas un moment tranquille, il vous poursuit de ses attestations : c'est un enragé, dévoré « d'une soif fébrile » d'attester qu'il dit la vérité. La vérité ! la vérité ! Que m'importe qu'il dise ou non la vérité ! Est-ce que j'en fais cas ! Eh ! dis-moi ce qu'il te plaira, dans un style délicat, et avec ces nuances qui permettent de choisir différents sens, et je te tiens quitte de la vérité !

— Mais, monsieur Renan, à vous entendre, il semble que c'est de saint Jean lui-même que vous parlez ?

— Certainement ! c'est de saint Jean. Il n'y avait pas d'homme plus vaniteux que cet homme-là, je ne peux trop le répéter. C'est parce qu'il avait été « froissé de voir que, dans les autres Évangiles, on ne lui accordait pas une assez grande place (1), » qu'il se mit à écrire...

— Le sien, pour se la faire ?

— Vous l'avez dit !

— Vraiment ! Mais alors, monsieur Renan, si c'est

____

(1) Renan, *la Vie de Jésus.*

saint Jean qui a écrit l'Évangile de saint Jean, comment Cérinthe est-il l'auteur de l'Évangile de saint Jean, — ou Aristion, — ou le *presbyteros*, — ou l'anonyme? Et que devient le fameux plan du *premier* faux, du *second* faux, de l'*épître*, de l'*essai de style*, etc., et toute la *réclame* imaginée par Cérinthe, — ou Aristion, — ou le *presbyteros*, — ou l'anonyme, pour *faire prendre* leurs Évangiles de saint Jean, quand l'Évangile de saint Jean existait déjà, écrit par saint Jean lui-même ! Vous parliez de syllogisme : je ne sais pas si ce raisonnement s'appelle un *syllogisme;* mais, à votre tour, tirez-vous de là !

Mais M. Renan ne vous écoute pas : il n'écoute jamais les objections; il a bien assez à faire de ruminer dans son cerveau les contes qu'il va vous conter !

Et quand on pense, s'écrie-t-il, que c'est là un des quatre Évangiles adoptés par l'Église. Que dis-je, un des quatre ! le premier de tous, l'Évangile par excellence. Ce choix fait honneur à l'Église ! Si elle « vénère » tant l'Évangile du *pseudo-Jean*, et je viens de vous montrer ce qu'il vaut, qu'est-ce donc des autres ! On peut dire qu'elle est joliment « dupe ! » Ah ! pauvre Église ! pauvres gens ! pauvres petits esprits ! cervelles étroites ! Je conçois qu'ils ne sachent comment s'y prendre pour me réfuter !

V.

Vous pouvez pressentir, maintenant, comment M. Renan traite saint Paul.

Qui n'est frappé, en lisant les *Actes des Apôtres*, du ton simple de ce récit attachant? Cette simplicité porte la conviction dans l'esprit. C'est un homme sincère, celui qui raconte si naïvement ce qui se passe sous ses yeux, et il donne l'impression de grandes choses faites par une grande âme.

Un homme projette de convertir le monde : il ira chez des nations ennemies, superstitieuses, aux préjugés féroces, en des villes d'une corruption raffinée, parmi des philosophes savants et ergoteurs, des vainqueurs superbes, dédaigneux et indifférents. Il leur enseignera une foi nouvelle : Un supplicié qui est Dieu, un homme qui, mis à mort, a repris vie, des maximes absolument contraires aux leurs, le mépris de ce qu'ils ont en horreur : l'humilité, la souffrance, la pauvreté.

Et il part; en Europe, en Asie, dans les villes de la Grèce, il parle aux philosophes, aux rois, aux proconsuls; les rois se retirent ébranlés, les philosophes ne savent que répondre, les proconsuls l'interrompent : « C'est assez! » Ils ne comprennent pas, mais ils sont troublés. Il montre du doigt les sanctuaires les plus révérés, et dit : Renversez-les ! Il terrasse les incrédules par des prodiges : les morts ressuscitent à son ordre, les paralytiques se lèvent. Les prêtres païens le prennent pour un dieu; des savants se jettent à ses pieds : Baptisez-moi ! Des hommes de toute origine et de tout rang, marchands, ouvriers, esclaves, riches, pauvres, s'embrassent et se reconnaissent frères : partout où il passe, une famille se forme, qui vit dans la paix, l'abnégation, l'union, la piété, le dévouement et l'amour.

Tandis que s'accomplit ce grand changement, un autre lieu de la terre, Jérusalem, présente un spectacle imposant. Là, est la première Église, les apôtres demeurés autour d'un tombeau, pivot du monde, les disciples qui ont connu, vu le Sauveur : saint Jacques, saint Pierre, leur chef, élu par le Christ même, l'Église immuable, gardienne de la tradition, à qui tout vient et se rapproche, centre de tout. Vers ce centre se dirigent sans cesse les yeux et la pensée de l'Apôtre, non seulement sa pensée, mais ses pas. Dès qu'il a achevé une prédication, fondé une Église, il y retourne, il y vient, trois et quatre fois, rendre compte de sa mission, se retremper à la source de vie.

Il leur fait part de ses conquêtes, ils conversent ensemble de quelque point de doctrine, et décident d'un commun accord la règle unique ; et cette règle est la plus raisonnable, la plus prudente, la plus sage, la plus large et la plus humaine. Puis, il repart une dernière fois ; cette fois, il traverse les mers, il tend à un but plus haut : ce n'est plus l'Asie, la Thrace, la Grèce, Athènes et Corinthe, c'est Rome même, la ville des Césars, la capitale de la terre, qu'il va prendre ; elle prise, l'univers sera soumis.

Voilà ce que le monde a vu, a lu et a cru ; et, sur cette foi, s'est fondée la société chrétienne. Et celui qui entreprend, qui accomplit une telle œuvre, le voyez-vous ? Quelle foi ! quelle ardeur ! quelle véhémence ! quelle constance ! Et, en même temps, quelle tendresse ! quelle douceur ! quelle pénétration ! quel jugement ! Il voit ce qui est juste et ce qui est équivoque, il ne supporte pas de terme moyen : il faut changer, il faut être, en tout, différent du monde qui vous entoure, rompre avec le passé ! Et quel sentiment vrai de ce qu'il est ! Quelle humilité ! Il sait qu'il n'est rien par lui-même, qu'il agit poussé par une force qui lui a été donnée, mais qui ne lui appartient pas : « Dieu m'a choisi, a choisi les moins sages selon le monde, les faibles selon le monde ; il a choisi les plus vils et les plus méprisables selon le monde, et ce qui n'était rien, pour détruire ce qui était le plus grand (1). »

(1) *I Corinth.*, I, 27, 28.

Il ne se doute pas qu'il ait du génie; il a bien plus que du génie, il est plein d'un esprit divin qui parle par sa bouche, et sans qu'il cherche ce qu'il a à dire. Seulement, il ne doute pas qu'il ne meure frappé en témoignage de la vérité, et il va, sans réfléchir à cette mort, insoucieux de sa gloire, et de sa fin, et de son corps, esclave volontaire d'un maître qu'il adore, esclave ambitieux d'accroître le nombre des serviteurs de ce maître, le seul qui ait le droit de l'être, Dieu!

C'est le plus grand spectacle qu'ait vu l'Humanité. Des sectaires aussi ont tenté de transformer le monde; mais le changement qu'ils ont fait a été d'un moment ou de certaines races, il s'est arrêté, s'efface chaque jour et dispiraît; car leur œuvre était imparfaite pour la morale, par conséquent impropre à l'Humanité entière; jamais un Boudhiste ou un Brahme ne vint pour convertir les peuples de la Gaule. Le Christianisme est de tous les climats et de tous les temps, de toutes les formes de société ; et nous en sommes, après cent générations, les témoins et les fils, en Europe et à Taïti, en Chine et en Australie, au cap des Tempêtes et au Groënland.

L'homme qui a fait cela, qui s'appelle spécialement l'*Apôtre*, n'est pas seulement un puissant génie : le rayon de Dieu l'a pénétré, il en est imprégné; son âme est comme un globe de feu qui éclaire, échauffe et purifie; il est force, vie et sainteté !

CHAPITRE II.

LES PREMIERS SIÈCLES DU CHRISTIANISME.

Portrait de saint Paul, d'après M. Renan. — Portrait de Jésus. — Les
martyrs. — La théorie du mensonge. — La sagesse de Marc-Aurèle.
— L'homme qui fait des phrases.

I.

Mission de saint Paul d'après M. Renan.

Eh bien, non ! Voici un *savant* qui, au bout de
dix-neuf siècles, a découvert que toute cette histoire
est une complète fiction. Ah ! vous vous imaginiez
qu'il était difficile de convertir le monde au Christianisme. Rien de plus facile, au contraire ! A quelles
gens saint Paul a-t-il eu affaire ? Là, à Corinthe, c'é-
tait des hommes « grossiers, » sans idée, sans esprit,
sans instruction, à qui l'on pouvait tout faire accepter,
imposer tout ce qu'on voulait; ici, à Éphèse, la population d'une grande ville corrompue, sans aristocratie,
« sans glorieux souvenirs, » honteusement servile,
frivole, avide de nouveautés, qui devait, par conséquent, courir au-devant de la religion nouvelle; plus
loin, en Licaonie, en Galatie, des natures impres-
sionnables, molles, efféminées, crédules, des femmes
« hystériques, » qui tout de suite se laissaient prendre;
ailleurs, en Thrace, en Phrygie, un peuple païen seulement de forme, qui « croyait déjà au paradis chrétien, »
dont la religion avait quelque chose d'analogue avec
le christianisme, et qui aspirait, sans le savoir, à un
culte plus en rapport avec ses croyances. En résumé, partout le plus bas peuple, des ignorants ou
des imbéciles, voilà ceux à qui s'adressait l'apôtre
et près desquels il réussissait. Les uns, rien de plus

aisé que de les entraîner, ils étaient si « simples ! » les autres s'enthousiasmaient sans réfléchir, ils étaient si « légers » ! D'autres se convertissaient sans comprendre, toute superstition leur était bonne, ils manquaient d'esprit philosophique, d'esprit « de critique » : le christianisme y germa tout de suite. Pour tout le reste, enfin, il n'y avait presque rien à faire, ils étaient naturellement chrétiens.

Saint Paul employait, d'ailleurs, tous les moyens, même les moins délicats : concessions, ruse, tromperie, prestidigitation. Les Thraces étaient « *presque* monothéistes, » il se gardait de les effaroucher par des dogmes trop éloignés de leurs idées, il ne leur parlait pas d'Évangile, « il leur prêchait simplement le déisme. » En Grèce, il allait plus loin : il « tâchait de concilier le christianisme avec le paganisme, avec la philosophie; » le peuple accueillait sans peine un culte si peu différent du culte des idoles; les philosophes accédaient volontiers à une doctrine si proche de celle qu'ils professaient : cette tactique réussissait très bien. Aussi, « a-t-elle été depuis adoptée par l'Église, c'est celle des apologistes chrétiens. » Dans les campagnes, en Asie, il n'était pas besoin de discuter, pas même d'enseigner, il suffisait de frapper vivement les imaginations : l'apôtre faisait des miracles, il guérissait les malades, faisait voir les aveugles, marcher les paralytiques, ressuscitait même les morts, et tout était si bien préparé, que « les prodiges ne manquaient jamais ! » Ils arrivaient à point : il les faisait avec une assurance, une fermeté qui n'appartient qu'à ceux qui ont de longue main la pratique de ces tours d'escamotage !

Ici, vous vous permettez une objection : cette impudence, cette effronterie de charlatan semblent incroyables de la part d'un homme aussi vénérable que saint Paul ; et ces miracles, en outre, celui qui les atteste, c'est saint Luc, dont vous, historien, louez la simplicité, la candeur et l'honnêteté.

Il est vrai, répond l'historien, la narration de saint Luc se distingue par d'éminentes qualités : elle est claire, « nette, dramatique, ardente, » surtout, « on ne saurait le contester, c'est un écrivain sincère. »

— Alors il faut le croire ?

— Du tout, quand il s'agit de miracles, il ne faut pas ajouter la moindre foi à tout ce qu'il raconte. Il avait un grand défaut, il était extrêmement vaniteux : « plein de prétentions, » il cherchait toujours à donner une haute idée de lui, et, pour se grandir, il grandissait ceux avec qui il vivait ; il exagérait leur importance : « ils étaient thaumaturges, » disait-il, inspirés de l'Esprit-Saint, ils faisaient des miracles ! Tout cela, « pour se faire valoir » lui-même. On ne doit pas en croire un mot ; et la preuve, c'est qu'alors il ne parle plus avec la même netteté : il hésite, il ânonne, il bredouille ; lorsqu'il constate un miracle, « son récit s'embrouille ; » ne l'avez-vous pas remarqué ? Quant à saint Paul, vous verrez tout à l'heure ce qu'il faut penser de sa probité et de sa sainteté.

II.

Ses résultats. C'est ainsi que saint Paul fonda ses églises de Grèce, de Macédoine et d'Asie, composées d'éléments bien peu estimables, comme je viens de vous le montrer : Un tas « d'esclaves, » de petites gens, la canaille ; à Corinthe, tous, sauf un seul, n'avaient « aucune instruction. » Puis, ne vous abusez pas : vous seriez tenté, d'après la lecture des *Actes des apôtres*, de vous figurer des conversions en masse, des églises nombreuses, des pays entiers, adoptant le culte nouveau. Or, « c'est une illusion d'optique : » Saint Paul avait très peu fait, en ces quinze ans de prédication; il avait « prononcé le nom de Jésus dans un pays, une dizaine de personnes s'étaient converties, le pays était *censé* évangélisé! » Savez-vous ce qu'étaient ces fameuses Églises de Corinthe, d'Éphèse, etc.? Les vingt-six personnes qu'il salue comprenaient à peu près toute l'Église à Éphèse; toute l'Église de Corinthe « tenait dans une maison; » ailleurs, c'était moins encore : « une Église souvent ne renfermait pas douze ou quinze personnes. » C'est bien peu de chose, comme vous voyez. Et, encore, ces Églises étaient-elles peu solides : au bout de quelques années, il n'en était plus question, elles avaient disparu. Et les chrétiens parlent de la difficulté qu'eut leur religion à se fonder! Ils se moquent vraiment; elle ne s'était pas fondée du tout!

Voyez, du reste, ce qui arrive, quand l'apôtre est en contact avec des hommes distingués et éclairés, les philosophes, les proconsuls, les grands : il n'en gagne pas un. Dans cette ville lettrée d'Athènes, il fait un triste personnage; et, comment en eût-il été autrement? Il admettait « le surnaturel! » Le surnaturel, la résurrection! la vie éternelle! Que venez-vous nous conter, bonhomme! Ces Grecs, si savants, si fins, haussèrent les épaules. Jésus même leur eût parlé, « ces enfants exquis l'auraient accueilli par un sourire. » Sa doctrine était « si inférieure à la philosophie païenne! »

— Cependant, Paulus Sergius, Agrippa, saint Denis, se convertissent, ou avouent être fortement ébranlés.

— Paulus Sergius! Agrippa! saint Denis! un proconsul romain, un roi, un sénateur d'Athènes, des

L'entrevue de saint Paul et d'Agrippa.

hommes de ce rang se convertir ! Mais c'est impossible ! inadmissible ! Pour qui les prenez-vous ? Qui raconte cela ? Le compagnon de saint Paul, saint Luc. Je vous ai déjà expliqué le caractère de Luc : il était vantard, Gascon ; — il y a des Gascons en Grèce, et beaucoup ! Ajoutez que c'était un homme « grossier, » de peu de lumières et d'esprit : en racontant ces conversions, il était complètement dupe ; il ne comprenait rien au langage des grands personnages. Il a pris pour un engagement sérieux ce qui n'était que forme de politesse. Son maître, lui, a bien vu ce qu'il en était : il avait, à la fois, plus d'intelligence et d'usage du monde. Avec quel tact il se comporte dans son entrevue avec Festus et Agrippa !

Le secrétaire Luc a donné à cette conversation une importance, une solennité ridicules. Lisez les *Actes des Apôtres*, chapitres 25 et 26 : « Festus, s'étant assis sur le *tribunal*, commanda qu'on amenât Paul... Les juifs se présentèrent autour du *tribunal*, accusant Paul... Paul répondit : Me voici devant le *tribunal* de César, et c'est là qu'il faut que je sois *jugé*. »

« Agrippa et Bérénice vinrent avec grande pompe, et, étant entrés dans la *salle des audiences*, avec les tribuns, Paul fut amené par le commandement de Festus. Alors Agrippa dit à Paul : *On vous permet de parler* pour votre défense, etc. »

Ne dirait-on pas une cour d'appel, une séance d'apparat, des juges sur leurs sièges et un accusé sur la sellette ? Que cela est lourd et pesant ! C'est le récit d'un pauvre diable, ébloui, ahuri d'avoir entrevu la cour d'un roi ; il en fait une scène de mélodrame !

Les choses se passèrent beaucoup plus simplement et légèrement, comme il convient entre gens de bonne compagnie, qui suivent le conseil de Voltaire : « Glissez, mortels, n'appuyez pas, » et causent agréablement, sans pousser les questions jusqu'au bout, toujours courtoisement, cédant tour à tour, et sur un ton de fine raillerie. A un moment, Agrippa dit, en riant : « Vous allez me convertir ! » Vous reconnaissez là l'enjouement d'une discussion de salon, « un grain de plaisanterie se mêle à la conversation. » Saint Paul ne s'y trompa point : aimable, « avec son esprit-ordinaire, il se mit au ton de l'assistance. » C'était un homme si plaisant ! Il parla, en souriant, avec le proconsul et le Roi, de toutes ces grosses questions de métaphysique, de philosophie, de religion, qui n'avaient pour lui rien de plus certain que pour eux, et « finit par souhaiter à tous de lui ressembler, — excepté par ces chaînes, ajouta-il, avec une légère ironie. » Toujours l'homme qui sait vivre et parler aux grands ! Il avait beau être tapissier, il était homme du monde, il faut lui reconnaître cette qualité (1).

III.

Maintenant, revenons à Jérusalem. Vous vous figurez Jérusalem, où étaient demeurés les principaux apôtres, saint Pierre, saint Jacques, etc., comme le centre de la doctrine inaltérable, de la foi et de l'autorité, dont saint Pierre, le premier Souverain pontife, devait transporter le siège à Rome, la seconde Jérusalem. Oui, certes, Jérusalem, c'est Rome ! Elle en fut tout de suite le type et le modèle; elle en a tous les caractères : petitesse de vues, esprit d'intrigue, fausseté, préjugés, orgueil, « fanatisme intense, » tous les défauts qui feront de la cour de Rome « le

(1) Pour toute réfutation de cette parodie, on prie seulement le lecteur de vouloir bien lire les chapitres XXV et XXVI des *Actes des Apôtres*, et quel qu'il soit, on s'en rapporte à sa sincérité pour déclarer où est la vérité et le mensonge.

fléau de l'Église et le principal agent de sa corruption. »

Et quoi d'étonnant, quand on connaît ceux dont était composée l'Église de Jérusalem ! Saint Pierre, intelligence étroite, « opposé à tout ce qui peut faire l'Église grande, » caractère « faible, » sans consistance, — par conséquent, « dissimulé, » toujours prêt à donner des entorses à la vérité, à « biaiser, » afin de contenter tout le monde ; bon homme, au fond, mais un pauvre homme !

A côté de lui, saint Jacques, vraie figure d'inquisiteur, dur, pédant, superbe, irritable, jaloux, opiniâtre, comme tous les hommes à courte vue, n'ayant jamais rien compris à la doctrine du Christ, « il faisait tout pour contredire Jésus ; » s'attachant uniquement aux pratiques du culte, aux « pratiques mesquines » et inutiles, à des momeries de vieille femme, bref, un dévot ridicule, un vrai « bonze juif, un talapoin ! »

Autour de ces deux chefs, des gens d'un esprit plus « étroit » encore, soi-disant chrétiens, mais en réalité demeurés Juifs, des pharisiens mal convertis, orgueilleux, qui croyaient seuls conserver la véritable doctrine, enflammés d'un « fanatisme sombre, exalté, » sans cesse prêts à excommunier quiconque ne descendait pas aussi bas qu'ils étaient tombés.

Aussi, cette Église de Jérusalem est-elle un foyer de discorde : on y est divisé en petites factions, on se « jalouse, » on « médit » les uns des autres, on « se calomnie ; » fanatiques contre fanatiques, « tous ces apôtres » se détestent, « se haïssent » et se combattent : « l'image de Jésus y diminuait chaque jour ! » Disons-le, cette « funeste ville » mérite bien les anathèmes lancés par l'Apocalypse contre la Babylone nouvelle, contre la *prostituée des nations !*

Mais l'objet principal de la haine de ces misérables, c'était saint Paul : un seul exemple va vous le prouver.

On lit dans les *Actes des Apôtres* (chapitre XXI) : « Quand nous fûmes arrivés à Jérusalem, les frères nous reçurent *avec joie*. Et, le lendemain, nous allâmes, avec Paul, visiter Jacques, chez lequel les prêtres (les anciens) s'assemblèrent. Après les avoir *embrassés*, il leur raconta en détail tout ce que Dieu avait fait par son ministère, parmi les Gentils. Et eux, ayant entendu toutes ces choses, en *glorifièrent Dieu*, et lui dirent... »

Comment saint Paul y est reçu.

Eh bien, s'écrie M. Renan, que dites-vous de cette réception ?

— Je dis que saint Paul fut reçu à Jérusalem avec joie et affection.

— Erreur ! vous ne comprenez pas, vous ne savez pas lire ! La vérité, la voici : « Les premiers frères que les nouveaux venus (saint Paul et saint Luc) rencontrèrent le jour de leur arrivée leur firent bon accueil; mais il est déjà bien remarquable que ni les apôtres, ni les anciens, ne vinrent au-devant de celui qui, accomplissant les plus hardis oracles des prophètes, *amenait les nations et les îles lointaines, comme tributaires de Jérusalem*. Ils attendirent sa visite avec *une froideur plus politique* que chrétienne, et Paul dut passer *seul, avec quelques humbles frères*, la première soirée de son dernier séjour à Jérusalem. » C'est ainsi qu'il faut modifier l'histoire ! Par une savante exégèse, une étude attentive des textes, un sens nouveau donné aux mots, on découvre ce que saint Luc s'est vainement appliqué à cacher : le mauvais esprit de l'église de Jérusalem, la dissidence profonde qui la sépare de saint Paul, ses dispositions malveillantes à l'égard de l'Apôtre, et les procédés désagréables dont elle use envers lui. La discorde est visible, incontestable, complète !

— Mais quoi ! Vous venez de déclarer, monsieur le *savant*, que les succès de saint Paul étaient de très pe-

tite importance, « *presque nuls ;* » que les prétendues
églises fondées par lui comptaient à peine *quelques
centaines* de prosélytes, et que, si nous nous imaginions
le contraire, c'était « *un effet d'optique.* » Que signifient donc, si ces chiffres sont vrais, ces expressions
emphatiques : « Saint Paul *amenait les nations et les îles
lointaines comme tributaires de Jérusalem ?* » Un des
deux : ou ses succès étaient *presque nuls,* comme vous
le disiez d'abord, et si les apôtres de Jérusalem montrent quelque froideur pour le missionnaire qui a obtenu de si minimes résultats, pourquoi vous indigner?
Ou, si saint Paul *amenait les nations,* etc., ainsi que
vous le dites maintenant, vous nous trompiez donc,
quand vous assuriez que ses succès étaient *presque
nuls,* et vous altériez sciemment la vérité!

IV.

Ce que
M. Renan sait
tirer des textes.
C'est qu'il est un moment où l'imposture ne peut
s'empêcher de se déceler : ce *savant* oublie ce qu'il
vient de dire, et vous dit le contraire. C'est un des caractères propres au mensonge et qui ne manque jamais : Dieu l'en a marqué, afin de le faire reconnaître, et de l'accabler sous le mépris qui lui est dû. Cet
historien s'applique soigneusement et même avec
affectation et surabondance à appuyer son texte de
nombreuses notes qui renvoient aux ouvrages origi-
naux; et tous les lecteurs sérieux qui ont voulu tenter
ce contrôle ont été complètement désappointés. Un
savant et éloquent prélat, Mgr Freppel, entre autres,
croit pouvoir affirmer que, très souvent M. Renan
ignore les questions qu'il traite, et même qu'il *altère
les textes* (1). Étonné d'une allégation contraire à l'o-

(1) *Examen critique de la Vie de Jésus.*

pinion reçue, vous en cherchez la preuve à l'endroit
qu'il vous indique des *Evangiles*, des *Épîtres* ou des
Actes des Apôtres; votre étonnement devient encore
plus grand : ou vous ne trouvez rien de ce qu'il al-
lègue, ou c'est tout à fait l'opposé. Après avoir tenté
plusieurs fois la contre-épreuve, vous cessez, vous ne
feriez que perdre votre temps.   -

Mais alors, il se produit un autre phénomène dans
votre esprit : ayant contrôlé dix fois, vingt fois, les
récits de M. Renan, et les ayant sans cesse trouvés
faux, altérés ou inventés, vous entrez partout en dé-
fiance : à tout ce qu'il rapporte, vous vous demandez
ce qu'il y a là de vrai, s'il y a même quelque apparence
de réalité, et si ce n'est pas une suite de contes, de
rêves ou de fantaisies. C'est comme un roman, où l'on
soupçonne qu'il y a peut-être un fond vrai, mais si
amplifié, arrangé et dénaturé, qu'il est impossible
de discerner la fiction de la vérité. On a dit de Walter
Scott qu'il faisait des romans plus vrais que l'histoire;
M. Renan fait des histoires moins vraies que beaucoup
de romans.

V.

Mais M. Renan n'en a pas fini avec saint Paul :
Maintenant, reprend-il, nous pouvons nous faire une
idée exacte de saint Paul, je vais vous montrer son
portrait : je m'y suis appliqué, je n'y ai épargné ni le
soin ni le temps, c'est une œuvre achevée.

Vous regardez, et vous reculez d'étonnement, d'indignation, d'effroi et d'horreur.

Quelle laideur! quelle expression basse et méchante!
C'est un monstre!

Oui! dit M. Renan, regardez ce front, est-ce bien
celui d'un homme médiocre, « inintelligent, » « sans

talent, » incapable de prononcer un discours suivi et méthodique. « Pauvre d'expressions, » il s'emporte tout de suite en des exagérations de langage déplorables; aussi n'a-t-il « qu'un discours uniforme, » toujours le même.

Il croit, pourtant, bien parler, il s'écoute, il a « des prétentions oratoires. » C'est qu'il n'est pas seulement « ignorant, » c'est un « esprit borné, » et qu'on ne peut prendre au sérieux, car lui-même n'est « pas sérieux! »

Quant à son caractère, sa physionomie dit bien ce qu'il est : un homme «personnel, » égoïste, qui ne voit que lui, qui ne connaît que lui, ramène tout à lui. D'une « activité fébrile, » son « orgueil est insupportable, » il a besoin « d'être chef, » et il faut « que tous lui cèdent. » De « quel ton » il parle à ses subordonnés! Il leur fait sentir « durement » son autorité, avec un accent «impérieux, roide, âpre, cassant, » qui vous « choque » dès le premier mot. Mais il se soucie bien d'être aimable, de « faire de la peine aux autres! » « Acharné sur ses prérogatives, » il ne souffre pas qu'on les lui conteste.

D'une « susceptibilité » qui s'éveille à la moindre objection, il dispute avec une « subtilité chicaneuse, » qui vous aigrit et vous irrite, ou « il s'emporte » en des violences qui font trembler ses disciples; il les « écrase! » Avec cela, « fanatique » à l'excès, et se livrant à ses entraînements « sans réflexion, » comme un « inconsidéré » qu'il est, incapable de « réfléchir une heure! » «Jaloux, envieux, » la jalousie « fait le fond de son caractère; » « vantard, » à tout instant il « se propose pour modèle. » Imaginez-vous un caractère plus « désagréable, » plus répulsif, disons le mot, plus «antipathique! »

Si vous examinez ses yeux effrontés et faux, sa bouche aux lèvres serrées et au sourire équivoque, rien de son âme ne vous sera caché. C'est bien là un véritable « charlatan, » qui a son thème fait, « un parti pris, » qui s'est composé un maintien, une figure ; un « hypocrite, avec des apparences d'humilité, » de qui l'on peut dire qu'il « est plus habile que sincère. » Jugeant les autres d'après lui-même, « prêtant à ses adversaires de basses pensées, » enfin, pour arriver à son but, méconnaissant les services et les hommes qui les lui ont rendus, hardiment « ingrat... qu'importe un grand crime de cœur! » Et l'on a fait de cet homme un saint! Est-ce qu'il savait seulement ce qu'est la sainteté? S'il en avait une idée, c'était « une idée étroite. » Il n'était même « pas bon. » Ce n'est pas saint François d'Assise ou Gerson qu'il faut lui opposer : « Marc Aurèle, » qui sacrifiait aux dieux sans y croire, « Spinosa, » le panthéiste, étaient plus saints que lui, « ont été plus loin dans la sainteté! »

Aussi, quelle pouvait être sa doctrine? Outre qu'elle ne lui appartient pas (il l'a empruntée « en partie aux livres hébreux »), il n'y a qu'un mot pour l'exprimer : elle est « dangereuse, » ses écrits, au point de vue politique, « sont un danger! »

Voilà cet *Apôtre des nations*, sur le compte duquel, d'ailleurs, personne de son temps ne s'abusa : non seulement les chrétiens de Jérusalem, mais ceux des autres Églises, lui firent l'opposition la plus vive et la plus constante : c'est lui qui « est désigné sous le nom de Simon le Magicien, le Simoniaque, le Menteur, etc. »

Saint Jean l'avait percé à jour : « l'Apocalypse est un cri de haine contre saint Paul. » Par des moyens équivoques, il avait établi çà et là quelques « petites sociétés, » qui ne durèrent pas. Plusieurs rompirent avec lui; ici, « on le contestait, » là, « on le reniait. » Une fois mort, « il fut oublié » tout de suite, on ne parla plus de lui. Quoi ! que dites-vous? Qu'Eusèbe raconte que les chrétiens d'Asie, de son temps, avaient l'habitude de porter sur leur poitrine le portrait de saint Paul. Qu'est-ce que cela prouve? l'Asie n'est qu'une partie du monde. Dit-il qu'on avait cette habitude à Rome, en Grèce, dans la Gaule, en Espagne? Non ! Donc, on n'y connaissait pas saint Paul, on ne savait ce que c'était ! Je vais vous le dire, moi, ce que c'était : un homme détestable, peu honnête, des moins estimables, et son œuvre, peu de chose, ou plutôt rien !

VI.

Le sophiste.

Et, ici encore, vous ne pouvez vous empêcher de faire une réflexion : Pourtant, le Christianisme existe ; il a été enseigné par toute la terre ; les nations qui mènent la civilisation sont les nations chrétiennes, et l'on peut prévoir le jour où le monde entier sera chrétien, sous peine, et nul n'en doute, de retomber dans la barbarie. Quoi ! de tels résultats obtenus par des hommes aussi dignes de mépris et d'horreur !

C'est là la conséquence que tout homme qui pense tire de ce qu'on vient de lire : ce que raconte M. Renan est moralement impossible, et cette conséquence, lui, il ne la voit pas ! Comment cela se fait-il?

C'est que M. Renan est un *sophiste*. Qu'est-ce donc qu'un *sophiste*?

On rencontre dans le monde des malheureux qui manquent d'un ou de plusieurs sens : ils sont aveugles, sourds, muets; parfois il ne leur reste que le toucher. Il y a, dans le monde moral, des hommes à qui surviennent les mêmes infirmités : ils n'entendent pas ce que tout le monde entend, ils ne voient pas, ils ne goûtent pas, ils ne sentent pas; ils n'ont même plus le tact, on dit d'eux : ils ont perdu le *sens moral;* ce sont les *sophistes.*

Les malheureux affligés d'infirmités physiques ne les ont pas tous contractées par leur faute; c'est souvent par hérédité, par succession, non pas injustement pourtant : si l'on pouvait connaître les causes cachées, on verrait des crimes, des péchés punis longuement par Dieu dans les descendants, et dont le spectacle, la prévision et l'horreur seraient propres à arrêter l'homme près de se jeter dans le précipice du vice, où il se pénétrera d'un venin qui infectera lui et toute sa race.

Mais, il y a cette différence entre l'infirmité physique et l'infirmité morale, que *l'infirmité morale est volontaire;* les hommes qui sont moralement infirmes le sont par leur faute, parce qu'ils l'ont voulu. Ils ont d'abord fait faire des concessions à leur conscience qui résistait et repoussait des actions douteuses; ils ont commencé à discuter avec la vérité, puis ils en sont venus à dire le contraire de la vérité; et, enfin, dire le contraire de la vérité leur est devenu une habitude, comme une seconde nature. Ils se sont éloignés, lorsque la vérité leur parlait tout bas; ils ne l'entendent plus maintenant, quand sa trompette d'airain retentit par toute la terre. Ils ont une callosité sur l'esprit, le tympan de leur conscience est brisé, une cataracte couvre leur raison. De toutes leurs facultés, il ne leur reste que la parole, la parole pour mentir, comme les êtres déchus, les démons.

Ce sont ces hommes qu'on appelle des *sophistes;* M. Renan est un sophiste.

C'est d'un regard louche qu'il voit les idées, les pensées, les doctrines, les événements et les hommes. Il ne regarde pas droit devant lui, il ne dit jamais : *Cela est, cela n'est pas!* A travers les phrases entortillées dont il enveloppe sa pensée, on ne saisit pas ce qu'il dit : affirme-t-il ou nie-t-il? Il n'affirme ni ne nie : *on raconte,* dit-il, *on prétend.... il semble.... sans doute.... probablement.... peut-être.* C'est la forme employée par les philosophes païens, quand ils parlent de l'immortalité de l'âme, de la vie future, des plus importants sujets. Et ces mots vagues donnent à ceux qui l'écoutent une impression d'inquiétude : Est-ce un corps qu'on entrevoit ou un nuage, un homme ou un fantôme? ce bruit, est-ce le vent, ou une voix? Un malaise général vous envahit, une crainte irraisonnée vous oppresse ; comme dans ces rêves où l'on est emporté dans le vide, on vole dans les ténèbres, on roule dans l'espace, on a peur, et l'on prévoit qu'on va être précipité dans un abîme.

C'est dans ces ténèbres que, lui, il se complaît ; il s'y est établi, il y disserte, et se délecte à décrire les figures flottantes qui y passent. A voir la tranquille assurance avec laquelle il va de travers, voit et entend le contraire de tout le monde, on est saisi de stupeur ; son infirmité est devenue naturelle, et il ne s'en doute pas ; le soleil ne fait plus briller ses yeux, et il n'a pas conscience que le soleil existe !

Quelle est la cause de cet état épouvantable et misérable? La cause? Il est une heure solennelle de la vie, où le tentateur fait appel à tout homme : « Es-tu pour Dieu ou pour moi? Avec Dieu la peine, avec moi tous les biens de ce monde. Viens, je te les donne ! les voici ! » A cette sommation, lui, il a tout de suite capitulé ; il a ouvert à l'ennemi les portes de sa conscience : « Je suis à toi !» Et aussitôt, il a pris les allures, les manières, la démarche, le langage de son maître, l'esprit du Mal ; et il a commencé à dénigrer, à railler, à mépriser. N'est-ce pas juste? Il s'est rendu, il est captif, esclave ; il a la bassesse de l'esclave, il méprise parce qu'il rampe !

Et, en même temps, il hait : il hait la religion du
Christ, le Christ, et ses disciples, et tous ceux qui ont aidé
à élever le prodigieux édifice du Christianisme, dont
lui-même fut quelque temps un des ouvriers. Il s'est
mis devant l'Église, et passant en revue toutes les parties du monument, examinant un à un tous les détails,
il vous en montre les défectuosités, et tout lui paraît
des défectuosités; pas un saint qu'il honore, pas un
grand caractère qu'il respecte. Il a perdu une des
plus nobles facultés de l'homme, la faculté d'admirer,
car : « ceux qui sont habituellement occupés à chercher et à découvrir des fautes, finissent par ne plus
trouver aucun plaisir à la contemplation du bon et du
beau (1). »

VII.

A cette critique incessante et infinie, il a consacré
toutes ses forces, toute sa vie : il n'a jamais fini ses re-
marques et ses censures, il y revient constamment.
On le croit occupé à un autre sujet; tout à coup, il se
détourne et lance sur le Christ, les apôtres, ou les
saints, un trait perfide, empoisonné. Le combat fini,
il rôde sur le champ de bataille et, craignant de n'a-
voir pas fait assez, il donne aux blessés un dernier coup
de crosse, au cas qu'ils ne soient pas mortellement atteints.

Le Christ, il ne néglige jamais l'occasion de lui ar-
racher quelques-uns des ornements dont il l'avait
jadis paré avec des adorations simulées, des génu-
flexions exagérées, des respects dérisoires ou des
commentaires injurieux : « Jésus ! » disait hier M. Renan, mais il est vraiment « Dieu, » c'est-à-dire, « un
grand poète, un homme d'imagination, qu'une fleur

Portrait
de Jésus par
M. Renan.

______

(1) Burke.

enchantait ! » C'était « un homme d'esprit, » et même assez retors : « il savait très bien se tirer d'embarras par quelque mot charmant. » On l'a, il est vrai, singulièrement surfait : saint Paul était bien plus fort que lui (ce saint Paul que vous savez). Jésus est « un Juif, toujours resté Juif, » qui n'a jamais « rompu avec le Judaïsme. » Il n'a jamais été « si loin que saint Paul, » il ne se doutait pas de ce qu'on tirerait de sa doctrine; c'est saint Paul qui l'a développée, qui l'a fait ce que nous le voyons : « saint Paul a créé Jésus ! »

Cela est fort heureux, du reste, car vous savez que « parfois *sa raison se troublait :* des traits d'illusion ou de *folie* ont tenu une grande part dans sa vie.... et il est probable que beaucoup de ses fautes ont été dissimulées ! »

Aujourd'hui, M. Renan consent encore à reconnaître à Jésus-Christ un certain nombre de qualités : il admet, par exemple, avec Voltaire, que Jésus ne prêchait pas l'immoralité : « Il *adopta* des maximes excellentes. » Oui, vraiment, des maximes que, lui, Renan, approuve. Dans les Évangiles, « il est réellement acceptable, » acceptable « pour l'art, pour le goût, pour la morale, pour le *sens moral,* » le sens moral de M. Renan. M. Renan applaudit Jésus, il protège Jésus, il encourage Jésus; le ton dont M. Renan le prend avec Jésus atteste combien M. Renan est au-dessus de Jésus !

Des Apôtres. Les Apôtres, il les traite avec plus de sans façon encore, cela va sans dire : il a fait de saint Pierre un Prudhomme, de saint Jacques une caricature, rendu saint Luc suspect; on a vu le portrait qu'il a tracé de saint Jean, de saint Paul, de saint Justin. De même, saint Polycarpe, le disciple de saint Jean, était un homme « honorable, » mais auquel on ne peut guère se fier ; il avait la manie « de parler abondamment ; » ce qu'il rapporte de saint Jean, ne peut passer pour exact, pour vrai : « c'est arrangé. » Je ne prétends pas qu'il ait fait ces contes, ces mensonges « de toutes pièces, » mais, enfin, vous êtes prévenu ! Saint Jérôme, un mot suffira pour savoir le cas que vous devez faire de lui. Ne dit-il pas que... Oui ! « avec son inexactitude ordinaire ! » Écoutez-le maintenant, si vous voulez !

Et les martyrs ! Voilà, pour le coup, une légende ! Les martyrs n'étaient rien moins que ce que vous croyez, des chrétiens intrépides, fermes dans leur foi, énergiques à la confesser, héroïques dans les supplices et dans la mort. D'abord, si on les traînait au supplice, c'était leur faute. La plupart étaient des gens à l'esprit « lourd et étroit, » « des fanatiques, » violents et haineux, agressifs, « taquins, » et qui, presque toujours, avaient tous « les torts. » Croiriez-vous qu'ils osaient opposer la pureté de la doctrine du Christianisme à « l'immoralité du Paganisme, » « reprocher aux païens » la vie et les mœurs de leurs dieux, railler les philosophes riches et largement *pensionnés !* Comme si c'était un crime de toucher un traitement, ou d'être chargé de missions du gouvernement ! Comme si l'on « ne pouvait pas être *pensionné !* » Ils ne savaient pas vivre, « ils ne mettaient pas dans leurs luttes les égards désirables. » Eh bien, on les mettait sur le gril, on les jetait aux lions, pour leur apprendre à vivre !

— Oui, on les exposait aux bêtes, on leur brisait les membres, on les brûlait vifs, et ils supportaient ces horribles supplices sans se plaindre, les regards attachés au ciel, foyer de leur force et but de leur espérance.

— C'était bien difficile, ma foi ! Tout le monde sait aujourd'hui comment les choses se passaient. Ils mouraient sans douleur, ils ne souffraient même pas. Pour quelques-uns, « l'exaltation et la joie de souffrir ensemble les mettaient dans un état de quasi anesthésie (1). » Quant à la masse, il y avait, parmi les chrétiens, des magnétiseurs, des somnambules, des *spirites* distingués : » avant le supplice, on appelait le spirite; il arrivait avec son appareil « d'anesthésie, » son éponge imbibée de chloroforme, d'éther ou de quelque autre substance inconnue, qui ôtait au condamné toute sensibilité (les païens ne connaissaient pas ces substances; les chrétiens avaient déjà des alchimistes). En quelques minutes, c'était fait : le martyr tombait dans un engourdissement physique et moral, il ne sentait plus rien, son esprit était « halluciné, » et son corps en état de « catalepsie, » c'est-à-dire, comme mort. Vous objectez que quelques-uns, devant les supplices, faiblirent cependant et abjurèrent leur foi. C'est que le *médium* était mauvais; ils avaient été incomplètement magnétisés.

Il est aisé, ainsi, comme vous le voyez, de paraître un héros, et d'exciter l'admiration. Allez ! allez ! la *science* a fait de bien autres découvertes, qui anéantissent votre surnaturel. Les martyrs ! Épictète, le philosophe stoïcien, a souffert autant que les martyrs, et a été aussi « héroïque, » pour le moins; pourquoi ne passe-t-il pas pour un saint ? C'est « qu'il n'a pas eu de légende, » et les martyrs en ont une, eux; voilà tout !

VIII.

 C'est la haine sombre, féroce, la haine de l'apostat,

(1) E. Renan, *Marc-Aurèle.*

qui ne peut s'empêcher de jeter des regards de côté vers ceux qu'il a quittés, et qui affecte une indifférence qu'il n'a pas. Car l'indifférent ne s'occupe pas des gens, n'en parle pas, n'y pense pas; lui, au contraire, il insulte sans cesse ses anciens amis, ceux avec qui, chrétien, il vivait, conversait, pensait; il cherche toutes les occasions de les injurier.

Et, comme il pose sans cesse, afin de se faire passer pour ce qu'il n'est pas, il pense bien que les hommes pénétrants ne s'abusent point, et c'est pourquoi il ne se lasse pas de revenir sur son système de mensonge, de répéter qu'on peut feindre, tromper, mentir, et que c'est non seulement permis, mais obligatoire, forcé, naturel. Il ne se contente pas de l'affirmer, il en fait une théorie. Au fond, dit-il, y a-t-il quelque chose de vrai? Peut-on jamais l'affirmer? En tout, il y a du vrai, du faux, mais la vérité même, elle n'existe pas! Si donc, *il n'y a rien de vrai*, pourquoi y ajouter foi, y croire, jurer par cette vérité qui n'est pas? c'est absurde! « Être obligé de *croire à quelque chose est un vrai non sens!* »

Vous vous révoltez, je vous fais horreur! Vous m'appelez « le premier né de Satan! » (Ce mot d'une histoire qu'il rapporte, il se l'applique à lui-même, car il sent que c'est ce qu'on pense.) Eh non! Je ne suis pas « le premier-né de Satan, » pas plus que vous! Vous ne savez, pas plus que moi, ce qu'il y a de vrai. Vous en voyez une partie, un coin, en regardant de biais; mais la vérité même, encore une fois, personne ne la possède, personne n'y croit, pas même Jésus! Que dit Jésus? « Ceux qui ne sont pas contre vous sont pour vous! » Voilà le bon sens, voilà la sagesse!

Et tous ceux qui ont examiné sagement les choses, ont pensé ainsi : voyez les saints Juifs, Tobie, les savants rabbins du Moyen âge, Joseph Albo; est-ce qu'ils

croyaient à quelque chose, à l'immortalité, à la vie
après la mort, à la récompense de leurs vertus dans
l'éternité? Nullement! Tobie pensait « redevenir terre; »
les Juifs du Moyen âge se laissaient déchirer, massacrer, « sans espoir, » sans croire à toutes « ces *inventions de l'imagination…, à ces chimères* d'une vie à venir. » Certainement il leur paraissait dur de reconnaître que « le devoir est sans compensation, » mais, au
fond, et c'est très probable, ils croyaient que Dieu
« a bien pu *se moquer* des hommes, en leur imposant
le fardeau » de vivre dans la peine et de souffrir l'injustice pour rien. Ce qui veut dire, en somme, qu'ils
ne savaient s'il y a un Dieu; car qu'est-ce qu'un Dieu
qui se moque des hommes? Y a-t-il un homme de
bon sens qui le puisse admettre et comprendre?

La torture
du doute.

Ainsi, voilà où il en est arrivé : à douter de Dieu,
à ne pas croire en Dieu, et à trouver (il le dit, du
moins) que son état est ce qu'il y a de plus raisonnable et de plus heureux. Il ne croit plus à rien, à la
vie à venir, à l'immortalité, à son âme, par conséquent.
Le Père Gratry, quand parut le premier volume de
M. Renan, la *Vie de Jésus,* et qu'il lut ces insultes,
ces sarcasmes, ces outrages au Christ, mêlés à des
compliments et des éloges encore plus injurieux (« Il
y a des louanges qui médisent, » a dit La Rochefou-
cauld), ne put retenir son indignation, et ce prêtre si
doux, si bienveillant et si aimant, jeta à l'insolent sophiste les brûlantes invectives d'un cœur soulevé de
dégoût.

A d'autres il inspire de la pitié, car il n'est point de
parfait athée; personne qui jamais ne se dise : « Si Dieu
existe, pourtant! » qui ne tienne incessamment ce
monologue avec lui-même, ne le laisse, ne le reprenne,
malgré lui, ne fuie devant ces questions sans cesse

présentes, puis n'y revienne, pour les regarder en face avec épouvante.

Et comme il n'est pas de tourment plus grand que cette inquiétude, cette incertitude; que celui qui est entre les mains du doute en est déchiré, mordu comme par des pinces, sans qu'on en voie rien au dehors; qu'il crie en dedans, sans qu'on l'entende, et souvent, au moment même où il souffre le plus, est forcé de paraître plus insensible; comme ce supplice reprend tout d'un coup, sans qu'on s'y attende, et croît en intensité, à mesure qu'il dure, ainsi qu'un feu qui augmenterait en vous poursuivant; quand je pense que ce malheureux, ce savant, cet homme d'imagination, est livré à cet épouvantable supplice, dont il dissimule les tortures, mais qu'on devine, comme, par les interstices d'une porte, on voit un incendie qui dévore une maison, je suis saisi de commisération pour cette âme, et l'horreur que j'éprouve de son crime s'évanouit devant la pitié que m'inspire son châtiment.

Mais non, je me trompe, il ne souffre pas, il n'est pas tourmenté par le doute; au contraire, il est très calme, très serein, très tranquille, si calme qu'il converse d'un ton enjoué avec ses amis, et s'amuse à plaisanter, à aiguiser des épigrammes et à faire des phrases.

Aujourd'hui, il veut dire quelque chose de la morale; il a pris pour prétexte Marc-Aurèle (1), et il prétend démontrer que Marc-Aurèle était bien plus grand que Jésus-Christ, et sa morale très supérieure à la morale chrétienne. C'est une entreprise difficile, mais il a sa ressource ordinaire : faire des phrases.

(1) E. Renan, *Marc-Aurèle.*

Marc-Aurèle, dit-il, est l'homme le plus parfait qui ait existé : *Sa sagesse était absolue,* » c'est-à-dire, « *son ennui était sans bornes,* » et, ajoute-t-il, ce n'est pas étonnant : « Le mouvement de la vie dans cette âme était presque aussi doux que les *petits bruits de l'atmosphère intérieure d'un cercueil!* »

On se demande vraiment comment M. Renan a pu connaître *ces petits bruits d'un cercueil!*

« Jamais, continue-t-il, l'union intime avec le Dieu caché ne fut poussée à de plus inouies délicatesses, » et en voilà une preuve qu'on ne peut discuter : « Jamais il ne se soucie d'être *d'accord avec lui-même* sur Dieu et sur l'âme! » Absolument comme moi!

« L'Évangile a vieilli, » dit-il encore, il n'est plus de force à suivre le siècle; le siècle marche vite, va, court, vole, l'Évangile essoufflé reste en arrière; il faut le laisser là, « il a vieilli! » Nous avons un bien autre compagnon, Marc-Aurèle, et son livre, les *Pensées* de Marc-Aurèle. Il a fallu quinze ou seize siècles pour qu'il fût apprécié, mais maintenant on sait tout ce qu'il vaut. Quel livre! il fortifie sans consoler. Oui, « *Il fortifie, mais il ne console pas!* » Au fait, qu'avons-nous besoin d'être consolés? Ne sommes-nous pas tous heureux? Y a-t-il quelqu'un qui ait à désirer quelque chose sur la terre?

Il ne console pas, et il a une autre qualité tout à fait ignorée de l'Évangile : « *Il laisse dans l'âme un vide délicieux et cruel!* » N'est-ce pas la perfection?

L'homme qui fait des phrases.

Ô malheureux phraseur! connaît-il la portée des mots dont il use? Ce vide, c'est l'absence, la perte de toute espérance, de l'espérance du ciel, de la vie à venir, de la pleine connaissance de la lumière, de l'universelle et éternelle science, de Dieu! Quoi de plus horrible que l'effacement, en une âme, de

cette espérance, qui seule donne un sens à la vie!
Et le plus féroce tyran pourrait-il imaginer un plus
parfait supplice que cet anéantissement de toute
espérance, que cet effroyable tourment qui dépasse
toutes les tortures!

Oui, dit-il, cela est cruel, mais, aussi, cela est *délicieux!*

Vous vous étonnez de l'entendre parler ainsi, et,
le voyant au bord de cet abîme, sans qu'il comprenne,
sans qu'il sente, sans qu'il partage les angoisses des
autres hommes, ses frères, vous tremblez pour ce malheureux, pour cet homme aveugle évidemment, qui,
dans un moment, va être précipité dans ce vide sans
fond et sans retour !

Mais, non! il n'est pas aveugle : il voit, il sait, il
comprend, et il sourit. Cet épouvantable effondre-
ment, cette chute irrémissible le fait sourire : quelle
sensation *délicieuse!*

Regardez-le, il n'est pas aveugle! Et, alors, ce n'est
pas de la pitié, c'est de l'indignation que vous éprouvez,
l'indignation qu'inspire cet impudent ricanement d'un
esprit sans chaleur, qui se complaît en de sinistres et
sacrilèges railleries, et c'est avec dédain que vous vous
écartez de ce vaniteux rhéteur, de ce misérable sophiste, qui, sur les plus grands sujets, n'a de souci
que de faire des phrases !

CHAPITRE III.

LA SCIENCE ET L'HISTOIRE.

. Un savant américain , M. Draper. — Supériorité de la Science sur la Religion. — Inventions historiques de M. Draper. — Identité du Christianisme et du Paganisme. — M. Draper théologien. — Les crimes du Christianisme. — Supériorité de l'Islamisme sur le Christianisme. — Apothéose des États-Unis. — Crimes du Catholicisme.

I.

Un savant Yankee.

Il y a entre M. Draper et M. Haëckel la même différence qu'entre l'Américain et l'Allemand, l'homme d'imagination et l'homme positif. M. Haëckel, en qui se résume aujourd'hui la science Allemande, est un inventeur, un utopiste, un rêveur; il a eu une idée qui, il faut l'avouer, n'est pas commune : faire voir, d'une part, un atome, moins qu'un atome, la forme d'un atome microscopique, presque invisible, devenant homme, devenant Dieu; et, de l'autre, Dieu, le créateur du ciel et des mondes, anéanti. M. Haëckel, il est vrai, a beau reculer de plus en plus dans les siècles et les myriades de siècles, il ne peut sortir de cette difficulté : pour que son atome, son germe d'atome existe, il faut bien que quelqu'un l'ait fait, et qui est ce quelqu'un, de quelque nom qu'il l'appelle, sinon Dieu?

Il n'en est pas, néanmoins, embarrassé : il expose, il explique, il commente, il développe son idée, sans paraître se douter de l'impossibilité qu'elle prenne corps. N'est-ce pas là une profonde rêverie?

M. Draper, au contraire, n'invente pas, il critique; il ne construit pas, il démolit; il ne connaît et n'estime que ce qu'il palpe et qui lui apporte profit. Son but, à lui, est de prouver la supériorité de la Science sur la Religion (1), l'incontestable supériorité de la physique, de la chimie, de la mécanique, de la dynamique, etc., sciences qui produisent tout ce qui est utile, commode et avantageux : la glace fabriquée avec du feu ; les machines travaillant jour et nuit sans se lasser ; le téléphone qui permet, à New-York, d'entendre la Patti chanter à Paris ; la vapeur, qui vous fait traverser onze cents lieues de mer en huit jours ; des leviers, des scies et des couperets qui enlèvent les porcs de Chicago comme une plume, les tuent, les disloquent, les coupent, les triturent, les broient, et vous les présentent, sous forme de boudins et de jambons, en deux minutes et demie ; des pinces qui saisissent le corps d'un homme, le poussent sur un gril, dans un four bien chauffé, et, en une demi-heure, le font disparaître, sans qu'il en reste rien qu'une pincée de cendres. Est-il rien de mieux pour vivre agréablement ?

Tandis que la Religion ! La Religion ne s'occupe que d'objets inutiles : *Dieu*, une hypothèse ; l'*âme*, une entité métaphysique ; la *vie à venir*, une pure imagination, des spéculations sans réalité, qui n'ont pour effet que d'enrayer la Science, de retarder les progrès de la Science, de supprimer les bienfaits de la Science. Or, la Science est le bien, la Religion est le mal : donc, il faut anéantir la Religion.

Ainsi va M. Draper, droit à la conclusion pratique : né protestant, il a gardé de son éducation première la haine du Catholicisme ; plus tard, il est devenu Panthéiste, à la mode germanique, comme il convient à un *savant* moderne ; mais avant tout, c'est un Yankee.

(1) Voyer Draper, *Les Conflits de la Science et de la Religion*.

Le trait distinctif de son caractère est une imperturbable assurance à décider de tout : dès qu'il ouvre la bouche, on lève la tête, on le regarde curieusement, et l'on ne peut trop admirer l'aplomb avec lequel il traite de tant de choses, hardiment, doctoralement, sans hésiter, et souvent, oserai-je le dire, sans les savoir.

La Science, dit-il, pousse l'Humanité en avant ; mais la Religion l'arrête et la tire en arrière : quoi d'étonnant ! la Religion, c'est la suite de l'Antiquité ; le Christianisme est issu du Paganisme, le *Christianisme, c'est le Paganisme.* Et je vais vous le démontrer.

Que disais-je donc qu'il n'inventait pas ? Cette découverte du *savant* américain vaut bien celles des *savants* allemands.

Comment s'est établi le Christianisme ? s'écrie-t-il. Rien n'a été plus facile : les circonstances s'y prêtaient, « toutes les conditions étaient propres à sa diffusion. » L'Empire romain « avait tout unifié, » toutes les nations ne formaient qu'un seul peuple : plus de guerres, plus de haines ! les hommes ne pensaient qu'à s'aimer, à s'embrasser ; c'était le règne de la Fraternité. Vous parlez des gladiateurs qu'on forçait à s'égorger par milliers, des esclaves jetés aux murènes, etc. ; ce sont des détails insignifiants. Jésus comprit la situation, il n'eut qu'à suivre le mouvement : le Christianisme était fondé.

Pour réussir plus vite, il se servit « d'un moyen que n'avait jamais employé aucune philosophie, » de *missionnaires.* Vous dites que les philosophes anciens ne restaient pas chez eux ; que sans cesse ils voyageaient, pour s'instruire près des maîtres ou former des écoles, Platon en Italie, à Cyrène, en Sicile, Pythagore en Égypte, Aristote en Asie, Apollonius de Thyane, au temps même du Christ, à Rome, en Asie, jusque dans l'Inde et accompagné de ses disciples, et que c'étaient là de véritables *missionnaires*. Je ne sais ce que vous voulez dire, et je n'ai jamais entendu parler de ces voyages-là !

Le Christianisme fit donc les progrès les plus rapides, et sans obstacles. Vous ne sauriez croire, d'ailleurs, combien les chrétiens étaient habiles ! Vous imaginez-vous, par exemple, qu'ils aient pensé à détruire le Paganisme ? Ils n'y songèrent pas : au contraire, ils s'entendirent avec lui, ils firent ensemble un arrangement, « un amalgame » des deux cultes, « une fusion, » comme vous dites en Europe ; pour implanter les nouveaux dogmes, « ils incorporèrent les anciens. »

N'est-ce pas ingénieux ! C'est comme si nos libres penseurs enseignaient le catéchisme, pour faire des athées !

Ainsi, les chrétiens, car j'ai des faits en quantité, adoptèrent les cérémonies du Paganisme, les rites du Paganisme, les formules du Paganisme ; ils prirent tout l'Olympe, et ses dieux et ses déesses, « en le refondant. » A l'Égypte, ils empruntèrent la déesse Isis et le dieu Orus et « en firent la Vierge et l'Enfant-Jésus, » invention curieuse et hardie, car elle supposait que la Vierge et Jésus n'avaient pas existé ; aux Éphésiens, le culte de Diane : les évêques du concile d'Éphèse changèrent Diane en la sainte Vierge, et décrétèrent que désormais elle porterait le titre de *Mère de Dieu*. Les Éphésiens « enthousiasmés » se convertirent en masse. Saviez-vous tout cela ?

De même, des *reliques* : au lieu du *Palladium*, vous vous rappelez le fameux palladium de Troie, ce fut « la *Croix* du Sauveur retrouvée par sainte Hélène ; » les *sacrifices* se transformèrent en *agapes* ; les *Luperca-*

les, les fêtes de Pan, étaient populaires : « pour satisfaire ceux qui les regrettaient, en inventa la *fête de la
Purification de la Vierge.* » Les Empereurs étaient
divinisés, « la *canonisation* remplaça l'*apothéose;* » les
Païens adoraient les *démons,* on rendit un culte aux
anges et aux *saints :* « c'est le même, il n'y a que le
nom de changé. » Bref, le Paganisme tout entier
devint le Christianisme. Le Christianisme « fut fondé
sur le même plan que le Paganisme, » il copia la mythologie grecque, et il eut raison, car c'est « la perfection. » Entre le culte païen et le culte chrétien, il n'y
a pas seulement ressemblance, conformité, « il y a
identité. » Le Christianisme, je vous l'ai dit, n'est pas
autre chose que le Paganisme !

Oh! oui, ces chrétiens des premiers siècles étaient
de bien habiles gens! Et la preuve, c'est qu'ils se laissèrent guider en tout ceci, savez-vous par qui? Par les
opportunistes du temps, par les hommes les plus intelligents et les meilleurs d'entre eux, « les plus sincères, » par ceux qui « s'opposaient le moins » à cet
amalgame des deux religions païenne et chrétienne,
et poussaient, au contraire, à la fusion. Ainsi, il y avait
déjà des opportunistes et des catholiques-libéraux !
Le premier empereur chrétien, Constantin, était un
catholique-libéral. « Il voyait avec faveur le mouvement *idolâtrique* qui se prononçait à sa cour; » à l'occasion, « il rendait des hommages à de certains dieux, »
il tenait, par là, l'équilibre entre les deux partis, les
païens et les chrétiens. Quel politique ! Il eût fait un
excellent roi constitutionel, avec un parlement !

Création
des dogmes. Et les chrétiens — bien entendu, les plus sincères
— n'étaient pas seulement accommodants pour les for-
mes, mais pour les dogmes : tous les dogmes qui

auraient pu contrarier les Païens, ils les sacrifiaient.
Quand ils chargèrent Tertullien d'exposer leur doctrine auprès de l'Empereur, il se garda bien, dans son
Apologie, de parler « du *Péché originel*, de la *Corruption de l'Homme*, de la *Prédestination*, de la *Grâce*, de
l'*Expiation*, etc. » C'est « saint Augustin qui a inventé »
tout cela, au quatrième siècle, deux cents ans après.

Que dites-vous encore? Que ces dogmes se trouvent
dans les autres traités de Tertullien? Comment nom-
mez-vous ces traités? *Le Témoignage de l'âme, L'Incar-
nation du Christ, Contre Marcion, La Résurrection de la
Chair*, etc. (1). Qu'est-ce que tous ces livres-là? Ce sont
des livres faits pour les prêtres! Personne ne les connaît; ils ne comptent pas, ils sont non avenus.

C'est comme le *Purgatoire* : il n'en est pas question
dans les premiers siècles. C'est « au treizième siècle »
qu'il a été inventé; non, attendez! c'est « au septième,
sous Grégoire le Grand, » je crois. Peu importe, du
reste! C'est comme bien d'autres dogmes, sur lesquels
l'Église a gardé longtemps le silence, même le Concile,
j'entends le Concile de 1870! Vous savez qu'on n'y a
parlé ni du *Culte de la Sainte Vierge*, « qui se trouve,
au contraire, virtuellement condamné, » ni de l'*Adoration des Saints*, ni de la *Transsubstantiation*, ni de la
Trinité, ni de *Jésus-Christ!* Quant à *Dieu*, celui que le
Concile dépeint est « le Dieu de la Philosophie, » le
Dieu de M. Jules Simon. Aussi, M. Jules Simon est-il
bien vu au Vatican; son nom a même été prononcé
pour un chapeau de cardinal. Les déclarations, les
œuvres du Concile « portent l'empreinte de la pensée
du siècle. » Toujours les concessions, la fusion, l'opportunisme! L'Église a toujours été opportuniste, elle

(1) Traités cités par le R. P. A. Largent de l'Oratoire, dans sa
savante brochure : *Un Pamphlet américain contre le Christianisme.*

l'était avant M. Gambetta : c'est le secret de son succès !

Comment donc, direz-vous peut-être, la Science persiste-t-elle, malgré toutes ces concessions, à repousser la Religion ? — Ah ! c'est que la Science ne se contente pas de si peu ! La Religion n'en fait pas assez. Si, au moins, elle se déclarait athée !

II.

L'histoire des persécutions et des martyrs est une fable.

Voilà par quelle politique se fonda le Christianisme : personne ne s'y opposa, on le laissa tranquillement se constituer, se développer, s'affermir, s'établir partout, et cette tranquillité dura plus de trois siècles. Mais il alla trop vite, si bien qu'au quatrième siècle, on fut obligé de l'arrêter, et Dioclétien lança un édit contre les chrétiens ; c'est ce qu'on appelle la *persécution*.

Il était temps ; car, savez-vous ce qu'on découvrit alors ? La persécution fut terrible, impitoyable ; on dégrada les officiers chrétiens ; « dans tout l'Empire, il y eut d'horibles massacres ; » l'empereur lui-même ne put arrêter la rage des persécuteurs, « tant les événements furent irrésistibles. » Eh bien ! pas un chrétien ne résista ; les officiers se laissèrent dégrader, les martyrs torturer, sans se plaindre ! Ce qui montre combien les chrétiens étaient redoutables, et le « *péril extrême !* » Puisqu'ils se laissaient ainsi massacrer, ils songeaient donc « à se révolter ! » Les moutons, en effet, ont beau se laisser doucement égorger, il n'en sont pas moins à craindre ; puisqu'ils se taisent, les bouchers doivent prendre garde !

Vous vous étonnez, vous autres, savants de la vieille Europe : jusqu'ici, vous croyiez que la persécution de Dioclétien était la *septième* ou *huitième ;* qu'il n'y avait rien de plus dissemblable que la religion chrétienne et l'idolâtrie; que le Christianisme, loin de dissimuler sa doctrine, avait été tout de suite prêché hautement par saint Paul; que l'*Apologie* de Tertullien était le vrai exposé du Christianisme, un exposé « intégral; » que les païens ne s'étaient pas abusés sur l'importance de la nouvelle religion, et avaient employé, pour s'y opposer, les dernières violences, les prisons, les supplices et les échafauds. Ce sont là des contes! On vous a fait aussi avaler une *Lettre* de Pline le Jeune, où il se montrait inquiet des progrès de la secte naissante; la fable de persécutions nombreuses, une entre autres, sous Néron, qui aurait éclairé ses jardins avec les corps de chrétiens enduits de soufre et de poix. Encore des contes! Tout cela est faux!

J'ai, moi, Yankee, une manière nouvelle d'écrire l'histoire. Vous dites que ces faits sont attestés par les écrivains *du temps*, qu'il y a des *actes* de ces martyrs, que les hommes que vous citez *ont vu* les faits, étaient *présents;* donc, qu'on doit les croire. Je vous dis, moi : Au contraire! le témoignage des contemporains n'a aucune valeur; pour bien connaître les événements, il ne faut pas les avoir vus. Voilà pourquoi nous sommes si savants, nous, Américains : peuple jeune, nous n'avons rien vu, donc nous sommes exempts de préjugés, et discernons nettement la vérité. La vérité est que, jusqu'à Dioclétien, les chrétiens avaient été laissés parfaitement tranquilles; « les empereurs ne firent rien » pour s'opposer au Christianisme, pas plus que « les philosophes pour guider l'opinion de leurs contemporains. » Avant Dioclétien, jamais les chrétiens ne furent pourchassés, accusés d'avoir incendié Rome, emprisonnés, chargés de chaînes, torturés, brûlés, massacrés; avant Dioclétien, il n'y eut ni persécutions, ni décrets, ni supplices, ni martyrs.

Rien n'est plus certain : jamais Celse n'a composé,

dès le deuxième siècle, son fameux livre : *le Discours véritable,* pour démontrer la fausseté du Christianisme ; jamais Lucien, en même temps, n'a impitoyablement raillé le Christianisme, dans son ouvrage la *Mort de Pérégrinus* et ses spirituels *Dialogues* que lisait tout le monde ; jamais Porphyre, au troisième siècle, n'a écrit son *Discours contre les Chrétiens,* et accumulé les recherches historiques et scientifiques pour établir la supériorité du Paganisme sur le Christianisme, etc. Tous ces philosophes, ces satyriques, ces historiens sont une invention des chrétiens, aussi bien que les persécutions des empereurs (1).

J'en ai trouvé la preuve en Amérique, ajoute M. Draper, et elle m'a été confirmée, d'ailleurs, par d'excellents chrétiens, les chrétiens « les plus sincères , » Luther, Mélanchton, « l'évêque anglican Newton, » l'évêque Colenso, qui nie l'authenticité de l'Écriture, etc. Et puis, comment ne le saurais-je pas? aucune science ne m'est étrangère : physique, chimie, physiologie, géologie, paléontologie, linguistique, philosophie, histoire, ethnologie, sociologie, etc. ; je professe, je sais toutes les sciences, toutes, et surtout et particulièrement la *théologie :* « Ma vie a été *tout entière* consacrée à l'étude de la Science et *de la Foi!* »

M. Draper est aussi savant qu'Aristote et saint Thomas d'Aquin : voilà ce qu'il nous déclare avec la modestie ordinaire du Yankee.

III.

Mais il n'a pas fini : il prend à peine le temps de

(1) Pour être juste, M. Draper cite, en passant, une autre persécution que celle de Dioclétien : « C'était, dit-il quelque part, pendant la persécution de Sévère ; » mais il faut faire attention, pour apercevoir cette concession à la vérité.

respirer; il a à nous faire bien d'autres révélations sur les *crimes du Christianisme.*

Que l'on eût bien mieux agi, dit-il, en sévissant immédiatement contre les chrétiens! On n'aurait pas eu à gémir sur les maux incalculables qu'a causés le Christianisme. On ne peut imaginer tous les crimes dont il est coupable, crimes aussi effroyables que peu connus.

D'abord, il se déclara l'ennemi de la Science; il interdit qu'on donnât «aucune instruction au peuple.» Il y avait bien des écoles à la porte des églises, dans toutes les paroisses; mais je suis sûr qu'on n'y élevait que des enfants pour servir la messe, des petits *clergeons,* comme on les appelle dans le midi de la France. L'Église défendit aussi « d'apprendre le grec et l'hébreu. » On cite des *moines* qui lisaient Homère; la première bible *polyglotte,* en sept ou huit langues, publiée par un *cardinal;* l'édition authentique des *Septante* traduite de l'hébreu en grec, par ordre d'un *pape,* ce qui prouverait qu'ils savaient l'hébreu et le grec. Cela ne prouve rien; il y a des pays où l'on parle naturellement toutes les langues : ainsi en Italie, Mezzofanti savait cinquante-deux langues, sans les avoir apprises; rien de plus ordinaire et de plus commun !

Ensuite, je vous dénonce le fameux plan de l'Église, auquel vous aurez peine à croire, plan longuement mûri et exécuté avec des moyens véritablement machiavéliques : la *destruction systématique du genre humain.*

Oui, l'Église n'a jamais eu qu'un but : *anéantir le genre humain!* Suivez son histoire avec attention :

1° « Les papes *appellent* les barbares, » qui ravagent l'Italie, l'Europe entière, pillent, tuent, et quels massacres! ruinent, renversent les palais, les églises, les chapelles, les monastères, tout, jusqu'au ras du sol. Concevez-vous quel profit pour la Papauté, qui eut à restaurer, à relever, à rebâtir tous ces monuments, ce qui lui valut une immense popularité !

2° Les papes fomentent sournoisement, et sans cesse, « des guerres entre les princes, » autre procédé sûr de faire périr des milliers, des centaines de milliers, des millions d'hommes, et, autre profit pour l'Église, soit dit en passant : autant d'enterrements ! Bien plus, par un raffinement *diabolique,* comme vous dites, vous autres chrétiens, ils inventent ce qu'ils appellent les *trèves de Dieu,* qui ne font que rendre les guerres encore plus meurtrières : pendant ces trèves on se reposait, on reprenait des forces, et on ne se battait, on ne se massacrait qu'avec plus de vigueur et d'acharnement !

3° Les papes empêchèrent les enfants de naître : comment? « En ajournant les mariages, » en n'en laissant faire qu'entre vieux et vieilles, qui ne pouvaient plus avoir d'enfants. Les Jésuites, il est vrai, promulguèrent une loi contraire, dans le Paraguay, et poussèrent les Indiens, leurs sujets, à contracter mariage très jeunes, dès leur majorité. Calcul profond : c'était afin de détourner les soupçons et avoir plus de sujets à gouverner.

4° Les papes fondèrent dans tous les pays une multitude de couvents, où ils enfermèrent des millions de moines et de nonnes, perte sèche pour la population. Vous connaissez la loi économique : « La population est proportionnelle au bien-être matériel. » N'objectez pas que *jamais le bien-être n'a été plus grand* que depuis un demi-siècle, en France, et, pourtant, que *la population va toujours en diminuant.* C'est une exception, et, vous le savez, l'exception confirme la règle. Ce qui est certain, ce que le Moyen Age ignorait absolument le confortable, il n'en connaissait même pas le nom : pas de chemins de fer, pas de télégraphe électrique, pas de tramways, pas de fauteuils élastiques, pas de

photographies au charbon, pas de lumière Jabloskoff,
pas de fusils rayés, pas de mitrailleuses, pas de canons Krupp, pas de pianos Erard, et pas d'Opéra ! La
population ne pouvait donc être que très minime.
Cette loi n'a pas été comprise par vos historiens Européens, pas même par ceux qui semblent les plus raisonnables, c'est-à-dire, les moins chrétiens, De la Malle,
Duruy, etc. Ils affirment que la France, aux treizième
et quatorzième siècles, était, au moins, aussi peuplée
qu'au dix-neuvième siècle : ce n'est pas possible, avec
ces millions de moines et de moinesses, quand Paris
n'était qu'une grande *villasse*, sale, sordide, un amas
de pauvres chaumières, « bâties de terre et de boue,
et couvertes de paille et de roseaux ! »

Vos historiens vous cachent cet état misérable; moi,
je vous l'apprends !

Et l'Angleterre ! l'Angleterre, en cinq siècles, « n'a-
vait pas doublé sa population, » malgré ce que disent
vos écrivains d'Europe. Pourquoi la population res-
tait-elle stationnaire? Toujours par la même raison,
« par suite du célibat ecclésiastique. » Heureusement,
vint Henri VIII, roi moral, comme on sait, désinté-
ressé, doux, magnanime et chaste par excellence. Que
fit-il? il supprima net les moines : « Prenez femme,
leur dit-il, et même ne craignez pas d'en changer. Je
me suis, moi, marié six fois ! C'est le moyen de dompter
la chair et d'amortir le feu des passions! » Quant aux
biens des couvents qu'en faire? Il les prit pour lui;
il y fut contraint! Gardez-vous de croire qu'il supprima les moines, parce que les couvents étaient riches; il ne songeait pas du tout au profit qu'il en re-
tirerait! Ce qui le décida, ce fut une raison purement
morale : « les conséquences » qu'entraîne le célibat
le « scandalisaient; » il craignait pour le salut des
moines; il ne put résister aux mouvements de sa cons-

cience et, malgré ce qu'on pouvait dire et penser, il se résigna à confisquer toute la fortune des couvents et à la mettre dans sa poche !

5° Enfin, l'Église employa un moyen plus direct encore d'accroître la mortalité et d'anéantir le genre humain, par un attentat effroyable à la santé publique et à la vie humaine : elle empêcha les pauvres d'être soignés et les malades d'être guéris. N'est-ce pas à faire frissonner ! Point d'hospices, point d'hôpitaux ! Le Moyen âge, ce type des sociétés chrétiennes, n'avait pas d'hôpitaux, ne savait pas ce que c'était que les hôpitaux ! « Le premier hôpital fondé à Paris ne le fut qu'au dix-septième siècle, » sous Louis XIV, « l'Hôtel des Invalides. » On ne comprend même pas pourquoi ce roi en eût l'idée : peut-être est-ce en haine des papes, qui, pendant mille ans, n'avaient absolument « rien fait pour le peuple, pour les pauvres, pour améliorer leur sort ! »

Point d'hôpitaux, point d'*Hôtels-Dieu*, point de *ladreries* (pour les lépreux), de *cacouseries* (pour les cagots ou crétins), de *boudoumies* (pour les pestiférés); c'est l'Église qui a inventé plus tard ces vieux mots, afin de dérouter l'histoire ! Pas d'hôpitaux, et frémissez d'horreur ! *Pas de médecins !* ou tout au moins, bien peu : l'Église, dès les premiers temps, « a fait la guerre aux médecins. » Vous ne vous doutiez pas de cela !

Vous concevez quelle effrayante mortalité devait amener cette accumulation de mesures scélérates, artificiellement combinées par l'Église : invasions des barbares; massacres sans cesse renouvelés par les guerres soigneusement entretenues dans les royaumes; mariages uniquement permis entre vieillards ; bandes innombrables de moines; pas d'hôpitaux, et pas de médecins ! Ces abominables chrétiens du Moyen âge, cent fois plus sauvages que les Sauvages, laissaient périr leurs malades sans médecins! Comment l'Europe, comment une nation, une seule ville, a-t-elle pu résister à un tel régime, subsister un jour *sans médecins!* c'est incompréhensible!

IV.

Ajoutez des « actes stupides, absurdes, » des actes de fou, « les Croisades. » Dans quel but ces Croisades? pour quel résultat pratique? quel profit en a-t-on retiré? qu'y ont gagné le commerce, l'industrie? Pas le plus petit bénéfice, pas une balle de coton, pas un dollar!

Les Croisades n'ont eu qu'un effet : arrêter les progrès du Mahométisme, si supérieur au Christianisme. Tandis que l'Europe chrétienne était enveloppée des « ténèbres de la barbarie, » les Mahométans sauvaient la civilisation et la science. Quel homme que leur prophète! « Ne prononçons son nom qu'avec respect! » Il possédait toutes les qualités et toutes les vertus, même la continence, comme Henri VIII. Il a fondé une religion qu'on peut presque estimer : « S'il y a une religion raisonnable, c'est la sienne; » elle convient, du moins, à ma raison, à moi; j'admets très bien les harems et les eunuques! « Dans ce monde envahi par l'idolâtrie, » — j'entends l'Arabie, le monde, pour Mahomet; l'Europe presque tout entière il est vrai, une partie de l'Asie et l'Afrique connue étaient chrétiennes, mais qui dit chrétien dit païen, — c'est lui qui « a introduit le dogme de l'*unité de Dieu,* » dont personne ne se doutait auparavant, ni juifs, ni chrétiens; lui qui « a vengé la majesté de Dieu par l'épée des Sarrasins. » Il avait un procédé excellent pour convertir les peuples : *Crois ou meurs!* Ceux qui ne croyaient pas, on les tuait; il ne restait que des croyants.

Et quelle admirable histoire! Quels succès! Quels triomphes! J'en suis enthousiasmé, enivré. Les Sarrasins font la conquête de la moitié du monde, chassant devant eux les chrétiens, comme le vent le sable du désert. Coup sur coup, les chrétiens perdent l'Asie, bon! l'Afrique, très bien! une partie de l'Europe, bravo! Ils faisaient alors piteuse mine : le Mahométisme l'emportait partout. Et ses progrès dans tout le reste! Il n'y a que l'Islamisme pour donner une «.vive impulsion intellectuelle, » pour faire avancer les sciences, les lettres, les arts. Ce sont les Sarrasins, les Maures, qui ont rétabli « les collèges, les bibliothèques, les écoles. » Il n'est pas vrai que la bibliothèque d'Alexandrie ait été brûlée par Omar; c'est une calomnie! Je ne suis pas sûr qu'ils n'aient pas inventé les fabliaux et les romans de chevalerie; ces romans sont empreints de l'esprit chrétien, c'est une fraude des chrétiens, on l'y aura introduit plus tard! Que n'ont-ils pas inventé, perfectionné! Ils avaient « un mécanisme commercial » parfait; ils avaient, le croiriez-vous, « des rues pavées, des réverbères et des notaires! » La civilisation ne va pas plus loin!

Ils prohibaient, je l'avoue, la représentation de l'homme : par suite, point de peintres, point de sculpteurs. Eh bien, après? Ne peut-on vivre sans peintres et sans sculpteurs? Qu'a-t-on besoin de tableaux? Madame Beecher Stowe a vu tous les musées d'Italie, et elle n'a rien trouvé de beau dans les Vierges de Raphaël; cela l'empêche-t-il d'être la plus grande romancière du siècle? Parce que les États-Unis n'ont pas de Michel-Ange, en sont-ils moins le pays le plus riche, le plus commerçant, le plus poli, le plus savant, la première nation du monde?

Car nous sommes la première nation du monde, incontestablement! C'est à nous qu'est dû le progrès en toutes choses, toutes les découvertes, toutes les inventions utiles et agréables : « la scie mécanique, les parquets, les glacières, le système des brevets, les vitres, » les Anciens n'avaient pas de vitres, on s'est trompé en croyant en voir à Pompéi; « les annonces, » à quelle perfection ne les avons-nous pas poussées! on dit, par tout le monde aujourd'hui, le *puff* américain; « le dindon, » ah! je me trompe, ce sont les Jésuites qui l'ont apporté de l'Inde, c'est même la seule bonne chose qu'on leur doive. Et « le télescope, et la balance, » que j'oubliais! Et « le microscope, et le photophone, et l'électrophone, » et les monitors, et « le blanchissage par le chlore! » etc., etc., etc., et des milliers d'etc. Et nous inventons sans cesse; bientôt nous ferons *pleuvoir à volonté*. Nous avons déjà une machine qui fonctionne et va dans les nuages. Nous découvrirons tout, et qu'il n'y a pas de Dieu!

Voilà le progrès! Et ces découvertes, ces inventions, nous les avons faites, nous Américains, parce que, plus que toutes les autres nations, nous possédons le sens de la réalité. Nous avons tant de « navires, tant de canons, tant de dollars, tant d'acres de terre, tant de population. » En vingt-cinq ans, nous doublons notre population : « à la fin du siècle, nous serons cent millions. » Suivez la progression : en l'an 2000 *quatre cent millions;* cinquante ans après, *seize cent millions,* plus que la population actuelle du globe, et, en l'an 3000, *trois milliards deux cent millions,* c'est-à-dire, des Américains partout, rien que des Américains, tous Américains, tous Yankees !

V.

Tout cela est exact, M. Draper, bien calculé, bien

compté; vous nous apprenez une foule de choses tout
à fait nouvelles; nous sommes réduits au silence, accablés de vos découvertes, écrasés sous votre science.
Mais veuillez vous arrêter un moment dans votre enthousiasme, et vous rappeler ce·trait d'histoire : Il
existait, il y a environ deux mille ans, au sud de l'Europe, un tout petit peuple, de deux ou trois millions
d'hommes, si pauvre qu'il payait ses ambassadeurs
7 francs 50 centimes par jour; dont les flottes se com-
posaient de barques de cabotage, et les armées auraient à peine formé deux ou trois régiments : il s'appelait la *Grèce*. Il y avait aussi, de l'autre côté de
l'Égée, un empire immense, riche à milliards, qui
possédait toute l'Asie, de la mer des Indes au Pont-
Euxin, qui avait des flottes de milliers de vaisseaux
et des armées de millions d'hommes, la *Perse*. Et,
aux yeux de l'histoire et de la postérité, la grande nation, c'est le petit peuple, la Grèce, et la nation bar-
bare, c'est l'immense empire, la Perse! Craignez que,
malgré ses millions et ses centaines de millions d'habitants, on en dise autant de votre patrie!

Vous vantez la puissance de votre Amérique, et vous-
même vous êtes obligé de constater sa précoce « corruption » : Pillage des administrations, déprédations
impudentes des municipalités et des douanes, apothéose de voleurs millionnaires, absence de tout respect chez les enfants même, « qui n'admettent plus
l'obéissance (1), » libertinage effronté, palais de débau-
ches, avortements réglés, divorces répétés, destruction
systématique des Indiens, règne des *politiciens*, « scélérats, harpies, » comme les appelle le plus important journal de votre pays (2), qui « ont fondé le pire

(1) M. E. Reclus.
(2) Le *New-York Herald.*

gouvernement qu'éclaire le soleil, » et dans lequel, « à quelque degré de l'échelle qu'on s'arrête, il est infiniment plus probable que celui qui occupe un emploi public le *déshonorera*, qu'il ne lui *fera honneur;* » perversité si effrénée, enfin, si ouverte et si impunie, qu'elle étonne la vieille Europe et peut servir de modèle aux peuples les plus vicieux !

Vous avez beaucoup à faire pour vous élever à la véritable grandeur : vos richesses, votre commerce immense, votre population toujours croissante, presque sans limites, ne sont que des accidents, que vous possédez aujourd'hui et qui peuvent vous être enlevés demain ; vos découvertes et vos inventions, des ornements de surface, qui ne pénètrent pas jusqu'au fond. Le fond d'un peuple est le même que celui de l'homme, l'âme, et, « pour gouverner et pour durer, il faut plus que la science des choses physiques, plus que la science de l'homme, *il faut la science de Dieu* (1). » La grandeur d'une nation n'est pas dans le nombre de ses habitants, mais dans son état moral, ses vertus, sa générosité, son désintéressement, et surtout son ardeur à poursuivre, non des choses qui périssent, mais l'idéal, l'idéal vers lequel, malgré les sophistes, aspire sans cesse l'humanité, et qui est le seul bien qui la puisse satisfaire, parce que le perpétuel souci de l'homme est de durer, de vivre toujours, de posséder une vie qui ne passe pas et se perpétue dans l'Éternité !

VI.

M. Draper n'écoute même pas, il a les regards fixés sur un autre avenir. Car, s'il est un Américain positif, il est aussi l'homme de son temps, le *savant* formé

(1) Platon.

par le Panthéisme moderne, et il croit aux fantômes
créés par le Panthéisme, comme le pauvre peuple
aux promesses du Socialisme, qui ne se réalisent jamais. Il admire les théories creuses que, du haut de
leurs chaires embrumées, mâchonnent entre leurs
lourdes mâchoires les, professeurs germaniques : le
monde éternel, le *hasard maître du monde,* le *progrès
indéfini,* etc., et il les répète de sa voix dure de Yankee. Le monde s'est fait tout seul, la liberté de
l'homme n'existe pas, « les événements font les hommes, un fait sort *nécessairement* d'un autre, nous vivons
sous l'empire de la *fatalité,* et nous ne pouvons nous
y soustraire ; » tous les grands esprits sont panthéistes ; tout ce qui a quelque instruction, quelque bon
sens, quelque lumière, « les *classes éclairées,* s'éloi-
gnent chaque jour des croyances religieuses, etc. » Et,
comme il voit la Religion passer à travers ces nuages
et en sortir, ainsi que le soleil, vivante et radieuse, il
s'emporte, il la poursuit de ses cris, de ses insultes et
de ses railleries.

Ah ! l'Église, le Pape, le Catholicisme ! L'Église est
une pépinière de vices, qu'elle cultive avec soin ; en ce
moment même, elle a pour instrument « l'inquisition»,
une inquisition «féroce ; » c'est à faire frémir ! « Avec
les indulgences, » elle encourage tous les crimes :
vous pouvez pécher à votre gré et sans crainte, « vous
en avez le droit ! » Personne n'ignore que les assassi-
nats, les vols, les parricides sont uniquement le fait
de scélérats catholiques pourvus d'une quantité suf-
fisante d'*indulgences !*

L'Église se pare de bienfaits, auxquels elle est entièrement étrangère ; elle prétend qu'elle a aboli l'escla-
vage, ce n'est pas vrai ! qu'elle a, en les convertissant,
civilisé l'Amérique, le Mexique, le Pérou : les Mexicains et les Péruviens étaient très civilisés. Par une

raison philosophique, que l'Église ne connaît pas,
« les hommes font tous la même chose, comme les
abeilles; » donc, les idées religieuses, au Mexique et
au Pérou, « étaient les mêmes qu'en Europe et en
Asie. » Les Mexicains, il est vrai, étaient anthropophages; on leur reproche les massacres d'hommes
par milliers sur les autels de leurs Dieux, les plats de
membres humains servis à la table de Montézuma. Que
parlez-vous, d'anthropophagie ! Vous, Chrétiens, vous
êtes des anthropophages : votre sacrement de l'eucha-
ristie, c'est de l'anthropophagie ! Eux, du moins, ils
mangeaient des hommes pour tout de bon, et la chair
de l'homme est un aliment très sain, très fortifiant,
et, dit-on, d'un goût exquis ! Je dirai plus : s'il est un
peuple chez lequel j'aurais aimé vivre, ce sont les
Péruviens et les Mexicains; on se fait à l'anthropophagie : s'ils mangeaient des hommes, cela n'empêche
pas, que « leur civilisation était très supérieure à la
civilisation chrétienne ! »

Et le Catholicisme ! Le Catholicisme « abêtit » tous
les peuples qui le pratiquent : voyez ce qu'il a fait « de
la France, » la nation catholique par excellence, sous
saint Louis, sous Henri IV, sous Louis XIV, sous Napoléon même, qui rouvrit les églises : « *il l'a paralysée!* »

Le Catholicisme, comme l'a dit votre illustre compatriote, M. Gambetta, voilà l'ennemi ! Le Catholicisme
est l'adversaire, l'antipode de la Science : « il est in-
compatible avec la Science, il détourne de toute ri-
chesse, de toute découverte scientifique. » Son drapeau
est « l'ignorance, » son but, « *l'extinction de la Science.* »
Aussi, ne connaît-on pas de savants Chrétiens dans ce
siècle-ci, pas un seul ! Qu'est-ce que Cuvier, Ampère,
le P. Secchi, Dumas, Moigno, Cauchy, H. Sainte-Claire

Deville, etc., dont on fait tant de bruit? L'un, dit-on, a créé la paléontologie, l'autre, découvert l'électromagnétisme, celui-ci a transformé la chimie, celui-là inventé la télégraphie électrique, cet autre vulgarisé l'aluminium, cet autre expliqué la polarisation de la lumière, cet autre la nature du soleil. Belles découvertes ! cela n'a aucune importance !

De même, dans les autres siècles : point de savants Chrétiens, ou bien des savants rapetissés par la superstition, comme Bacon, qui prétendait que, *plus on savait, plus on se rapprochait de la foi;* comme ce pauvre Pascal, qui attachait plus de prix à son grand ouvrage sur la vérité du Christianisme qu'à son *calcul des probabilités* et à ses découvertes sur la *pesanteur;* comme Képler, qui terminait son livre où il exposait les *Lois du monde* par cette absurde invocation à Dieu, que vous appelez sublime : « Grâces vous soient rendues, ô Maître des créatures, du bonheur que vous m'avez procuré ! J'ai enfin terminé ma tâche; j'y ai mis toute la puissance de mon âme. Autant que ma faiblesse l'a permis, je me suis efforcé de manifester votre gloire aux yeux des hommes. J'ai tâché de raisonner toujours avec sagesse; mais, si quelque chose d'indigne de vous m'est échappé, à moi qui ne suis qu'un ver de terre, né et nourri dans la fange du péché, si la beauté de vos œuvres m'a enorgueilli, si j'ai recherché la gloire qui vient des hommes, éclairez-moi, ô mon Dieu, afin que je me corrige ! Pardonnez-moi, Seigneur doux et miséricordieux, et faites que mon travail soit profitable à votre gloire et au salut des âmes ! »

Jamais M. Paul Bert n'écrira de telles inepties, lui qui a découvert que « Dieu n'était qu'une fantaisie, » en disséquant les chiens !

Et Leibnitz, qui se préoccupait, avec Bossuet, de la réunion des Protestants et des Catholiques, quelle étroitesse d'esprit, chez un homme qui a trouvé le *calcul infinitésimal!* Et Newton, l'inventeur de *l'attraction universelle*, qui ôtait son chapeau, comme un enfant, chaque fois qu'il prononçait le nom de Dieu !

Mais non ! tout cela était comédie et simagrées ! Au fond, tous ces savants étaient des incrédules, et même Panthéistes, comme moi, et méritaient, comme moi, d'être poursuivis par les cagots catholiques. Si on les a laissés tranquilles, — je le sais pertinemment, encore une de mes découvertes, — c'est qu'on était préoccupé d'autre chose, « de disputes religieuses, » on n'avait pas le temps de les persécuter ; et, alors, comme ils n'avaient rien à craindre, ils prirent grand soin de se cacher, de dissimuler, de jouer le rôle d'hypocrites. Rien de plus naturel et de plus logique !

Il n'y a que le Protestantisme, pour développer la Science, le Protestantisme « fondé par des hommes pieux » et chastes, tels que Philippe de Hesse, qui était bigame, Luther, qui épousa une religieuse, et les Anabaptistes qui pratiquaient la communauté des femmes; le Protestantisme, qui laisse les hommes et les opinions libres, qui « repousse le principe de la contrainte, » et n'a jamais persécuté personne, pas même en Angleterre, sous Élisabeth et Henri VIII, à Genève, sous Calvin, en Danemark, en Hollande, pas même en Irlande, et en Suède jusqu'à nos jours; pas plus « que la Science » et la Révolution, « *née de la Science,* » comme dit Blanqui, « ne fit jamais souffrir à personne la torture morale et physique, » et, comme chacun sait, « *encore moins la mort!* »

Quant au Pape, il a bien le droit de fulminer contre nous, panthéistes, lui qui est *athée!* Que dis-je ? il est bien plus qu'athée ! Les athées nient Dieu ; lui, le Pape,

a fait deux dieux : Lui et Dieu ! Dans le dernier concile, de 1870, il « s'est fait mettre sur le même plan
que le Fils de Dieu, » malgré les gémissements, les
larmes, « la vive douleur » des meilleurs Chrétiens,
« de pieux catholiques, » tels que « le père Hyacinthe, »
qui est une autorité (le père Hyacinthe a épousé une
Américaine, il est à moitié Yankee); le père Hyacinthe eut beau avertir le Pape, le Pape ne voulut rien
entendre; au Concile, d'ailleurs, il était défendu de
parler, « il n'y avait pas de discussion ! »

Oui ! oui ! ajoute M. Draper, en regardant le Pape
en face, te voilà Dieu, Pape, proclamé Dieu ! Mais
quelle en a été la suite ? Tu es infaillible; eh bien ! tu
dois l'être en tout, en science, « en politique. » Ah !
ah ! ah ! tu t'es rudement trompé, « lors de la guerre
franco-allemande. » Tu ne t'attendais pas au dénouement : que Victor-Emmanuel envahirait la Ville éternelle, et « il a bien eu raison ; » que le roi de Prusse pour-
chasserait les Catholiques dans ses États, avec non
moins de raison; il en avait assez de « recevoir les
ordres des nobles Italiens ! » Car le Catholicisme n'est
pas autre chose qu'une *institution italienne :* il n'a été
établi que pour la Papauté, et la Papauté « dans l'intérêt de quelques familles italiennes ». Tous les cardinaux sont Italiens, à part les cardinaux Français,
Anglais, Espagnols, Autrichiens, Polonais, Belges,
Irlandais, Allemands, Portugais et Américains; tous
Italiens; et les « cathédrales » aussi ! « Elles n'ont pas
été bâties pour les adorateurs de Dieu, mais pour la
gloire de Rome » et des Italiens !

<h2 style="text-align:center">VII.</h2>

Voilà l'histoire, s'écrie M. Draper en terminant,
« l'histoire impartiale, » vraie, « scientifique; » et

elle n'est ni vraie, ni impartiale, ni scientifique. L'histoire qu'il raconte est un assemblage de faits con-
trouvés, d'affirmations non prouvées : il vous dira, par
exemple, en passant, qu'il « n'y a pas eu de déluge; »
une accumulation d'erreurs, telle qu'on ne sait de
quel côté se tourner pour les réfuter.

Et lui, il est un de ces demi-savants, qui ont lu
de tout, en courant, au hasard, sans choix, sans passer les faits à la pierre de touche, et qui les prend
tous pour de l'or pur. Il a l'assurance des gens qui
« font de la science, » et il ne connaît pas les travaux
modernes : il a du Moyen âge l'idée qu'on s'en formait
au siècle dernier; il s'imagine qu'il n'y a que deux
ou trois cents ans qu'on apprend à lire et à écrire : on
sourit de sa naïveté. Ce libre-penseur est pétri de
préjugés; cet homme du progrès est un arriéré, ce
savant a besoin d'apprendre et de *savoir*.

Esprit commun, d'ailleurs, qui affirme, tranche,
touche à tout, casse tout, parle de tout, haussant la
voix, n'écoutant personne : « l'*individualisme*, dit-il,
c'est ma *loi!* » L'impression qu'il laisse est celle de
ces grossiers pionniers des forêts américaines, qui ne
s'émeuvent de rien, tant ils ont la peau dure et les
nerfs insensibles; qui assistent, impassibles, aux tortures, aux barbaries raffinées des Sauvages et vous
racontent, avec un imperturbable sang-froid, des
traits de la cruauté la plus féroce. (Il rapporte, sans
blâmer, sans juger, « qu'à Alexandrie, on disséquait
des *hommes vivants,* des condamnés à mort. ») Ou
plutôt, il vous fait penser à un de ces cavaliers de
l'Ouest ou du Kansas, audacieux, téméraires, qui se
lancent dans la plaine à fond de train, sans savoir ce
qu'il y a devant eux, comme les généraux de leur pays,
qui marchaient droit en avant, dédaignant de prendre
des précautions, ne s'occupant pas des obstacles, mais

aussi s'exposaient à des bulls-run, à des échecs rudes et inattendus. Il galope, il court, il dévore le terrain, enivré de l'air qui fouette son visage, harcelant sa monture, dressé sur ses étriers, et jetant des cris au ciel, comme pour s'emparer de l'espace, jusqu'à ce que, tout à coup, aboutissant à un abîme, il tombe, avec son cheval, la tête la première, du sol qui se rompt, dans le précipice, où il se casse les reins!

CHAPITRE IV.

Organisation de la société nouvelle. — M. I. Péreire. — L'Industrie,
la Science et le Pape.

Il faut « en finir avec Dieu ; » c'est le vrai but où *Moyen d'orga-
niser la société
moderne.* tend le *monde nouveau*. Déjà une grande partie de ce monde nouveau est constituée selon la *science*. M. de Boisjolin nous a fait connaître nos ancêtres, leurs coutumes, leurs bâtons de commandement, les sépultures de leurs états-majors, leurs lits en armoires, etc. MM. Hugo Magnus, et J. Soury nous ont fait pénétrer plus loin : d'une part, ils nous ont révélé la déplorable faiblesse de vue de nos arrière-aïeux et, de l'autre, promis pour l'avenir la vision merveilleuse, ravissante de l'*ultra-violet*, dès qu'elle se sera manifestée à l'œil allemand, type et modèle de l'humanité. Un autre *savant* nous affirme que le bon Dieu n'est qu'une invention de comédie. Rassurés, dès lors, sur l'enfer, car, point de Dieu, point d'enfer, instruits si parfaitement de notre *passé*, confiants dans le plus invariable *avenir*, il ne reste plus qu'à pourvoir au *présent*. C'est à quoi a songé un ancien disciple de Saint-Simon, plusieurs dizaines de fois millionnaire. Pour organiser la société présente, il a trouvé un moyen tout à fait inattendu : il propose au Pape de se faire *Saint-Simonien* (1) !

I.

La découverte de cet explorateur est, on l'avouera, plus surprenante encore que celles de ses devanciers.

(1) Isaac Péreire, *La question religieuse.*

Et, qu'on le remarque bien, ce n'est pas là une idée légèrement conçue qui lui est venue tout à coup, et qu'il donne en passant; c'est une idée dès longtemps réfléchie, mûrie, un système dont il a pesé et examiné toutes les parties, et qu'il expose avec la gravité d'un homme profondément convaincu.

Il y a chez M. Péreire, comme chez tous les Saint-Simoniens, une double préoccupation, *économique* et *religieuse*. Économiste, il est parti pour découvrir un pays qu'on cherche, hélas! depuis le commencement du monde, le pays où la vie se passe dans un bonheur, une paix et une joie continuelles, sans peine, sans misère, sans fatigue et sans douleur, le *Paradis terrestre*, en un mot.

Il n'est pas le seul qui se soit mis en quête d'une si merveilleuse contrée; mais, après nombre de tentatives vaines dans toutes les directions, entreprises par les plus hardis pionniers, il a été universellement reconnu que ce pays n'existe pas, et toute recherche a été abandonnée.

On s'est résolu, dès lors, à s'en tenir au monde que l'on connaît, à la terre qu'on a sous les pieds, et les hommes les plus habiles se sont mis, les philosophes à indiquer, les hommes d'État à appliquer les meilleurs moyens d'y vivre le moins mal possible. Ils n'anéantissent pas la misère, il est vrai, mais ils s'efforcent d'en diminuer les effets, par l'aide donnée au travail, au mérite et aux talents. C'est le but de tous les gouvernements.

Tel n'est pas celui de M. Isaac Péreire : il a repris l'ancienne recherche du Paradis terrestre, de l'Eldorado; il a, nous annonce-t-il, un bâtiment tout neuf, solide, gréé, armé, équipé tout exprès pour ce voyage de découvertes. Il s'apprête à partir, et il convie à s'embarquer sur son navire tous les hommes intelligents, savants, industriels, artistes, commerçants. Mais, auparavant, il veut avec lui des prêtres, que dis-je, tous les prêtres, l'*Église*, et surtout, le chef de l'Église : pour capitaine, il prend le *Pape!*

Laissant la comparaison, c'est par l'économie politique que M. I. Péreire prétend trouver le bonheur universel; il affirme qu'il le trouvera, mais à une condition, que l'Église s'associe à l'économie politique, qu'elle s'occupe activement des intérêts sociaux, industriels, scientifiques, que « l'*Église* se mette à la tête, comme il dit, de la *science* et de l'*industrie.* »

L'Église doit
s'appliquer à
l'économie
politique.

Tout d'abord, cette idée paraît un peu vague : Qu'entendez-vous par là, dit-on à M. I. Péreire, la *science* et l'*industrie?*

— Ce que j'entends? Eh! ce que tout le monde entend : le commerce, les finances, les banques, les institutions de crédit, les douanes, les impôts, les octrois, les caisses de la vieillesse et d'assurances, etc., etc.

— Tout cela peut être très important pour les financiers, les économistes et les commerçants, qui y mettent leur pensée, leur temps ou leur argent; mais ce n'est vraiment pas le fait de l'Église, et si elle se mêlait de ces questions : « la suppression des *douanes,* l'organisation du *travail*, la création de *rentes viagères,* etc. », les économistes seraient les premiers à s'exclamer et lui signifier qu'elle s'occupe de ce qui ne la regarde pas!

Ce n'est pas tout, ajoute M. Péreire; j'ai une autre proposition à faire à l'Église : C'est de « devenir l'arbitre des rois et des peuples, » pour empêcher les guerres.

— « Homme obligeant, comme dit un philosophe chrétien, depuis dix-huit siècles, l'Église prêche l'association et la charité, avec laquelle l'homme découvre en tout homme un frère (1), » et elle n'a pas attendu votre proposition pour revendiquer, comme une de ses principales obligations, la mission d'arbitre des rois et des peuples. Durant tout le Moyen âge, qu'a-t-elle fait, sinon intervenir entre les princes, les forcer à l'écouter, à désarmer, à leur imposer la paix et, par l'institution de ces trèves si justement appelées du beau nom de *trèves de Dieu*, donner l'apaisement, la consolation et l'espérance aux malheureux peuples épuisés?

— Je le reconnais, dit M. I. Péreire ; je rends cette justice à l'Église.

— Alors, vous savez qu'il y eut un moment où les rois, irrités de ne pas se battre tant qu'ils le voulaient, et de voir sans cesse l'Église se jeter entre eux, pour les séparer, lui imposèrent durement silence et lui enjoignirent de se tenir chez elle et de ne plus se mêler des affaires temporelles. Et, si aujourd'hui l'Église venait de nouveau proposer de reprendre ce grand rôle d'arbitre, croyez-vous sérieusement que les puissances européennes s'empresseraient d'y acquiescer, et que ses décisions seraient respectueusement attendues et acceptées par les empereurs et les rois, même par les présidents de République?

L'Église l'a plus d'une fois tenté, depuis un demi-siècle : vous vous souvenez que, naguère, lors de leur effroyable guerre de *sécession*, les États-Unis songèrent à s'adresser au Souverain-Pontife, et à réclamer sa médiation, pour arrêter cette guerre civile. Ce ne fut qu'une lueur ; il leur eût fallu faire une trop grande concession : abaisser leur orgueil. Ils jugèrent préférable de continuer à se massacrer, et ne s'arrêtèrent que lorsqu'ils eurent, des deux côtés, brûlé, bombardé

____

(1) Blanc de Saint-Bonnet.

nombre de villes populeuses, ravagé et rasé plusieurs riches provinces, et couché sous terre des centaines de mille hommes, leurs compatriotes, leurs pères, leurs frères et leurs fils !

Deux hommes pris de vin ou de colère, se jettent l'un sur l'autre, se meurtrissent la figure à coups de poing, se brisent les dents, et ne cessent que lorsqu'ils tombent épuisés, affaissés et haletants. De même les peuples : enivrés de cupidité, d'orgueil, de vanité, d'ambition, de haine, ils n'écoutent rien, et courent aussitôt, pour se mettre en ligne, à leurs batteries (*batterie*, mot excellent !). Et il ne s'agit pas ici de coups de poing : les coups de poing des peuples ce sont les boulets de canon !

Pour que l'Église pût se faire entendre, il faudrait que les peuples l'écoutassent, quand elle leur dit de ne pas s'enivrer. Or, c'est ce qu'ils ne veulent pas : *cesser de s'enivrer !*

II.

Mais j'ai tort de tant insister sur les idées de M. Isaac Péreire, économiste. M. Péreire est, avant tout un philosophe *religieux*, un homme de religion. Les Saints-Simoniens prétendaient tous être des hommes religieux. Comme le système de Saint-Simon partait d'un principe absolument contraire au principe de la religion Chrétienne, ils l'appelaient un système *religieux*.

M. I. Péreire, donc, qui n'a pas cessé d'être Saint-Simonien, n'admet pas, avec le Christianisme, que la terre soit une « vallée de larmes. » Bien au contraire : il affirme que la terre n'est faite que pour dev. demeure bienheureuse de l'Humanité, et que l'Hu manité peut et doit y être parfaitement heureuse.

Or, voici la conséquence : Si la terre est faite pour devenir la demeure bienheureuse de l'homme, la terre est faite pour qu'il y reste ; l'homme n'a pas d'autre but à poursuivre que de se procurer toutes ses aises sur la terre ; ou, plus simplement, il n'y a que la terre, la matière est tout, il n'y a pas d'autre Dieu ; ou, en un seul mot encore plus court, *il n'y a pas de Dieu !*

C'est l'athéisme ou, comme on l'appelle poliment en ce temps-ci, le *panthéisme.*

Ceci entendu et expliqué, pour ceux qui ne comprennent pas à demi mot, lors donc que M. I. Péreire et les Saint-Simoniens proposent à l'Église et au Pape de prendre la direction de la société, conformément aux idées de M. I. Péreire et des Saints-Simoniens, c'est comme s'ils disaient au Pape : « Ne croyez plus à Dieu, à Jésus-Christ, à la spiritualité de l'âme, à la vie éternelle, et faites-vous Saint-Simonien ! »

Est-il rien de plus risible et, dans le vrai sens du mot, de plus réellement comique !

Lorsqu'un homme pousse à ce degré la naïveté ou l'ironie, il n'y a plus lieu de s'étonner, du reste, de ses erreurs, ou de son ignorance de l'histoire de l'Église, de la constitution, de l'esprit de l'Église, etc. Ainsi, savez-vous pourquoi l'Église n'a plus l'autorité qu'elle exerçait au Moyen âge et n'est plus l'arbitre des souverains ? — Ce n'est pas, parce que les peuples ou les rois sont moins chrétiens ; c'est que l'Église « n'a pas suivi le *mouvement scientifique,* » c'est-à-dire, la science qui nie Dieu !

Le domaine temporel des Papes leur a été enlevé et a été *annexé* à l'Italie (*annexé,* traduction bénigne d'un mot brutal). Ne croyez pas qu'il faille l'attribuer à l'ambition séculaire de la maison de Savoie. La vraie raison, c'est que les peuples soumis au gouvernement pontifical « succombaient sous des *impôts* écrasants, sous les monopoles, les taxes sur les *consommations*, plus lourdes que dans les plus grandes villes de l'Europe, etc. »

On peut dire, cette fois, que voilà une découverte vraiment extraordinaire et dont ne s'étaient jamais douté les voyageurs et les écrivains qui ont étudié le gouvernement pontifical. Jusqu'ici, le peuple romain, sous les papes, avait toujours passé pour être le peuple de l'Europe qui *payait le moins d'impôts;* nulle part, *les loyers n'étaient à si bas prix*, et, dans aucune capitale, *la vie à si bon marché.* Et, ce ne sont pas les *cléricaux* seuls qui le rapportent; ce sont des libres penseurs, des sceptiques, qui se font gloire d'être appelés des *païens modernes*, comme J. Janin, des coréligionnaires même de M. I. Péreire, M. Cerfbeer, un juif (1). Comment un économiste n'est-il pas mieux renseigné ?

Car M. I. Péreire a beau se prétendre *religieux*, affecter un grand respect pour la Religion, il n'est, au fond, qu'un *économiste*, et un économiste socialiste et *anti-religieux.*

Pour lui et les Saints-Simoniens, l'Église n'est pas autre chose qu'une institution comme toutes les institutions sociales, d'une forme particulière, mais qui n'a pas un but différent de celui de la politique, de l'économie sociale, du commerce, de l'industrie et de la science.

Envisagée ainsi, l'Église n'inspire à M. I. Péreire ni antipathie, ni haine, ni colère; au contraire : l'Église

____

(1) Voyez le *Rapport* de M. Cerfbeer adressé au gouvernement français, en 1844.

est une *force,* il le reconnaît, et cette force, il jugerait utile de l'employer, comme toutes les autres forces. On a tiré un assez bon parti de cette force au Moyen âge; il y applaudit, avec ses maîtres Saint-Simon et Enfantin. Maintenant, elle peut servir encore, mais autrement : Qu'elle nous laisse mettre la main sur elle, et elle verra ce que nous en saurons faire, elle ne se doute pas du bien qu'elle accomplira dans le monde, que dis-je, de tout le profit qu'elle-même en retirera!

Et, se tournant vers l'Église, avec une grâce prévenante et une véritable onction : « Jésus a dit : *Laissez venir à moi les petits!* » Quel beau mot! « Admirable maxime du *divin* fondateur du christianisme! » s'écrie-t-il. Quoi! *divin!* M. I. Péreire, juif, appelle Jésus-Christ *Divin!* Oui, *divin!* Il ne marchande pas l'épithète : l'Église dit *divin,* il dit *divin* aussi! Qu'est-ce que cela lui fait? Dans le monde, il n'y a rien de *divin,* ou plutôt tout est *divin.* Il peut bien donner à Jésus-Christ le nom de *divin!*

Le reconnaissez-vous? Reconnaissez-vous le *tentateur?* Il vous accordera tout ce que vous voudrez, les titres, les honneurs, les dignités, les richesses, à vous en combler, à vous en accabler, à une condition, c'est que vous l'écouterez, que vous lui obéirez, que vous le servirez, non pas lui, M. I. Pereire, mais lui, le Saint-Simonisme, le socialisme, le corps, la force, la matière, c'est-à-dire, comme aux jours de Jésus dans le désert, que vous vous prosternerez devant Satan et que vous l'adorerez!

Quand on lit ces *savants,* on sent la profonde vérité de cette parole dite par un malheureux homme qui regretta peut-être amèrement, à la fin de sa vie, d'avoir été *savant :* « Il ne faut ni tant plaindre ni tant redouter l'ignorance; car, pour la plupart des hom-

mes destinés à passer dans de continuels travaux
celte vie triste et rapide, la seule connaissance indispensable est celle de Dieu et des devoirs qu'elle
impose. Qui sait cela en sait assez pour être heureux et
pour rendre heureux les autres (1) ! »

(1) Lamennais.

CHAPITRE V.

DÉCOUVERTES SUR LA MORALE.

Progrès des sciences morales. — Mlle Clémence Royer : Nouvelle loi morale. Formule algébrique du bonheur. — M. Herbert Spencer : Bases de la morale évolutionniste. Insanité de la perfection spirituelle. La vraie morale. A qui elle convient. — M. Coste. Sanction de la nouvelle morale. L'immortalité sur la terre. Identification des hommes passés et futurs.

I.

La société nouvelle est, on peut le dire, constituée : elle a sa philosophie, sa religion, sa politique, son droit, sa littérature, ses arts, sa science, ses écoles, etc. Elle s'est, cependant, aperçue un peu tardivement qu'il lui manquait une *morale*. Nombre de *savants*, aussitôt, se sont empressés de chercher l'étoffe d'une morale, de la confectionner, la couper, la coudre et l'ajuster à la taille de la jeune société, une morale complète enfin, solide, bien faite et de bon teint.

Et, comme il s'agit de *confection,* on ne doit pas s'étonner que ce soit une femme qui ait été le plus tôt prête.

Ce n'est pas de Mlle Maria Deraisme que je parle : elle est toute à la politique (1); c'est de Mlle Clémence Royer, la fameuse Clémence Royer, la première traductrice de Darwin.

« Les sciences physiques, s'est dit Mlle Clémence Royer, à la suite de profondes réflexions, font de rapides progrès; » mais, triste antinomie, « les sciences morales » restent stationnaires, entravées par les préjugés. Les Allemands ont bien essayé de *renouveler la*

Mlle Clémence Royer.

(1) Voyez son livre : *France et Progrès.*

morale, mais « ils n'ont abouti qu'à la *Philosophie du désespoir.* » Eh bien ! a-t-elle ajouté, je viens apporter la *Philosophie de l'espérance,* en révélant au monde la *loi morale.* « Cette loi est la *loi du progrès vers le bonheur* (1). »

Pour réaliser un tel plan, il fallait, avant tout, « connaître *scientifiquement* la nature de l'homme, » sa place dans la nature et ses rapports avec les autres êtres vivants. Sur tous ces points, nous sommes éclairés, grâce à Auguste Comte, dont ce sera la gloire, à Lamarck et à Darwin. Mlle C. Royer peut donc, maintenant, enseigner sa philosophie, la *Philosophie de l'avenir,* qui, elle ne craint pas de le dire, et elle ne s'abuse pas, est capable de satisfaire « *toutes les curiosités intellectuelles* et servira de *règle de conduite aux futures générations.* »

Depuis longtemps, elle était tourmentée par ce besoin d'exposer les principes d'une nouvelle morale, d'autant plus qu'elle voyait une quantité d'essais infructueux, comme la *morale indépendante,* « sorte de *ragoût réchauffé* de vieux adages traditionnels et de réminiscences religieuses. » Et, elle, elle savait bien qu'on ne lui reprocherait pas un trop grand respect des traditions et un excès de sentiment religieux.

Elle s'était donc mise fiévreusement à écrire son livre, et il était prêt. Mais, une fois achevé, il s'éleva une difficulté : pas d'éditeur ! Dans ce misérable pays de France, « où on lit moins qu'en aucun autre pays d'Europe, » elle ne trouva pas un éditeur qui voulût publier son livre ! Elle s'adressa à une revue, deux revues, trois revues ; pas plus de revue que d'éditeur : toutes reculaient !

(1) Mlle C. Royer, *le Bien et la Loi morale.*

Et, pourtant, le temps pressait. Elle fut même, un moment, très inquiète : un philosophe Anglais, M. Herbert Spencer, venait de publier (heureux homme! il avait trouvé un éditeur!) un livre où « il arrivait à des conclusions sur la morale très voisines des siennes! »

Heureusement, en le parcourant, elle se convainquit que, si ce M. Herbert Spencer apercevait le but, il n'avait pas l'envergure nécessaire pour l'atteindre. Il se bornait, le croiriez-vous? à appliquer ses « règles morales » à l'homme, aux animaux, à « l'espèce vivante, » aux plantes même : oui, il « semblait ne pas répugner à accorder une aube de *sentiment* et de *conscience* au monde *végétal*. » Mais le monde *inorganique*, Monsieur, « ce reste de l'univers, » les *pierres*, les *gaz*, les *cristaux*, les *métaux*, qu'en faites-vous? Vous les laissez de côté, vous ne vous occupez pas de leur conscience, « de leur condition d'*existence consciente!* » Quelle lacune! quels principes étroits! quelles opinions mesquines! « quelle vue restreinte! » en comparaison de mon point de vue « large et général, » à moi, Clémence Royer!

Elle se rassura : M. Herbert Spencer ne pouvait lui disputer « la priorité. » Elle le laissait à une telle distance, qu'elle était sûre d'obtenir, je ne dis pas le prix, mais ce qui pouvait « satisfaire les exigences de son amour-propre. »

Mlle C. Royer pensa, néanmoins, qu'il était bon de ne pas tarder davantage à publier un livre si utile. (Elle ne nous dit pas par quelles douceurs elle a apprivoisé le libraire Guillaumin et l'a décidé à mettre son nom sur la couverture.) Elle a, il est vrai, un regret : elle ne peut le publier tout entier. Ce qu'elle communique au public est une œuvre incomplète; il y a une première partie, qu'elle ajourne, et qui contient les prémisses et les principes. Elle eût aimé à exposer une « vérité absolument nouvelle : » Comment « *l'esprit est matière.* » Mais ces puissantes démonstrations eussent peut-être été d'une « lecture trop ardue » pour le public français. Elle se contentera donc, aujourd'hui, de livrer les conclusions, et quelles conclusions ! Elle n'est pas arrivée à moins qu'à- « accorder Newton et Leibnitz, » et elle a fondé une philosophie nouvelle, le *substantialisme,* qui « donne des solutions *logiques* sur *tous les points contestés !* »

Afin de ne pas nous faire languir, et avant de commencer, elle veut bien nous dire tout de suite le mot final, la fin de la fin : « Tout ce qui augmente dans le monde la somme de *bonheur* est *bien;* tout ce qui la diminue est *mal :* c'est le résumé de toute la loi morale. »

Et maintenant, dit Mlle C. Royer, prenez mon livre : c'est un petit livre sans prétention, tout uni, qui s'adresse aux esprits simples et de peu de culture. Il est tout à fait facile à lire et « compréhensible; » j'ai espéré qu'un « *petit volume* de morale trouverait plus aisément des lecteurs que des spéculations *arides* sur la physique générale; » c'est aussi clair qu'un roman.

Nous remercions Mlle C. Royer de sa condescendance pour de pauvres gens du monde, comme nous, qui ne sommes pas des savants; l'indulgence sied à une femme, à une demoiselle (1).

Ouvrons donc ce petit manuel, ce livre élémentaire

----

(1) C'est sans doute, par inadvertance qu'on a imprimé sur son livre : *le Bien et la Loi morale,* par *Madame* C. Royer. Autrefois, elle était *Mademoiselle* C. Royer; — à moins qu'elle n'ait jugé arrivée l'heure où, en prenant le titre de *dame,* on montre qu'on n'attend plus le mari.

de morale, et parcourons d'abord la table, pour choisir quelque chapitre à lire, le soir, en famille.

« Première partie : *Antinomie du bien et du mal.* — *Nature logique de l'idée du bien.* — *Réalité logique du mal.* — *Subjectivité des jugements sur le bien et le mal.* »

Hum! Cela me paraît bien métaphysique, et rappelle un peu trop les formules de la philosophie allemande. Mais il fallait bien poser les principes. Voyons la deuxième partie : ah ! il s'agit du *bien absolu*, beau sujet, et qui intéresse tout le monde; lisons-le :

Chapitre II. *Formule algébrique du bien absolu*, p. 78 :

Formule algébrique du bonheur.

« Qu'est-ce que le bien, dans sa nature absolue, universelle? C'est un certain ordre de choses, établi de façon à multiplier la quantité d'existence et de jouissance possible dans l'univers par les plus grands facteurs possibles. Plus la quantité d'existence sera grande, et plus chacun des êtres existants sera capable de ressentir une somme supérieure comme qualité de jouissances, avec une somme inférieure également comme qualité et intensité de souffrances, plus la quantité totale de bonheur sera grande dans l'univers.

« Chaque être individuel étant susceptible d'une certaine somme de jouissances J, d'une certaine intensité I, comme d'une certaine somme de souffrance S, d'une intensité variable I, en proportion directe de la faculté de jouir, nous aurons, pour la somme totale du bonheur de chaque individu sensible, une certaine quantité A, représentée par cette équation :

$$A = (JI - SI),$$

A est donc... »

Mais c'est de l'algèbre ! Étonné, étourdi, ébloui, je passe à la page suivante, et je lis, page 79 :

« Si nous connaissons la différence $+$ ou $-$ de ces deux termes pour chaque unité consciente sensible, et le nombre N de ces unités, le bien absolu B serait la somme b' de toutes les différences positives b, moins la somme m' de toutes différences négatives m, soit :

$$B = (b' - m').\text{ »}$$

Encore de l'algèbre ! Je parcours des yeux la page 80 :

$$b\,\mathrm{TXN} = B,$$

les pages 81, 82, 83, toujours de l'algèbre ! 84, 85, 86, de l'algèbre, encore de l'algèbre ! Vingt-quatre pages d'algèbre, au bout desquelles je lis : « Dans un monde aussi parfait que possible, le bien devrait être infini, tant en variété V qu'en intensité I, pour chacune des unités sensibles coexistantes et devant être coéternelles à chacune d'elles. Nous arrivons donc à lui donner pour expression le produit :

$$\mathrm{NIVT},\text{ soit en valeur } \Omega \infty^3.$$

Et si, excluant de cette expression l'élément du temps, nous prenons seulement le produit NIV, qui en valeur, $= \Omega \infty^3$, nous voyons qu'il est justement égal à celui du mode convenu NFT, en valeur $\Omega \infty^3$:

$$\text{de sorte que NFT} = \text{NIV, comme } \frac{\mathrm{ET}}{\mathrm{NFT}} = \frac{\mathrm{ET}}{\mathrm{NIV}}.\text{ »}$$

« Telle est la formule du bonheur. »

A cette lecture, à cette démonstration, à cette conclusion, abasourdi, ahuri, je vois flotter devant moi les chiffres et les signes algébriques, qui semblent danser et cabrioler; je me demande si je ne suis pas halluciné, frappé de folie, si je n'assiste pas à une séance de prestidigitation, où je sers de compère pour amuser le public, à une scène de ventriloquie, où j'entends des dialogues effrayants sortant de profondeurs inconnues. Qu'on m'apprenne si je suis éveillé? si je rêve? que dit-on là? qu'est-ce que cela signifie? Et je m'écrie que mes paupières battent, que je vais m'évanouir, que je n'en puis plus, et qu'on me laisse tranquille!

Mais Mlle Clémence Royer, — hélas! Mademoiselle, vous n'êtes guère clémente! — me secouant par le bras, et d'un ton gaillard : Allons! allons! marchons! N'êtes-vous pas heureux? « Ces rapports sont trop remarquables » pour que vous ne soyez pas inondé de joie! C'est « la révélation des lois réelles qui régissent les grands phénomènes généraux de l'univers. » Quelle satisfaction! « Quels encouragements! » Poursuivons! En avant! en avant!

Mais, je l'avoue, cet enthousiasme me laisse sans ressort; il n'a d'autre effet que de me réveiller de la catalepsie où j'étais prêt à être enseveli, de me rendre à mon sens naturel, et de me laisser la force de dire, d'une voix à demi-éteinte, à Mlle Royer : Vous vouliez me donner un livre aisé à lire et m'épargner les « spéculations » de la première partie, comme trop « arides. » De grâce, reprenez ce livre si « facile, » et donnez-moi celui des *spéculations arides :* je le comprendrai peut-être mieux!

II.

M. Herbert Spencer.

Nous n'avons pu pénétrer la pensée de Mlle C. Royer sur la morale; nous en sommes réduit à la chercher dans M. Herbert Spencer. M. Herbert Spencer est bien un esprit « restreint, » timide, qui n'ose aller jusqu'au bout de ses prémisses, très insuffisant, par conséquent, Mlle Clémence Royer l'assure; mais, puisque elle-même se rend insaisissable dans le réseau d'équations algébriques où elle s'enveloppe, il faut bien nous contenter de M. Herbert Spencer, pour connaître les lois de la morale nouvelle.

M. Herbert Spencer, du moins, est clair, il parle franc et vous fait comprendre nettement les choses, en les appelant par leur nom. Il veut poser les *Bases de la morale dans la doctrine évolutionniste* (1), ou, en termes vulgaires, les *bases de la morale athée*. Vrai Anglais, ne s'attachant qu'au positif, peu gêné par l'imagination, et, il faut le reconnaître, dépourvu de cette vanité qui pousse Mlle C. Royer à nous prouver qu'elle sait l'algèbre, il ne s'amuse pas à procéder par inductions, à inventer des hypothèses. S'il pose des bases, c'est qu'il a déjà une force solide, la terre, le sol sur lequel il vit; il sait que cela certainement existe; le reste, il ne le connaît pas, mais la terre, il en est sûr.

Sur cette terre, donc, se demande-t-il d'abord, qu'est-ce que le *bien* et le *mal?* que signifient les mots *bon* et *mauvais?*

Descartes, aussi, au début de ses explorations philosophiques, s'adressa une question qui prenait les choses à l'origine : *Qui suis-je?* Mais quelle différence! Quand on observe Descartes, on le voit assis, immobile, les regards fixés devant lui, comme s'il voulait pénétrer, non seulement le présent, mais l'avenir, l'infini; c'est un esprit qui pense, l'âme apparaît sur ses lèvres et dans ses yeux, prête pour ainsi dire, à sortir. M. Herbert Spencer, lui, est un fort et solide *gentleman,* un *farmer* Anglais, aux larges épaules, bien

(1) Titre d'un des traités de M. Herbert Spencer.

campé sur ses jambes, et qui le bâton à la main, frappe du pied la terre, et dit : Ceci est à moi !

Le bon et le mauvais. Aussi, à sa question : Qu'est-ce que le *bon* et le *mauvais ?* il n'est pas, un instant, embarrassé. Rien de plus simple : le bon, c'est *ce qui réussit ;* le mauvais, *ce qui échoue ;* le bien, *ce qui atteint le but* proposé ; le mal, *ce qui manque le but.* Tournez la question en tous sens, interrogez-le dix fois, vingt fois, il vous répondra toujours de même, il n'a pas d'autre idée, il ne voit que ce qui est devant lui, sous ses pieds ; il emploiera peut-être quelques expressions différentes : le bon, « c'est quand les adaptations des *moyens* aux *fins* sont efficaces, etc. », mais le fond ne varie pas. Le bien, c'est de cultiver habilement ; le bon, d'avoir une belle récolte : voilà tout, il n'y a rien au delà.

Il est des esprits — faut-il dire *esprits ?* — qui ne comprennent que ce qui touche leurs sens ; l'idéal, ils ne savent même pas ce que cela veut dire. On faisait, devant un ingénieur, constructeur de navires, la critique d'une de ces grandes halles modernes qu'on appelle un *palais :* « Ce ne peut être *mal fait,* dit l'ingénieur, car l'architecte sait son métier. » Ce calculateur, sorti de l'École polytechnique, croyait qu'un palais est comme un vaisseau cuirassé ; qu'en suivant les règles, on ne peut se tromper, on fait forcément bien. Il ne se doutait pas qu'il n'y a pas que la science, qu'il y a l'art ; et pas d'art, sans idéal ; bien plus, pas même de science sans imagination (1) : « L'art suppose la nature et s'appuie sur elle pour monter plus haut (2). » Toute œuvre qui excite l'admiration de l'homme n'est

(1) Même dans le commerce, dans les *affaires,* il faut de l'imagination.

(2) Tonnelé.

belle que parce qu'elle enlève l'homme à la terre :
poètes, peintres, statuaires, architectes, musiciens,
avec des formes diverses, volent également à l'idéal,
vers le Dieu inconnu; et la *Vision d'Ezéchiel*, de Raphaël, et le Dôme de *Saint-Pierre de Rome*, et le *Moïse*,
de Michel Ange, et la *Sonate pathétique*, et *Athalie*, ne
sont des œuvres sublimes que parce qu'elles emportent l'âme vers l'infini !

Mais, dites-vous, cette théorie de M. Herbert Spencer
n'est pas neuve, elle est connue de tout temps; c'est
la morale de l'*utile :* « le bon, c'est l'utile; l'honnête,
c'est ce qui donne du plaisir et rend heureux. » Les
Anciens l'avaient enseignée et pratiquée, tous les matérialistes modernes l'ont adoptée : M. Herbert Spencer
n'a rien inventé.

Oui, mais il ne se borne pas à des déclarations matérialistes et athées : il vous regarde de haut en bas,
avec un mépris marqué, une pitié méprisante : Vous
spiritualiste, vous Chrétien, qui croyez en Dieu, vous
n'êtes pas seulement un homme qui professe de faux
principes, une doctrine erronée; vous êtes un être absolument déraisonnable, ou plutôt qui ne raisonne
pas, et dont il n'y a pas à tenir le moindre compte !
Voilà la nouveauté, ou plutôt l'attrait de son système
aux yeux des athées.

Voyez, dit-il, à quoi s'appliquent les qualifications
de *bon* et de *mauvais :* à la vie et à l'*évolution de la vie.*
La vie, faites-vous un acte qui favorise la vie? c'est
bon ; qui lui fasse obstacle? c'est *mauvais.* Et l'évolution de la vie : quand est-elle complète? « Lorsque la
vie individuelle est la plus grande possible *en longueur
et en largeur!* » Il semble, à ces mots *longueur, largeur,*
que M. Herbert Spencer élargit ses épaules, écarte ses
jambes et ferme ses poings, pour nous faire compren-

dre ce que c'est que « la vie la plus grande possible en longueur et en largeur. »

Si donc, continue le colosse, vous vous comportez de manière « à favoriser la conservation de l'individu, » votre conduite est bonne; si vous tendez à sa destruction, elle est mauvaise. (M. Herbert Spencer nous permettra-t-il de lui faire observer que c'est aussi l'avis de tous les tribunaux?) Si vous avez la faculté d'avoir des enfants, « de perpétuer l'espèce, » je crie *bravo!* Et si « vous amenez vos enfants à l'âge mûr, » où ils peuvent se passer de vous (comme de la poule ses poussins), où ils sont « capables d'une vie complète en limite et en durée, » (ne serait-ce pas comme la chienne, qui a d'autres petits des chiens dont elle est la mère?) oh! c'est très bien, c'est parfait : « l'évolution a atteint sa limite! »

Quant à ceux qui trouvent que la limite est bien courte, ce sont des chrétiens, des spiritualistes, qui ne savent même pas ce que c'est que la vie et l'évolution de la vie.

Le plaisir unique loi de la vie. Ici se présente une difficulté : « La vie est-elle un bien? » A cette question, l'ancienne morale, le Christianisme répond : *La vie est toujours un bien.* Elle n'est pas seulement un bien, elle est un *don*, un don de Dieu, et le plus magnifique qui pût être fait à l'homme : car elle est donnée à l'homme pour qu'il puisse s'approcher de Dieu, la perfection infinie, s'en approcher jusqu'à lui ressembler; et l'imagination peut-elle concevoir un but plus sublime que l'imitation même de Dieu? La vie est un don et, par conséquent, un devoir : l'homme n'a pas le droit de se refuser à atteindre ce but, le plus haut qui lui pût être proposé; dédaigner cette offre merveilleuse, repousser, jeter à ses pieds ce don, comme un objet méprisable, insupportable et odieux, il n'est pas de plus grand crime, de plus horrible insulte à Dieu. O munificence! ô libéralité de ce Souverain, qui m'invite à monter jusqu'à lui, jusqu'au trône où il est assis! Il n'y a pas à discuter; j'embrasse, en le bénissant, le présent inestimable de la vie.

A cette question impertinente : *la vie est-elle un bien?* voilà la réponse du Christianisme, de la morale chrétienne.

Quelle est celle de la morale évolutionniste? Incontestablement, répond M. Herbert Spencer, la vie est un bien, si la vie nous plaît, si elle est amusante, « si elle apporte des sensations agréables. » A vous de faire votre vie : agissez-vous de telle sorte que vous ayez plus de plaisirs que d'ennuis, que la somme de vos actes ne soit pas pénible, » mais « *agréable*, » car c'est toujours là qu'il faut en venir, la vie est un bien! Il n'y a pas à épiloguer : « La raison dernière de la vie est uniquement de goûter plus de sensations *agréables* que de pénibles. » C'est ce qu'ont toujours pensé les vrais philosophes, anciens et modernes, Épicure et Diderot; ne soyons pas hypocrites : au fond, nous pensons tous de même : « On se déguise à soi-même cette vérité, » par suite de l'éducation qu'on nous a donnée, « par certaines influences morales ou religieuses; » mais, en réalité, on ne recherche que le plaisir et l'*agréable*.

Maintenant, en descendant dans le détail, tout acte qui nous « assure un surplus de *plaisir*, qui rend notre conservation *désirable*, » est un acte *bon*. Et vous ne nierez pas que « ce qui procure du *plaisir* ne se confonde avec ce qui est *bon*. » Et la preuve, c'est que, si « un acte *mauvais* faisait du *bien*, on ne le condamnerait pas. » Voyez, en effet : « Si, en vidant la poche d'un homme, on lui procurait des sensations agréables, » après l'avoir fait boire, par exemple, d'excellent champagne Rœderer, ou l'avoir plongé dans les rêves extatiques du hachisch, il est clair que, non seulement on serait excusé, mais loué de l'avoir volé... Car pourquoi appelons-nous certains actes *mauvais?* « Uniquement parce qu'ils sont des causes de *peine.* »

Vraiment, dirai-je à M. Herbert Spencer, les voleurs de Paris et de Londres, qu'on dit si habiles à détrousser les gens, sont encore bien maladroits : s'ils savaient s'y prendre, ils procureraient des *sensations agréables*, et, au lieu d'appeler un sergent de ville, nous les supplierions d'achever de nous dévaliser!

On a honte de tant d'impudence, et l'on s'étonnerait qu'un homme de sens rassis, froid, méthodique, comme cet Anglais, ne s'aperçût pas de la fange dans laquelle il marche, si l'on ne savait que l'athée n'a d'autre règle que son intérêt et les plus basses satisfactions de son égoïsme.

Nous disons, continue M. Herbert Spencer, qu'il n'y a de bien ou de mal que par la peine ou le plaisir que j'en ressens; et si l'acte *héroïque* que je fais par abnégation m'amène quelque ennui, je dois m'en garder comme un ennemi de mon bonheur ou plutôt de ma propre vie. Posons donc cette règle : sont *bons* ou *mauvais* « les actes qui favorisent ou contrarient le développement de la vie. »

Absurdité de la morale chrétienne. Satisfait d'avoir posé ces principes, auxquels ne font opposition ni athées, ni manieurs d'argent, ni *cocodès*, ni *belles petites*, le *philosophe* (il se donne ce nom) s'arrête, et, comme regardant au-dessous de lui, jette un cri de stupéfaction : Que vois-je? qu'entends-je? et que dit-on là-bas? Non, j'entends mal! Il n'est pas possible qu'il y ait des hommes capables d'énoncer d'aussi

incommensurables sottises! Écoutons un moment :
Ah! ce sont les adhérents des « religions inférieures, »
les chrétiens.

Ils disent que nous sommes sur la terre, non pour y
chercher le plaisir, mais pour atteindre une « perfection idéale. » *Idéale!* Cela ne veut-il pas dire : *ce qui
n'existe pas!* Comment faites-vous, bonnes gens, pour
arriver à cette perfection idéale? Ils affirment, vraiment, que c'est en s'imposant des privations, des abstinences, des mortifications, des sacrifices! Ce sont ces
sacrifices qui engendrent les grandes vertus, les actions
héroïques, les pensées sublimes; par le dédain de ce
qui est périssable et le mépris de ce qui flatte les sens,
par la recherche de ce qui est éternel, l'âme se détache
des liens du corps, sort, pour ainsi dire, de sa prison
mortelle et, libre et dégagée, s'élance aux sphères
célestes, aspirant à se réunir à Dieu, but unique de
son ardeur et de son amour!

Ah! ah! ah! Mais, pauvres gens, je n'ai jamais entendu rien de si idiot! Vous êtes si bornés, qu'il n'y
a pas à vous le démontrer; je veux bien, pourtant, vous
rendre évidente votre extraordinaire bêtise. Savez-
vous ce qu'il résulte de votre croyance? C'est que
pour vous, « la vie est un malheur. » Eh bien! alors,
quittez-la! tuez-vous! En faisant ce qu'il faut « pour
la prolonger, » vous êtes illogiques, non seulement
illogiques, mais coupables; loin d'être à louer, votre
« conduite est blâmable! » Si la vie est un malheur,
plus vite vous cesserez d'exister, mieux cela vaudra!

Vous « alléguez » que la vie doit être appréciée,
« non par sa valeur *intrinsèque,* » c'est-à-dire, actuelle,
sur la terre, mais « par ses conséquences *extrinsèques;*
vous appelez ainsi « certains résultats au delà de cette
vie, » résultats « supposés, » bien entendu, car personne ne les a vus ni connus. Vous y croyez, soit!

Alors, encore une fois, la vie sur la terre ne valant rien du tout, ne la faites pas durer « gratuitement; » finissez-en le plus tôt possible, tuez-vous!

Vous ne voulez pas vous tuer, prétendant que c'est un crime; mais, niais que vous êtes, vous croyez donc que « les hommes ont été créés, pour être des sources de misère, » et sont tenus de « continuer à vivre, pour que le Créateur ait la satisfaction de contempler leurs souffrances; » que Dieu se plaît à voir les hommes s'imposer des privations, des sacrifices, des mortifications; que, plus ils s'en imposent, plus il est content! C'est là votre Dieu! Je vous dis moi, que ce n'est pas un Dieu, c'est le diable! Vous êtes pires que ceux que vous appelez païens; vous êtes des « idolâtres, » vous adorez Satan, vous adorez le diable (1)!

Nous supportons, dites-vous, ces misères, ces mortifications, ces abstinences, ces privations, ces sacrifices, dans le but « d'assurer notre bonheur futur! » Votre bonheur futur! Non, vraiment, on ne peut pas porter plus loin l'imbécillité! Plus j'y réfléchis, plus je suis étonné de la stupidité de ces chrétiens, et il est absolument incompréhensible qu'on « ait jamais pu choisir comme point de départ d'un système de morale une notion aussi *absurde* » que celle-ci : *la perfection*, quand il est si facile de s'en tenir à la vie naturelle, à la vie de tout le monde, de tous les animaux, en se procurant toutes les jouissances possibles : bien manger, bien boire, afin d'être disposé à d'autres plaisirs, (vous le savez, *sine Cerere et Baccho friget Venus*), en donnant, en un mot, de la satisfaction à son corps, comme faisaient les anciens à Ninive, à Paphos, à Si-

______

(1) Il n'est pas besoin de réfuter un tel raisonnement : on se mortifie, parce que la nature entraîne au mal. Si vous avez largement bu et mangé, vous êtes davantage porté à la volupté, et la volupté est éteinte par le jeûne.

don, aux fêtes d'Astarté et d'Adonis, ou bien, aujourd'hui, si je suis un robuste et solide Yankee, un entreprenant pionnier, en abattant, dans les forêts, les chênes à coups de hache, et les Indiens à coups de fusil, pour me faire place, et vivre en maître et à ma fantaisie. Voilà un but que je comprends, qui est celui du bon sens, et que poursuivent tous les hommes de bon sens ! Mais chercher à se perfectionner, tâcher de « devenir meilleur, » doux, patient, modeste, charitable, etc., quelle inutilité ! quelle rêverie ! Cela ne peut entrer dans un cerveau bien conformé. Vraiment, « la croyance des gens de cette sorte est au-dessus ou *au-dessous de tout raisonnement !* »

Oui rien ne paraît plus déraisonnable à M. Herbert Spencer, et même plus comique ; il en rit de tout son cœur, et s'amuse à railler le Christ. Ah ! il était bon, votre maître Jésus, avec ses apophtegmes : « Bienheureux les miséricordieux ! bienheureux ceux qui ont pitié des pauvres ! » Voulez-vous que je traduise ces maximes en langage vulgaire : « Si les sacrifices que chacun s'impose, pour atteindre la béatitude, ont pour but d'aider les autres à atteindre le même idéal, il en résulte que chacun doit parvenir à cet état de béatitude, — rempli, d'ailleurs, de peine, — afin de permettre aux autres d'arriver à cet état à la fois bienheureux et pénible. » En d'autres termes, c'est en se regardant tous souffrir que tous seront heureux : « La conscience bienheureuse se formera *par la contemplation de la conscience de tous dans une condition de souffrance.* » On n'a jamais vu une absurdité plus complète ; on ne discute pas cela, il suffit de l'exposer : « C'est au-dessus ou au-dessous de tout raisonnement ! » M. Herbert Spencer dit vrai, de tout raisonnement d'un gentleman positiviste comme M. Herbert Spencer, qui a découvert, au bout de dix-neuf cents ans, le sens de ces paroles du Christ.

La vraie perfection, au contraire, M. Herbert Spencer va nous la dire : la perfection d'un homme signifie qu'il « est constitué de manière à effectuer une complète adaptation des actes *aux fins de tout genre.* »

Quoique ce langage soit assez lourd, je le comprends, dites-vous; mais, Monsieur Herbert Spencer, s'agit-il non seulement des *fins*, mais des *actes de tout genre?*

— Certainement : « *Tout acte* destiné à accroître la vie est *juste.* »

— Mais, avez-vous bien réfléchi à ce que ce mot entraîne : tout acte!... tout acte! Il y a bien des actes, et des moins moraux, qui peuvent *accroître la vie.*

— Et « l'aptitude à *procurer le bonheur,* continue M. H. Spencer, est le dernier *criterium* de la perfection de l'homme. »

— C'est-à-dire... mais non! il est trop difficile d'insister et d'entrer dans le détail...

— « C'est ce que ne comprennent pas les ascètes. »

— Je le crois sans peine!

— Et ceux qui cherchent par la mortification la perfection et la vertu. Et, si vous voulez que je me résume et conclue, je dirai : la fin suprême, c'est le plaisir. Et ce n'est pas moi qui le déclare, c'est tout le monde : « Le *plaisir* est *hautement* reconnu comme *la fin suprême.* » Attendez, le plaisir, « sous une forme ou sous une autre. »

— Quoi! M. H. Spencer, voulez-vous dire Cythère ou Gomorrhe?

— La vertu n'est que cela, et je l'affirme : « Pour définir la *vertu,* la perfection, il faut toujours revenir au *bonheur.* » Vous ne sauriez donner une autre base à la morale, un autre principe de morale : le plaisir, « *de quelque nature qu'il soit,* à quelque moment que ce soit, et n'importe pour quel être, » voilà « l'*élément essentiel* de toute conception de *moralité,* » entendez-vous?

J'entends bien, j'ai très bien compris, il ne peut y avoir de doute; et je ne doute pas, non plus, que le maréchal de Richelieu et Ninon de Lenclos auraient parfaitement entendu et accueilli cette morale, eux qui savaient faire leur vie *la plus grande possible en longueur et en largeur,* qui possédaient l'*aptitude* de procurer le *bonheur* jusqu'à plus de quatre-vingts ans, n'importe *pour quel être,* et à *quelque moment que ce fût!* Et l'on peut aussi conjecturer que cette morale obtiendrait l'assentiment de tous les corsaires de bourse et de salon, qui ont assez d'intelligence pour comprendre que l'argent est le meilleur moyen de se donner des *sensations agréables,* assez hardis pour l'accaparer par des *actes de tout genre,* et assez habiles pour se procurer des plaisirs *de quelque nature que ce soit,* sans se faire prendre par les gendarmes !

Seulement, je ne comprends pas pourquoi M. H. Spencer a pris la peine d'écrire tant et de si gros volumes, pour développer une idée si simple; il lui suffisait de poser ces deux axiomes :

1° La fin suprême, c'est le plaisir;

2° Ceux qui le nient sont des imbéciles.

Tout le monde eût compris, et personne ne lui en eût demandé la démonstration, surtout les gens *raisonnables,* qui, sans se dire philosophes *positivistes,* pratiquent ouvertement la morale *positiviste.*

Quant à lui, il faut lui rendre cette justice, il ne ressemble en rien à ces positivistes pratiques; il est de ceux qui disent : *théorie,* soit, mais *pratique,* non; semblable à la plupart des philosophes, qui se donnent le plaisir de développer sur le papier un système bizarre, mais bien construit et qui atteste leur force d'esprit, tout en pensant au fond tout le contraire de leur système, et en vivant au rebours de leur système.

III.

M. Coste. Il ne suffit pas, cependant, d'avoir une morale fondée sur le plaisir ou sur une équation algébrique : il lui faut une sanction, une loi qui récompense ou punisse les actions selon leur mérite. M. Coste s'en est occupé, M. Coste, le grand inventeur, dont nous montrerons bientôt les ressources d'esprit (il est le fondateur de *l'Église au vingtième siècle*). Il a songé à la sanction de la nouvelle morale, et il nous la présente complète, au moyen d'une immortalité nouvelle, qu'il a trouvée, avec un nouveau ciel, un nouvel enfer et même un nouveau purgatoire.

M. Coste est positiviste. Un prêtre savant a consacré à expliquer le Positivisme et à le réfuter deux volumes (1), qui ne laissent plus rien à dire : quinze cents pages sur le Positivisme, c'est plus de pages que de positivistes. Quand on a nommé Littré (le premier Littré, avant sa conversion); M. Narval, le traducteur de Strauss ; M. Taine (l'ancien Taine, aussi), quatre ou cinq autres en France et à l'étranger, M. Stuart Mill, M. Herbert Spencer, Mlle Cl. Royer, que j'allais oublier, il n'y a plus personne. De temps en temps, cette demi-douzaine de positivistes lancent une brochure, une revue, qui tâche de prendre feu, siffle et s'éteint, en fumant, dans le ruisseau. L'école est vide, point d'élèves : les seuls qui viennent y conférer, sont les professeurs, qui s'écoutent mutuellement et ont l'air de se comprendre. Ce n'était vraiment pas la peine

_____
(1) M. l'abbé de Broglie, *le Positivisme.*

d'amener de si gros canons, pour jeter à bas cette bicoque défendue, comme l'île de Tabarka, par deux soldats : elle se fût écroulée toute seule, par l'abandon même où on l'eût laissée.

Ce n'est donc pas comme *positiviste* que je m'occupe de M. Coste, mais parce qu'il représente nombre de savants, qui croient que le monde peut être organisé au moyen de combinaisons scientifiques, philosophiques, mathématiques : tristes esprits faussés par des études exclusivement *positives*.

M. Coste explique d'abord ses idées sur *Dieu* : elles n'ont rien de bien neuf, ce sont celles des *savants* d'aujourd'hui : « La nature est une raison impersonnelle, agissante... un gouvernement impersonnel, qui n'acquiert la personnalité que dans la raison humaine... la divinité ne s'achève que dans l'homme, etc. (1). » Il y a eu plusieurs conceptions de Dieu : les dieux d'Homère, le Dieu des Sémites, Jéhovah, lequel avait la prétention exorbitante « qu'on n'adorât pas d'autre que lui. » Concevez-vous une pareille exigence! Sur quoi, je demanderai la permission de faire à M. Coste une observation : puisque vous êtes si scandalisé de cette prétention, c'est donc que les autres dieux ne l'exigeaient pas? Et, si un seul l'exigeait, ne serait-ce pas parce qu'il avait la *conscience* (terme scientifique) d'être le *seul* véritablement Dieu? et ne serait-ce pas une preuve, en effet, qu'il est le vrai Dieu?

Plus tard, continue M. Coste, « les dieux eurent une *providence*, etc. » Mais, sans poursuivre la palingénésie de ces dieux, et pour en venir tout de suite au temps présent, *le tour de l'homme d'être Dieu,* M. Coste l'établit, *est arrivé;* et c'est ici qu'il nous révèle sa découverte, la nouvelle immortalité.

(1) M. A. Coste, *Dieu et l'Ame.*

L'immortalité nouvelle.

L'homme devient dieu : si Dieu est celui qui connaît les *lois de la nature,* « nous nous en rapprochons tous les jours ; » nous sommes déjà maîtres, « ou *à peu près,* des lois phénoménales. » Qui sait même, ajoute-t-il avec M. Renan, si l'homme n'arrivera pas à connaître la *loi de la vie ?* si un « chimiste ne transformera pas toute chose, » si l'homme, étant *maître du secret de la vie,* n'aura pas la science infinie, et si « la *science infinie* n'amènera pas le *pouvoir infini ?* » Autrement dit : qui sait si nous n'abolirons pas la *mort ?*

C'est la réalisation du vœu d'un poète, de M. Victor Hugo : « *La science finira par tourner la position.* »

Et il ne faut pas croire que ce soit là une opinion isolée : c'est celle de plusieurs athées de notre temps. En voici un qui exprime formellement l'espoir, presque l'assurance de *ne pas mourir :* après avoir tracé le tableau de l'avenir, du progrès «indéfini, sans limites, éternel, » de l'avenir où la paix sera perpétuelle, où le monde «sera inondé de lumière et de beauté, » où il n'y aura « aucune place pour *cet au delà mystérieux* auquel *les religions du passé* rapportaient et sacrifiaient toute notre existence, » etc. : « L'espoir de *vaincre la mort,* s'écrie-t-il, de *prolonger : indéfiniment le cours de l'existence humaine,* cet espoir même n'est plus *chimérique :* la science, par la bouche de Claude Bernard, a *confirmé* ces pressentiments (1). »

Je voudrais bien savoir où et comment Claude Bernard, que l'on fait beaucoup parler depuis quelque temps, a *confirmé* cet espoir. Lui qui déclarait si énergiquement que la génération spontanée était « une vue qui lui paraissait tout à fait *inadmissible,* même comme hypothèse » (2), c'est-à-dire, qui niait l'éter-

(1) Edme Champion, *Philosophie de l'histoire de France,* 1882.
(2) *Physiologie expérimentale,* p. 148, citée par M. Arduin : *la Religion en face de la science,* t. II.

nité de la matière dans le passé, comment l'aurait-il admise dans l'avenir, en accordant à l'homme la faculté de ne pas mourir?

Malheureusement pour M. Victor Hugo, M. Renan et M. Champion, ni l'un ni l'autre ne profiteront de cette victoire sur la mort : la mort n'aura pas été encore abolie. Ils ne peuvent s'empêcher de soupirer : C'est bien fâcheux (1)!

(1) Ces philosophes et ces savants n'ont sans doute pas réfléchi à ce qu'ils demandent : *l'abolition de la mort* entraînerait, en effet, des conséquences qui ne sont pas de médiocre importance : la première est la nécessité de vivre toujours jeune, fort et vigoureux; car, sans ces avantages, ce n'est pas la peine de vivre; il faut que la terre soit un paradis, tel que l'entend M. Victor Hugo : « *des parents toujours jeunes, et des enfants toujours petits.* »

En second lieu, les malheureux devront pouvoir se tuer, ce qui suppose le néant; or, le néant suppose la négation de Dieu. Mais déjà, si je peux vivre toujours, il n'y a pas de vie à venir; par suite, plus de Dieu à connaître; donc Dieu n'existe pas.

Or, c'est là une difficulté qui n'a pas encore été surmontée, et ce qui a été dit de plus fort sur ce point est le mot de Pascal : « Incompréhensible que Dieu soit; incompréhensible que Dieu ne soit pas. »

En outre, la terre, qui n'est qu'imparfaitement peuplée, suffira quelque temps à l'humanité sans cesse croissante ; mais, dans mille ans, deux mille ans, cent mille ans, elle sera incapable de nourrir tous ces hommes de plus en plus pressés sur sa surface trop étroite; alors, — en supposant que ce ne soit pas plus tôt; — les hommes se jetteront les uns sur les autres, et feront de larges coupes dans cette masse compacte de l'humanité; la terre sera le théâtre d'une effroyable et immense tuerie, et l'expérience apprendra même à la réglementer; des massacres périodiques et réguliers seront le résultat dernier de la découverte scientifique qui aura *aboli la mort*.

On ne fait qu'indiquer quelques-unes des conséquences de ce *progrès scientifique;* il y a bien d'autres résultats moraux, intellectuels, sociaux, politiques, qu'il serait facile de montrer, si de telles rêveries méritaient qu'on s'y arrêtât.

L'abolition de la mort, exceptionnelle pour l'homme, serait la plus horrible catastrophe qui eût jamais frappé le genre humain, et le monde reconnaîtrait alors que la mort, loi universelle qui atteint

— Mais, leur dit M. Coste, ne vous chagrinez pas : vous serez immortels, je vous le promets et je vais vous le démontrer.

— Comment?

— D'abord, ce qui se divinise, ce qui devient dieu, ce n'est pas tel ou tel homme, c'est la société.

: — Peste! ce n'est pas la même chose du tout! la société, ce n'est pas moi!

— C'est fort heureux, au contraire : car, si un homme devenait dieu, il serait le maître.

— Eh bien! dit M. Victor Hugo, je n'y vois pas d'inconvénient!

— Le maître, je dis plus, « un despote, » un tyran; et, si plusieurs devenaient dieux, ils fonderaient « une oligarchie, » une société, un syndicat de dieux, qui écraserait tout, comme les anciens dieux, et avec tous « les abus et les caprices » des anciens dieux! Il est donc fort heureux que la société seule devienne dieu.

M. Victor Hugo hoche la tête, à cette conclusion : il lui eût assez convenu de devenir dieu *individuel*. Car c'est précisément ce qu'il rêvait : tous les hommes, disait-il, « toutes les chenilles humaines, ne peuvent pas être immortels. » A quoi bon! Comment l'ont-ils mérité? Ce privilège ne doit appartenir « qu'à certains hommes, » aux grands poètes, par exemple; et il ne lui répugnerait pas d'être exposé aux tentations et aux « caprices » des anciens dieux (1).

— Je ne me soucie guère, dit-il, de la divinité de la société et de votre prétendue immortalité; je n'y vois aucun profit pour moi personnellement.

— Vous vous trompez! vous en avez beaucoup, et

tous les êtres de la création, est le plus grand bienfait accordé par Dieu à l'homme.

(1) Voyez *le Temps*, 3 septembre 1878 : conversation de M. Victor Hugo, citée par M. Coste.

je vais encore vous le prouver. Il ne faut pas croire
que votre vie est finie, quand vous mourez. Vous re-
naissez; vous reparaissez dans un autre homme, de
même caractère, de même esprit, de mêmes facultés,
de même intelligence, de même génie que vous. Ainsi
Goëthe, c'est Homère! Oui, Homère, qui, tour à tour,
a été Hésiode, Lucrèce, Virgile, Dante, et enfin Goëthe.
Goëthe admirait beaucoup Homère, Hésiode, Lucrèce,
Virgile et Dante : « Il goûtait avec passion leurs sentiments sublimes, leurs admirables productions, » il
éprouvait pour eux « une sympathie extraordinaire. »
Qu'est-ce que cela signifie? Qu'il était « identique »
à Homère, à Hésiode, etc; qu'ils étaient *réincarnés* en
lui, qu'ils étaient lui, ou lui eux : donc, il n'avait pas
cessé de vivre, il vivait depuis des milliers d'années,
il était immortel! C'est évident!

— J'entends bien! Oui, sans doute! mais...

— Mais, quoi?

— Ce n'est pas là l'immortalité, la vraie!

— L'immortalité, « comme on l'imagine communé-
ment! » Est-ce que vous vous abaisseriez à cette mes-
quine opinion vulgaire, vous, Monsieur Victor Hugo?
L'immortalité dont je vous parle est « une certaine
immortalité, » très acceptable, je dirai même, « féconde en joie. »

— Oui! Mais il y a une objection, une assez forte
objection : Goëthe, dites-vous, était Dante, auparavant
Virgile, avant Virgile Lucrèce, avant Lucrèce Hésiode,
avant Hésiode Homère. C'est qu'il y a une furieuse distance de l'un à l'autre! D'Homère à Hésiode, on ne sait
pas, on n'a pas de date certaine; de Virgile à Lucrèce, ce
serait peu, une cinquantaine d'années; mais de Virgile
à Dante, savez-vous qu'il s'agit de mille trois cents
ans; et, de Dante à Goëthe, de cinq cents ans environ!
Ce sont des lacunes énormes. Que devenaient, pendant

ce temps-là, les idées, les facultés, l'intelligence, le génie d'Homère? Il avait bien le temps de s'évaporer !

— Du tout! Comment un génie tel que vous peut-il se laisser ébranler par de si misérables objections? Qu'est-ce que des siècles dans l'éternité! Comme dit M. Renan : « Dormir une heure, ou dix siècles, c'est la même chose! » Qu'importe la lacune! Goëthe, c'est Homère! De même, Pascal, c'est Euclide; Kant, c'est Platon; Newton, c'est Archimède, etc.; et vous, Monsieur Victor Hugo, peut-être êtes-vous Shakespeare!

— C'est différent! dit M. V. Hugo radouci, oui, Shakespeare, et probablement aussi, Pindare, Corneille, Dante, Job, saint Jean et Rabelais (1) !

— Ce n'est pas impossible! il faut « laisser à l'*imagination de chacun* le soin de continuer ces considérations vraiment inépuisables sur la perpétuité de la vie. » Voilà le ciel, « le ciel rêvé par les poètes et les mystiques, » Rien de plus satisfaisant! C'est « le dénouement idéal ! »

Maintenant, si vous le désirez, je vous montrerai qu'il n'y a pas que le ciel; il y a aussi l'enfer et le purgatoire.

— Quoi ! le purgatoire?

— Sans doute : le purgatoire, c'est la jeunesse !

— Comment ! mais la jeunesse est précisément le plus beau temps de la vie : la jeunesse, l'époque des illusions, de la foi, de l'espérance et de l'amour!

— Du tout! C'est une erreur : la jeunesse, c'est le purgatoire. Quand elle est finie, quand vous êtes désenchanté, désabusé, que vous avez touché le roc aride de toutes choses, que vous avez perdu la trop grande fraîcheur des idées, l'ardente vivacité de l'esprit, la foi confiante, les espérances lointaines; quand vous êtes devenu indifférent à l'amour, peu susceptible

(1) Voyez Victor Hugo, *Shakespeare.*

d'aimer et d'être aimé, « parvenu, en un mot, *à la seconde moitié de votre âge,* » on peut dire que vous avez « *terminé votre purgatoire.* »

— Mon purgatoire! Vous vous trompez! au contraire...

— Alors, vous commencez à jouir, vous entrez dans le ciel, « dans le *Paradis terrestre,* » où vous trouvez « les honneurs, les bons sentiments, l'amour de vos enfants, etc. »

— Et si mes enfants ne m'aiment pas...

— Alors...

— Si l'on ne m'accorde pas d'*honneurs?* si, après avoir conquis, grâce à mon travail et à mes talents, une position honorable, la considération et l'estime de mes concitoyens, je suis chassé de mon emploi par une révolution, persécuté, ruiné par quelque république, qui survient tout coup, comme le voleur de l'Évangile? Si...

— Alors, c'est l'enfer! C'est ce que je vous disais : nous avons tout dans notre immortalité, le paradis, le purgatoire et l'enfer.

— Mais cet enfer, je ne l'aurai pas mérité !

— Soit! mais n'avez-vous pas votre conscience, qui « vous procure de *véritables satisfactions?* » Que voulez-vous de plus? C'est l'enfer, et ce n'est pas l'enfer; on peut même dire que c'est le ciel !

Ainsi, pas d'objections : l'immortalité dont vous avez l'espérance, l'immortalité que vous désirez, l'immortalité que peut bien vous promettre la Religion, mais qu'elle « *ne peut jamais démontrer,* » moi, Coste, je vous la donne; je vous la fais voir, toucher, « fondée sur des éléments *positifs.* » L'immortalité, c'est la vie! *La vie immortelle, c'est la vie où l'on meurt :* voilà ma découverte !

————————

CHAPITRE VI.

L'ÉCOLE ET L'ÉGLISE.

SOMMAIRE : *L'École.* — M. Leconte de Lisle : *Histoire populaire du Christianisme.* — M. Maurice Vernes : *Laïcisation de l'Histoire sainte.* — M. Gellion-Danglar : *Enseignement de l'Évangile* — M. Coste : *Une Église au vingtième siècle.* — M. J. Soury et M. de Hellewald : *La Philosophie naturelle; vie scientifique et fin de la nouvelle société.*

I.

L'école. Les organisateurs de la société nouvelle se sont préoccupés de l'*école*, de l'enseignement qu'on donne dans l'école primaire surtout, qui prend entre ses mains l'enfant encore bégayant, le pétrit, le modèle et lui impose la forme sous laquelle il sera homme et remplira un rôle dans le monde.

Pour ces écoles, il faut des *savants* d'un ordre moins élevé, mais dépouillés de préjugés, et aspirant à aller aussi loin que la *science* la plus avancée. Nous en connaissons plusieurs : M. Grant Allen, qui a découvert que les *arts* avaient été inventés par les *insectes;* M. Hugo Magnus, qui nous a appris que le *bleu* avait été révélé au monde par les Allemands; M. P. Bert, l'*athlète* de la science, qui a *tombé* Dieu; ce grave répétiteur dont j'ai oublié le nom, qui a reconnu pourquoi les hommes croient en Dieu : c'est « qu'*ils ont des cors aux pieds;* » ce *savant* Russe, qui a promis de « *montrer l'âme* sous le microscope, » et se fait fort de « donner aux *lapins l'intelligence* de l'homme, *en leur faisant manger du phosphore,* » etc.

On a aussi des professeurs de philosophie, d'histoire, de morale : outre la fameuse Mlle Clémence Royer, qui enseigne à être heureux par formules algébriques, M. Renan, M. Soury, M. Herbert Spencer, etc.; quelques-uns même enfin, qui ne sont pas des *savants*, mais qui suppléent à la science par la bonne volonté : M. Maurice Vernes, qui s'est chargé d'enseigner l'*Histoire sainte*; M. Gellion-Danglar, l'*Évangile*; M. Coste, architecte et *cicerone* d'une *nouvelle Église*; M. Leconte de Lisle, qui fait un cours, le soir, aux adultes, sur l'*Histoire du Christianisme*, etc. (1).

Un mot, d'abord sur celui-ci : M. Leconte de Lisle est un poète, auteur de *Poèmes barbares*, de *Poèmes antiques*, de *Poèmes indoustaniques,* etc., c'est-à-dire, de *poèmes savants.* Nous le connaissons, dites-vous : c'est l'ennui même ! Qui ne sait les effets de ses poèmes sur les lecteurs? On a craint pour la vie de quelques-uns : ils étaient tombés en catalepsie!

Comment on y enseigne l'histoire de la Religion.

Il n'y a pas à redouter, ici, un tel danger : on ne dort pas à son cours, tant il y accumule de contes, d'imaginations, et d'inventions des plus curieuses.

Son style, à la vérité, est creux et glacé, comme ses poèmes; mais il a soin de couper son récit en petites tranches, de trois ou quatre lignes, dont le dernier mot est un blasphème : on voit qu'il a voulu imiter Voltaire; il n'y manque que l'esprit.

Son procédé consiste à raconter l'*Histoire du Christianisme* en parodie. Il n'est pas tout à fait de la force de La Vicòmterie, le régicide, auteur des *Crimes des Papes* (2); il se trompe parfois assez lourdement, quand, par exemple, il qualifie de *saint* Clément

---

(1) Voyez Leconte de Lisle, *Histoire populaire du Christianisme.*

(2) Ce livre est un peu oublié aujourd'hui; un seul trait peut en donner une idée : il raconte sérieusement que Catherine de Médicis envoya la tête de Coligny au pape Grégoire XIII; et, afin de rendre l'histoire plus vraisemblable et dramatique, le fait est représenté dans une gravure, où le pape, assis sur son trône et entouré de toute sa cour, se penche, avec des regards étincelants de joie, vers cette tête que lui offre un seigneur français à genoux.

d'Alexandrie, qui n'est pas saint, ou fait un *catholique* de l'historien allemand Ranke, qui est *protestant*. Ce qu'il trouve, cependant, n'est pas à dédaigner : « Saint Jacques, dit-il, martyrisé à quatre-vingt-seize ans, ne s'était jamais coupé les cheveux et ne s'était jamais baigné. Selon toutes les probabilités, l'expression consacrée : *mourir en odeur de sainteté,* fait allusion à cette coutume pieuse de saint Jacques. » N'est-ce pas délicat et fin ?

Il vous apprend que « Tertullien, un des docteurs de l'Église, croyait à la *matérialité de l'âme* » — pourquoi pas, aussi, l'Église ? — que ce n'est pas Omar qui brûla la bibliothèque d'Alexandrie ; les chrétiens l'ont calomnié : « C'est l'évêque Théophile, qui détruisit cette bibliothèque, où étaient renfermés tous les trésors de l'intelligence antique, » et qui dit sans doute le mot célèbre : « S'il n'y a que le Coran, nous l'avons ; s'il y a d'autres livres que le Coran, ils sont inutiles. » De même, c'est un pape, saint Grégoire le Grand, qui brûla la bibliothèque Palatine et « *tous les exemplaires de Tite-Live qu'il put trouver !* » Les papes, d'ailleurs, avaient des « mœurs horribles ; » mais, selon saint Augustin, « tout est au mieux, pourvu qu'on ait *la foi !* » « Ils commirent tous les crimes connus et ceux qu'*il est impossible d'imaginer.* » A la bonne heure ! on reconnaît là le poète : il imagine des choses qu'on ne peut imaginer !

Sait-on de quelle façon les papes étaient élus ? « En 1049, l'un d'eux, Brunon, fut appelé au pontificat *par tous les oiseaux et les chiens de Rome,* qui ne cessèrent d'aboyer et de siffler miraculeusement *Leo Pontifex.* » Et les conciles ? Au huitième siècle, « un synode, tenu en Angleterre, décréta qu'il ne fallait ni attenter à la vie du roi, ni *couper la queue aux chevaux !* » Voilà ce dont s'occupaient les conciles. Et les grands hommes? Saint Louis, « ses vertus lui étaient propres, *ses vices étaient chrétiens ;* » n'est-ce pas le coup de pinceau d'un grand peintre! Enfin, après beaucoup d'autres découvertes aussi précieuses, M. Leconte de Lisle s'arrête brusquement à Innocent XII : « Innocent XII mourut le 10 juillet 1700; nous terminerons ici notre travail. » Pourquoi *ici?* Il ne le dit pas, mais il finit par une tirade à laquelle il n'y a rien à répliquer : « Le Christianisme, et il faut entendre ici toutes les communions chrétiennes, depuis le Catholicisme jusqu'aux plus infimes sectes Protestantes ou schismatiques, n'a jamais exercé qu'une *influence déplorable* sur les *intelligences* et sur les *mœurs*. Il a perpétuellement nié et combattu toutes les *vérités* acquises par la science; il est *variable, indifférent en morale ;* il condamne la *pensée,* il anéantit la *raison,* etc. »

Pour l'évidence de cette conclusion, il n'y a de comparable que le début de son *Histoire populaire de la Révolution :* « La nation Française était *abêtie* et tyrannisée depuis des siècles; le roi, la noblesse, le clergé, possédaient la terre, *les esprits et les corps.* Le peuple *tout entier* travaillait et mourait *sous le bâton; ni lois, ni droits,* etc. »

Le peuple croit tout, et d'abord, a-t-on dit; M. Leconte de Lisle sait bien à qui il s'adresse : « Pour le peuple, a écrit Tacite, ni jugement ni vérité. »

II.

M. Vernes n'approuve pas les procédés de M. Leconte de Lisle; il le trouve trop violent. Il s'est chargé, lui, de l'*Histoire sainte,* et comme il s'en tire! Quoi de plus embarrassant que cette histoire, toute remplie du nom de *Dieu,* des paroles de *Dieu,* des actes de *Dieu!* Eh bien, M. Maurice Vernes, qui est directeur

de la *Revue de l'Histoire des Religions*, a découvert le
moyen d'enseigner l'*Histoire sainte*, sans parler de Dieu,
aux enfants que leurs mamans voudraient rendre
athées. Ce moyen se résume dans un seul mot, le mot
magique, *laïciser* : il suffit de *laïciser l'Histoire
sainte* (1).

M. Vernes est précisément propre à cette réforme :
un homme doux, un air humble, on dirait *béat*, si on
ne craignait de le blesser; il n'effraye personne : au
contraire, il marche comme avec des chaussons de
lisière, sans faire de bruit sur le parquet; il parle à
demi-voix, avec onction, en souriant, et les yeux bais-
sés : il rappelle ce bon M. Tartufe. Cette physionomie
tranquille gagne la confiance, on l'écoute; il n'a qu'à
dire : il est si raisonnable, si poli, si respectueux et
semble si respectable ! Parlez, cher monsieur Vernes,
vous ne pouvez donner que d'excellents conseils;
nous sommes tout prêts à les suivre !

Personne ne méconnaît, fait-il d'abord remarquer,
«les graves inconvénients d'une *direction religieuse*
étrangère, » je dirai plus, « *hostile* à l'esprit de la civilisation contemporaine. » Il importe donc de *laïciser*
l'Histoire sainte, c'est-à-dire, l'Histoire des Juifs, et
« des récits du Nouveau Testament, relatifs à la personne de Jésus de Nazareth. »

Est-il possible d'être plus réservé? Il commence
alors, exposant avec ordre son sujet, et le divisant mé-
thodiquement.

Il y a, dit-il, deux points à considérer : la nécessité
d'enseigner l'*Histoire sainte*, et la nécessité non moins
inéluctable de la rendre inoffensive. (*Inéluctable* est,
aujourd'hui, à la mode : c'est un mot de poids, qui
emporte tout et décide tout.)

____

(1) Voy. *Revue scientifique*, 1880.

Il est nécessaire de l'enseigner : car, il faut bien
le reconnaître, les Juifs ont rempli un certain rôle
dans l'histoire ; leur capitale, Jérusalem, est connue,
« son nom revient sans cesse dans la conversation ; »
Michelet a même dit, à ce sujet, un mot à retenir :
nous devons donc parler de Jérusalem, comme « de
Rome ou d'Athènes. » Seconde raison : il y a encore
des Juifs dans le monde, ils vivent au milieu de nous,
et on ne saurait les dédaigner : ils sont financiers, ban-
quiers, capitalistes. Le judaïsme ! mais « c'est un des
principaux *facteurs* du monde moderne ! » *Facteur !*
c'est un *facteur !* Autre mot, auquel on ne résiste pas.

Donc, obligation de connaître l'Histoire dite *sainte*,
l'histoire des Juifs.

Mais, d'autre part, l'enseignement de l'Histoire sainte
est, en réalité, l'enseignement religieux. Comment
l'enseigner? Comment? Par le procédé scientifique, le
transformisme. Nous ne « supprimons » pas, nous
« *transformons!* » Et il ne s'agit pas, remarquez-le,
« des prières, des exercices du culte, » pas même du
« catéchisme. » Et pourtant, on sait ce qu'est le catéchisme, ce « produit suranné, legs du moyen age et
de la scolastique, cette substance indigeste, subtile
et niaise, » qu'on impose « aux cervelles fraîches de
nos enfants! » Nous ne pouvons malheureusement
encore le supprimer : il n'y a pas de loi! Que de pas,
cependant, nous avons faits depuis Jouffroy, qui trouvait dans le catéchisme toutes les réponses aux questions de la philosophie! Jouffroy était un déiste : le
progrès l'a laissé bien en arrière! Attendons un peu :
il n'y aura pas à transformer le catéchisme, il y aura
simplement à le rayer en entier!

Mais, en nous en tenant, pour le moment, à l'Histoire sainte, il est très aisé de la transformer : il suffit
d'élaguer tous « les passages où apparaît le surnatu-

rel. » (Je n'ai pas besoin d'expliquer que le *surnaturel,* c'est Dieu, les miracles, etc.) Comment, en effet, admettre le surnaturel? A quoi est-il bon? Uniquement à jeter « la perturbation dans les lois *naturelles,* » c'est-à-dire, les lois *qu'a faites* la nature; or, la nature *s'est faite* toute seule : donc il n'y a pas de surnaturel! Impossible de réfuter ce raisonnement!

Nous supprimons le surnaturel de l'Histoire sainte, et en voici un exemple, qui « pourrait être l'entrée en matière d'une Histoire sainte élémentaire. »

« Les Juifs, peuple *ancien,* » —- nous pouvons le leur accorder sans inconvénient : il y a une quantité de peuples *anciens,* — « auquel ont appartenu *les* fondateurs de la religion Chrétienne » —vous saisissez la nuance : *les* fondateurs, et non *le* fondateur ! Jésus-Christ est, par ce seul mot, considérablement diminué, on peut dire, annihilé, — « possédaient des *légendes* sur les origines de leur nation. » Le professeur expliquera le mot *légende : légende,* dit Littré, synonyme : *conte, fable,* etc.

« Ici, je placerais un choix de récits *sévèrement expurgés;* j'écarterais, sans hésiter, la *création.* » Évidemment : puisque le monde s'est fait tout seul, point de Dieu, point de création; et surtout « le récit de la *chute.* » Je le sais, on trouve partout la chute, sous cent formes diverses, dans l'Inde, même dans l'Amérique : cela prouve que c'est une *légende!* N'a-t-on pas démontré récemment que le serpent, le fameux serpent du Paradis terrestre, n'était qu'un *nuage?* « J'ajourherais aussi le récit du *déluge* »; le souvenir du déluge existe chez tous les peuples; rien de plus concevable : c'est une *légende!* « De même, pour la *tour de Babel.* » La tour de Babel, quelle *légende* évidente ! Parce que quelques savants renommés, des Assyriologues, Layard, Oppert, Botta, Rawlinson, ont retrouvé,

aux environs de Babylone, d'énormes amas de briques,
des assises de murs gigantesques, qui formaient un
monticule, que les Bédouins appellent *Babel,* ou d'un
nom qui ressemble à *Babel,* il faut que nous croyions
à la tour de Babel! *Légende!* simple légende! « Je
marquerais le caractère *légendaire, fabuleux* de ces
histoires populaires! » Et « la délivrance de l'Égypte, »
et « le peuple élu! » « La *délivrance d'Égypte!* cela
a l'air, cela prend les allures d'un miracle. » *Légende!*
légende! Et, quant au peuple « élu, » pourquoi *élu?*
Parce que, dit-on, seul de tous les peuples, il avait
gardé l'idée du vrai Dieu. Raison de plus pour qu'il ne
soit pas *élu!* Puisqu'il n'y a pas de Dieu, il n'y a ni
vrai ni faux Dieu; tous sont également des mythes,
des rêves, des *légendes!* Légende! légende!

Bien entendu, le *Nouveau Testament* « sera l'objet
d'un choix dicté par les mêmes motifs. » Nous élimi-
nerons tous les miracles, tout le surnaturel « ingénieux, si l'on veut, » toute « la floraison de merveilleux dont la naïveté a paré l'histoire de Jésus. » Et
alors, nous aurons, pour enseigner l'histoire du peuple
Juif, dont « la destinée est, je le répète, un des *grands*
facteurs du milieu intellectuel et moral où l'enfant
va être plongé, » un livre excellemment propre à former
l'esprit de l'enfant, « un manuel *rationnel,* » car on
y « a fait une place à la critique religieuse, » c'est-à-
dire, on en a éliminé toute idée religieuse!

Et voyez quels avantages résultent aussitôt de cet
enseignement *laïque!* 1° Il est « désagréable à plusieurs, » beaucoup « plus désagréable qu'une suppression pure et simple. » Vous comprenez: *plusieurs,*
ce sont les Chrétiens; les Chrétiens seront singulièrement vexés, car ils verront bien où nous voulons

Avantages de
l'enseignement
laïque.

en venir, à la destruction totale de la Religion. Pas besoin d'en dire davantage : « *Nous nous comprenons à demi-mot !* »

2° Par la suppression du surnaturel, du merveilleux, de Dieu, nous laissons de côté une quantité de « subtilités, » d'inutilités, telles que « la destinée future » de l'homme, « *l'esprit et la matière,* » « l'opposition du *principe spirituel* et du *principe matériel,* etc. » La destinée future, l'esprit et la matière, la distinction du corps et de l'âme, qu'est-ce, je vous prie, sinon « des arguties, » bonnes pour « un saint Augustin, ou un saint Paul, » pour « un Platon, » que goûtent tant les Chrétiens, parce qu'il s'occupe de ces questions « stérilisantes, » pénibles, maladives et malfaisantes ! Je vous l'affirme, moi : qu'on laisse ces sujets désagréables et « chimériques » à la théologie et à la métaphysique, « ces deux *mentalités* surnaturelles, » comme les appelle mon ami Robinet (1); elles n'ont pour effet que de tourmenter les hommes : les hommes sont sans cesse à se demander *ce qu'ils deviennent après leur mort?* c'est une angoisse perpétuelle ! Eh ! qu'on ne parle plus de tout cela ! Quand on n'en parlera plus, on n'y pensera plus !

3° Nous enseignerons ainsi aux enfants la vraie morale, c'est-à-dire, « la solidarité, » la solidarité de tous les individus « dans une nation entière, » comme qui dirait de « tous les membres d'un corps. » On leur montrera la justice évidente qui règne dans la société, « *la règle partout;* » la réussite de « *tout effort;* » tous les hommes récompensés ou punis selon leurs mérites, « non pas dans un monde à venir, mais *dans le monde présent.* » Vous le voyez, chaque jour, les gens improbes et malhonnêtes sont invariablement

____

(1) *La Philosophie positiviste.*

honnis, conspués, délaissés, réduits à la pauvreté et à la misère ; vous n'en rencontrez pas un qui ne soit le plus malheureux des hommes. Les honnêtes gens, au contraire, sont tous, sans exception, comblés de biens, d'honneurs et de dignités, choisis pour les plus hauts emplois, riches, heureux et honorés ; pas un seul qui ne possède tous ces bonheurs : si ce n'est lui, c'est « son frère, ou son fils, » — ou bien *quelqu'un des siens !*

Comprenez-vous l'ardeur qu'excitera une telle éducation, « l'éducation laïque ? » Quelles vertus n'écloront pas en nos enfants ! Abnégation, esprit de sacrifice : plus d'égoïsme, plus de jalousie, d'envie, d'intérêt personnel ! Et quel zèle ! que dis-je ? quel « dévouement enthousiaste », et « bien supérieur à ce que provoque la religion ! » La Religion a des *Frères*, des *Sœurs de Charité*. Nous, nous serons tous, nous sommes déjà tous frères, *frères et amis !*

On ne peut, vous en êtes témoins, vous qui m'écoutez, prétendre que nous soyons les ennemis de la Religion, que nous lui fassions une guerre sans merci. Nous procédons avec elle « avec tact et modération ; » nous voulons la liberté de tous : impossible de « respecter davantage la conscience d'autrui, » d'avoir plus de ménagement pour le surnaturel ! Nous nous contentons d'appeler les miracles des *légendes,* des *fables* et des *contes :* qu'a-t-on à dire à cela ? Je ne vois « pas une objection décisive à faire ! »

Eh bien, soyez-en sûrs, l'Église se plaindra : « Elle se plaint toujours ! » *Tant pis pour elle !* comme dit la chanson. Pourquoi se met-elle toujours « en travers du progrès ? » Nous « respectons son caractère, nous rendons hommage à ses vertus. » Pourquoi s'oppose-t-elle toujours à nos idées, à nous, libres penseurs ?

« Hier, il s'agissait de la géologie : » nous voulions prouver qu'il n'y a pas eu de création, donc pas de Dieu ; la Religion s'est mise à crier, comme si on l'égorgeait. Est-ce convenable? Aujourd'hui, il s'agit de l'Histoire sainte : nous ne voulons plus entendre parler de *faits religieux*. La Religion résiste : comprenez-vous une telle conduite? On n'est pas plus déraisonnable! Il n'y a pas moyen de vivre avec elle, disons le mot, elle est *intransigeante!*

Et ce que nous prétendons lui enlever est si peu de chose! rien que « *le domaine des connaissances humaines.* » Elle ne veut pas, elle proteste! Eh! apaisez-vous! tenez-vous tranquille! Nous ne vous ferons pas grand mal! Voyez : « *Nous mettons la main sur vous avec une ferme douceur!* » Oui, avec fermeté, de manière que vous ne puissiez bouger, faire un mouvement, mais tout doucement; nous vous expulsons tout doucement de vos maisons: nous vous mettons tout doucement dehors! Mais, du reste, rien ne vous empêche de faire ce qu'il vous plaira! Vous devriez vous « en montrer satisfaite, » et nous remercier! Et au contraire, vous criez, vous clabaudez. Eh bien, puisqu'il en est ainsi, nous n'aurons plus pitié de vous : nous vous prendrons tout ce que vous possédez, tout « *successivement* », tout, et sachez-le, « *nous ne nous lasserons pas!* » Allez! mal apprise et sans cœur! Nous avons bien eu tort de vous laisser vivre! Arrière, misérable! qu'on ne vous voie plus! Et, si vous ne déguerpissez au plus vite, ou si je vous rencontre ici près, vous voyez ce bâton que j'ai à la main : je vous en donnerai un tel coup, et si bien appliqué, que vous en crèverez sur place! Et ce sera justice : vous serez ainsi punie de votre ingratitude, après tout ce que nous voulons faire pour vous!

III.

En ce moment, se présente un troisième professeur volontaire : c'est un de ces cerveaux vides, qui s'en vont par le monde jetant de tous côtés des regards d'étourneau curieux, sans s'arrêter à rien, sans fixer aucune idée dans leurs yeux et dans leur esprit; un de ces lecteurs insatiables, qui lisent de tout, au hasard, sans choix et sans règle, qui se bourrent de toute sorte de livres, dont ils ne savent apprécier ni l'autorité ni la valeur. Il leur en reste des lambeaux de phrases, des mots bizarres, des faits ignorés, qui, dans la conversation, apparaissent tout à coup, et sautent au nez des gens ébahis, ce qui donne à celui qui connaît ces inconnus le renom et l'air de savant. Ce ne sont pas des savants, ce sont des pédants : tel est celui-ci, M. Gellion-Danglar.

M. Maurice Vernes, dit-il, vous a appris la vérité sur les annales du peuple Juif et « sa hideuse histoire. » A moi, le *Nouveau Testament* : Il y eut, en telle année, « un Juif, nommé *Yechoua*, » qui entreprit de transformer « la loi de *Moché* (1). » Ce sont les deux théologiens que les *Nazaréens* ou Chrétiens appellent *Jésus-Christ* et *Moïse*. J'appelle, moi, les gens que je hais, autrement que le gros public : ainsi, je dis *Nabulione*, au lieu de *Napoléon*, cela leur porte un coup terrible; et, quant à ce Nabulione, je l'achève par cette révélation : que « tout son génie politique a été celui d'un *parodiste*. » Revenons à Yechoua : on a nié qu'il ait existé, et on en a donné de nombreuses raisons. Moi, j'y crois, « je l'admets comme réel. » Et pourquoi pas? Il se posa en prophète : c'est tout naturel; c'est une habitude dans l'Orient : on

(1) Voyez *Le Sémitisme et les Sémites*, par Gellion-Danglar.

rencontre « dans toutes les villes d'Orient des saints, des prophètes déguenillés, sales, qui émerveillent les simples et annoncent quelque bonne nouvelle. » Vous savez que *Évangile* veut dire *bonne nouvelle.* Or, dans ce temps-là, il y a dix-huit ou dix-neuf siècles, « il pleuvait des prophètes. » Le Juif Yechoua était un de ces prophètes.

Il ne manquait pas « d'originalité ; » mais quel triste personnage! et quelle doctrine! Un « ignorant, » comme tous les Juifs, du reste : car c'est un conte, le mot d'Aristote sur la *science extraordinaire des Juifs ;* — un esprit des plus médiocres : « il ne savait même pas expliquer ce que c'était que son Dieu! » — un fanatique, qui prêchait « l'intolérance, l'avilissement de la dignité humaine, la destruction de la famille, le règne du caprice, la servitude, la proscription de l'intelligence et de la science, etc., » une doctrine, enfin, bonne pour « des peuples dans la décrépitude ou dans l'enfance. » .

Aussi, ses sectateurs conquirent-ils aisément le vieux monde,. non pas seulement par la parole, bien entendu, mais par des arguments plus puissants, par « la violence, » au moyen « du fer, du feu, de la dévastation! » On parle, dans une quantité de livres, les livres écrits par les auteurs *sémitiques,* autrement dit les chrétiens, de *persécution des chrétiens,* de martyrs, de millions de martyrs. Autre conte! « Il y a eu peu de persécution, » un très petit nombre de *martyrs,* et encore, « la persécution vint aux chrétiens de leur propre intolérance. » C'est ce qu'a découvert, au bout de dix-neuf cents ans, M. Draper, en Amérique. Ce sont les chrétiens qui versèrent le sang, qui brûlèrent, qui massacrèrent, qui torturèrent. C'est par ces procédés que s'établit la religion Nazaréenne, c'est ce qui fit le succès « de la chose! »

Je dirai ensuite comment furent *convertis* les *Barbares*. Encore un mensonge, un double mensonge des chrétiens! Ils ont appelé *barbares* ces pauvres gens, si purs, si doux, doux comme des jeunes filles, purs comme « des vierges. » Ils furent convertis; je dis, moi, qu'ils furent souillés, « *contaminés* par le Christianisme! » le Christianisme « les attendait, *le goupillon au poing*, en embuscade à tous les coins de la vie. » Le baptême ou la mort! Il fallut bien qu'ils se laissassent baptiser!

Oui, mais le résultat! Le résultat, ce fut l'effroyable moyen age, « le grand mensonge du moyen age, » le règne absolu du Christianisme, c'est-à-dire, « la foi aveugle, le despotisme du *bon plaisir*, la proscription du *vrai* et du *beau*, l'*ignorance* préconisée comme l'idéal, la négation du *droit*, de la *raison*, de la *liberté*, de la *science*, du jour, la vie arrêtée partout! » le temps, en un mot, des cathédrales, de Dante, de Fra Angelico, de saint Thomas d'Aquin et de saint Louis!

Voilà comment il faut présenter les faits, et ma conclusion sera : Il faut en finir avec le *Sémitique Nazaréen!* Et je ne parle pas seulement du Catholicisme, le Catholicisme est, certes, le plus redoutable, « la grande forteresse du Sémitisme, le fléau international, l'unique péril social. » Je parle de toutes les sectes Nazaréennes, protestants, piétistes, méthodistes, etc., « qu'elles viennent de Rome, de Genève ou de Berlin! » Guerre à mort au Christianisme! c'est « le loup dans la bergerie! » Il faut l'en faire sortir : « qu'il soit vaincu, traqué, aux abois, et reçoive le coup de grâce! » il faut le prendre « corps à corps, » et le rejeter « mort sur le sol! »

M. Gellion-Danglar s'est un peu échauffé, en prononçant cette tirade; il s'essuie le front, puis, il reprend, mais avec un geste de réserve et un ton radouci : Surtout, ayez soin de déclarer sans cesse et partout, que ce que vous dites là, c'est *au nom de la liberté*. Nous ne songeons pas, qu'on ne s'y méprenne point, à « persécuter âme qui vive; il est simplement question de la lutte des doctrines. » Voyez comme j'agis : quand j'étais sous-préfet, à Belley, ville épiscopale : « Messieurs, dis-je au conseil municipal, on doit assurer la liberté de tous, le *respect de la conscience de chacun!* » Cela ne m'empêchait pas de m'écrier ailleurs : « Plus de Religion d'aucune sorte! Exterminez le *Sémitisme Nazaréen!* » de me retourner ensuite vers mon auditoire et d'ajouter : « On ne peut pas dire que *mes paroles soient en contradiction avec mes actions;* » j'espère qu'on « me rendra cette justice, qu'on y aura égard, et qu'on m'en saura gré! » Le public, voyez-vous, se prend volontiers aux mots : à une affirmation si nette, il doute des paroles précédentes, il se demande s'il a bien entendu!

C'est à cette hypocrisie qu'est descendue la Révolution, en nos jours avilis. On ose le dire : la haine enragée, furieuse, emportée, des bourreaux de 93 est moins horrible que la répugnante fausseté de cet homme qui, en rampant, vous enfonce un aiguillon dans le ventre et, au cri de douleur que vous poussez, se relève, avec un air de commisération, se précipite vers vous et, s'apitoyant sur votre mal, vous questionne, vous embrasse, vous caresse, vous témoigne tant de tendresse et de sympathie, que les spectateurs émus sont dans l'admiration de son affection et sa charité!

Ce que seront les églises. Il n'a pas fini, cependant : maintenant, dit-il, je m'adresse au simple bon sens. Raisonnons : des écri-

vains, des philosophes, que les chrétiens traitent de
grands esprits, prétendent qu'une société ne peut se
passer de *religion;* que la base la plus solide, la seule
solide de la morale est la Religion; que ce que la vertu
a de plus sublime est inspiré par la Religion; qu'il
n'existe pas de peuple sans Dieu et sans Religion; que
toute vérité n'est certaine que si elle est sanctionnée
par la Religion (1).

Préjugés de la vieille société, qui croyait qu'il y a
un Dieu! Nous, qui savons qu'il n'y en a pas, consi-
dérons froidement la Religion, et définissons-la telle
qu'elle est.

Une Religion est une entreprise commerciale, in-
dustrielle, financière, qui fournit à un public qui en a
le goût, des produits d'une certaine espèce : prières,

(1) L'homme sans religion est un animal sauvage, qui ne sent sa
force, que quand il déchire et qu'il dévore. (MONTESQUIEU.)

La Religion, c'est le cri de l'humanité, en tout temps et en tout
lieu. (GUIZOT.)

Le sentiment religieux est une faculté inhérente à l'homme. Ma
surprise n'est pas que l'homme ait besoin d'une religion ; ce qui
m'étonne, c'est qu'il se croie jamais assez fort pour en rejeter
une. (Benjamin CONSTANT.)

L'autorité n'est possible qu'autant que les peuples regardent la
Religion comme la première des autorités. (FIÉVÉE.)

La Religion est la vraie philosophie. (D'AGUESSEAU.)

La morale, c'est la Religion passée dans les mœurs.
(Henri HEINE.)

Je n'entends pas qu'on puisse être vertueux sans Religion; j'eus
longtemps cette opinion trompeuse, dont je me suis désabusé.
(J.-J. ROUSSEAU.)

La Religion donne du cœur à ceux-là mêmes qui n'en ont pas.
(BACON.)

Les grandes âmes semblent faites pour la Religion.
(MASSILLON.)

La Religion est la plus essentielle leçon, par où tout enseignement
doit commencer et finir. (DIDEROT.)

jeûnes, confessions, communions, baptêmes, proces-
sions, messes, prônes, homélies, musique vocale et
instrumentale, etc. Le lieu où la Religion négocie et
échange ces produits, qu'il s'appelle *temple*, *église*,
mosquée ou *synagogue*, est en réalité une salle de con-
férence, une classe, un théâtre, un café-concert. Or,
dans ces établissements, on paye, et chaque établissement prospère ou tombe. Pourquoi la Religion se-
rait-elle traitée différemment ? on se préoccupe de la
question religieuse : « L'Église libre, tous les cultes
libres, et suppression de tout budget ecclésiastique, »
voilà la solution !

Et, alors, voici ce qui arrivera : « Tout *impresario*,
rabbin, évêque, curé, pasteur, qui voudra ouvrir un
établissement de religion, sera tenu de louer aux communes, à prix débattus, les locaux dont celles-ci con-
sentiront à disposer *temporairement* pour cet objet.
Ou les *clients* afflueront, et l'*entreprise* couvrira ses
frais, réalisera des *bénéfices*, et les *entrepreneurs* n'auront qu'à se féliciter de ce régime de liberté; ou
le public fera défaut, les *recettes* diminueront et ne
pourront suffire à rémunérer les *entrepreneurs*, ni à
désintéresser les *actionnaires*, et il y aura nécessité de
fermer l'établissement. De toute façon, personne n'aura
à se plaindre, ni les communes, auxquelles le culte
rapportera au lieu de *coûter*, ni le public, qui n'aura
que l'embarras du choix, et qui, ne *payant* que ce
qu'il lui plaira de *consommer*, n'aura pas à regretter
de payer ce qu'il ne *consommera* pas; ni les *entrepreneurs*, pour qui la *concurrence* sera libre. » Je vous le
disais bien, c'est absolument comme un *café-concert* :
s'y est-on amusé, on y retourne; ennuyé, on n'y va
plus; l'entrepreneur se ruine ou s'enrichit, vole en
Belgique ou achète un hôtel. Rien de plus juste, de
plus raisonnable et de plus pratique !

IV.

L'opinion exprimée par M. Gellion-Danglar est aussi celle des professeurs, sous-maîtres et répétiteurs, qui se sont chargés de l'éducation de la jeune société : J'ai votre affaire! s'écrie l'un deux, M. Coste, j'y ai réfléchi depuis longtemps, j'ai conçu un projet d'Église moderne, le plan en est fait!

Il ne faut pas croire, en effet, que tous les *savants* modernes veuillent l'abolition de toute religion : beaucoup s'en défendent et prétendent qu'on les offense, si on les suppose aussi absurdes; quelques-uns même admettent la nécessité d'une religion, non pas seulement d'une religion vague et spéculative, mais d'une religion *confessionnelle*, comme ils disent, avec un temple, un culte, etc. Il est entendu que cette religion n'est pas le Christianisme, et le culte, le culte catholique; ce n'est pas non plus la religion d'Auguste Comte : quelque ingénieuse qu'elle fût, elle n'eut jamais que trois ou quatre adeptes, lui, sa femme, sa cuisinière, et un autre, je ne sais plus qui. Ces *savants* ont une religion et un culte tout prêt, tout monté, tout ajusté, auquel il ne manque rien, et dont on peut se servir immédiatement.

Tel est le culte dont M. Coste veut bien exposer le plan (1). Pour ne blesser personne, il a transporté la scène au vingtième siècle. Nous sommes dans la première moitié du vingtième siècle, presque demain : nous n'avons donc pas longtemps à attendre. « Nos neveux seront bien heureux, disait Voltaire : ils verront de belles choses! » Ces *belles choses*, ce fut la ré-

______
(1) A. Coste, *des Conditions du bonheur et de la force.*

volution. Les neveux ici, c'est nous; c'est nous qui verrons de *belles choses* et qui en jouirons.

Dans la première moitié du vingtième siècle, la Religion existe encore : les *opportunistes*, les radicaux, les intransigeants, la deuxième ou troisième Commune, ne l'ont pas tuée; ils se sont contentés de lui retirer peu à peu toutes les conditions de la vie, et la laissent tranquillement périr d'anémie et de misère : « Ils ne tuent pas, comme on disait des hommes du Directoire, ils font mourir. »

Tout a concouru à ce résultat : l'État a peu à peu « diminué le traitement du clergé; » la commune n'accorde plus rien aux curés, « pas même un presbytère; » l'Église n'a, pour ainsi dire, plus de « casuel » : les Français étant presque tous libres penseurs, il n'y a plus que des mariages civils et des enterrements civils; plus de baptêmes. Ajoutez « la cherté croissante de la vie, » et vous comprendrez l'observation de M. Coste, que : « la situation du clergé est languissante; » et « la position d'un curé de campagne *peu enviable* ». Les vocations sont devenues très rares « pour une *profession* » qui ne promet « que la misère. »

Cet exposé prouve, on le voit, que l'*opportunisme* l'a emporté.

C'est en ces circonstances que le philosophe positiviste, M. Coste, nous conduit dans un village des Vosges, « vers une des frontières montagneuses de notre pays, » précisément la patrie de M. Jules Ferry, et nous fait visiter une église de la France nouvelle.

Car il y a encore une église et un curé. Seulement, le curé ne réside pas dans le village; pauvre hère, quoiqu'il desserve deux paroisses, sans compter « les prédications au dehors, » il a à peine de quoi vivre, et est toujours aux expédients. Heureusement, arrivent dans le pays trois messieurs, trois frères' libres pen-

seurs, qui s'arrangent avec lui, se font céder son église,
« vide le plus souvent, » avec « l'approbation de l'é-
vêque, » un évêque opportuniste évidemment, se char-
gent de l'utiliser et d'y ramener la vie et le mouvement.

Il se trouve que ces trois frères exercent juste les
professions qu'on pouvait souhaiter pour le succès de
l'entreprise : l'un est juge de paix; le deuxième, médecin; le troisième, instituteur, mais ce n'est pas « un
instituteur ordinaire » : il a suivi les cours du collège
de France, il est muni de tous ses diplômes, même du
degré supérieur, comme on le va voir.

On ne vient plus à l'église, disent-ils; c'est que la
Religion ne comprend plus la société moderne : la société a marché en avant, la Religion est restée en arrière. On a eu beau l'inviter à suivre, l'encourager,
l'exhorter, la pousser, lui faire même de *douces violences,* comme le promettait M. Vernes; elle n'a rien
voulu entendre; à la fin, on l'a délaissée : à qui la
faute?

Mais de ce que la vieille Religion est abandonnée,
ce n'est pas une raison pour qu'on reste sans religion.
Les trois frères ont apporté une religion toute nouvelle,
qui ne s'appelle pas, il est vrai, une religion, mais qui
produit tous les effets de la Religion : la *science.* La
science a « le même *but* que la Religion, » elle « aboutit aux mêmes *bienfaits :* la *conviction* qu'on peut *dompter les passions* aveugles, la *confiance* qu'on est en possession des moyens *efficaces,* l'*espoir* d'une améliora-
tion *prochaine,* et la *contemplation* d'un idéal de beauté,
de justice et de bonheur. »

La Religion a-t-elle jamais inspiré cette *confiance,*
cet *espoir,* cette *conviction,* surtout, que rien n'est plus
facile que d'abattre l'hydre aux cent têtes des passions?
La science fait bien plus : « la morale allant toujours

se perfectionnant, » les idées morales qu'elle donne sont très supérieures à celles de la Religion.

Les trois frères ont la religion, les fidèles, l'église, rien ne manque; il ne s'agit plus que d'installer le culte.

C'est ce qu'ils ont fait : ils ont conservé l'église telle qu'elle était, la nef, les chapelles, le chœur, le sanctuaire; seulement, ils leur ont donné d'autres destinations.

Chaque chapelle est consacrée à une science : dans la première chapelle de droite, voici un tableau. Ce n'est pas la représentation inutile d'un acte de charité, de dévouement ou de piété; mais vous y lisez ces mots : « La science humaine consiste à discerner les ressemblances et les dissemblances des choses; apprendre, c'est comparer; comparer, c'est mesurer, c'est-à-dire, ramener les objets qu'on observe à une commune unité. » Rien de plus simple, de plus élémentaire, de plus aisé à comprendre et de plus at-·trayant.

Outre ce tableau, une *géométrie en action* fait voir « le mouvement engendrant les *lignes*, le mouvement des lignes engendrant les *surfaces*, le mouvement des surfaces engendrant les *volumes;* » vous assistez ainsi aux transformations des figures et « à leur réduction facile au *cube*, au *carré*, à la *ligne droite*, engendrés par le *mètre*. » Quel agrément et quel charme ! le *mètre*, le *cube*, la *ligne*, les *surfaces*, les *volumes!*

Dans la deuxième chapelle, « les figures géométriques (toujours la géométrie, elle répond si bien aux besoins du cœur!), tracées par des mouvements combinés (les paysans du village saisissent sans peine ce que signifie ces *mouvements combinés*), donnent, par cela même, la *loi* des combinaisons et des *transformations des mouvements*. » (N'est-ce pas clair, en même temps qu'aimable à entendre?) Vous apprenez « à ramener les mouvements complexes ou résultants à leurs éléments simples, et à démêler les forces qui les produisent! »

— Holà! attendez! les *forces*, dites-vous, les éléments *complexes*...

— « Ces forces se mesurent par leur travail, c'est-à-dire, par le déplacement qu'elles impriment à un poids donné. »

— Un *poids donné!* se *mesurent! déplacement!* un moment, je vous prie, arrêtons-nous un peu!

— Il s'agit bien de s'arrêter! Quand vous visitez une église, vous contentez-vous de regarder les tableaux d'une ou deux chapelles, et ne voulez-vous pas les voir toutes? En marche donc, et continuons!

La troisième chapelle « montre l'*attraction* intime et réciproque des *molécules* des corps qui produisent la *cohésion*, qui se *modifie* en électricité, etc. » Ce qui apprend « comment la chaleur, en devenant *latente*, peut changer l'état *moléculaire* des corps, et provoquer leur dilatation, leur fusion et leur vaporisation. »

— Oui, c'est vraiment admirable! passons à une autre.

— La quatrième chapelle, — je vais un peu plus vite, il y a tant de chose à voir! — « introduit dans le mystère de la *gravitation* des astres. » Dans la cinquième, voici « les *réactions* singulières des corps les uns sur les autres, leurs molécules se *dissociant*, pour se combiner avec d'autres, et obéir à des *affinités* plus puissantes. »

Dans le chœur, deux objets attirent votre attention : « le globe du chœur représente le *soleil*, de 108 centimètres de diamètre; et la perle, de 1 centimètre, suspendue à la lampe, figure la *terre;* » et, par là, nous sont données « quelques-unes des révélations du *calcul* sur les distances, les vitesses et les proportions des astres. »

Dans le transept, regardez « cette sorte de tombeau
antique recouvert d'un voile mystérieux. » Tirez le rideau : ce sont deux corps, un homme et une femme,
couchés côte à côte, deux *modèles articulés,* selon le
procédé du docteur Auzoux. Vous pouvez faire jouer
leurs membres, les démonter : ils vous « montreront
leur structure anatomique. » Remarquez que nous
avons mentionné, par de courtes inscriptions, « les
fonctions naturelles de l'homme, ses *besoins* aux différents âges, etc. »

— C'est très instructif, et vos jeunes filles ne pourront prétexter de leur ignorance, comme l'*Agnès* de
Molière.

— Oui : car, vous n'en doutez pas, tout le monde
vient à l'église, et les filles reçoivent la même éducation que les garçons : « la *météorologie,* l'*hygiène,* le
droit, l'*algèbre,* les *nomenclatures scientifiques,* etc. ; »
on leur apprend tout! Nous « avons rompu avec les
écoles de filles : il n'y a pas deux catéchismes, il n'y
a pas deux sciences; elles sont élevées avec le plus de
virilité possible, *par un homme,* et non par une religieuse qui enseigne par devoir et mortification. » Et,
malgré l'opinion contraire de cet Américain, M. Philbrick, qui est probablement un clérical, nous nous en
trouvons fort bien (1) !

Je n'en finirais pas de tout vous montrer : entre
les piliers, « les tableaux d'*histoire naturelle,* » des
boîtes de papillons fixés par des épingles, des lézards

(1) M. Philbrick, surintendant des écoles de Boston, déclara, dans
la session de l'*Institut Américain pour l'éducation,* de 1880, que
« la jeune fille ne saurait être *placée sans danger, à l'âge de dix
ans, sous le même régime que le jeune homme,* d'après ses propres observations dans les écoles de Boston pendant vingt ans. »

suspendus au plafond, des oiseaux empaillés, les « tables des *droits* et des *devoirs*, » etc., etc. Il y a de tout : notre église est un muséum, une galerie de tableaux, un laboratoire, une salle de dissection (1), « un livre de *science universelle* » !

V.

Comprenez-vous ce que seront devenus, au bout de quelques années, les paysans à qui auront été enseignées toutes ces sciences, bien plus faciles à retenir que « les mystères inconcevables du catéchisme »? L'âge de la Religion est passé, « l'idée scientifique succède à l'idée religieuse, » elle fait subir au monde « une transformation légitime ». Les habitants de notre village savent tout ; c'est une vraie académie des sciences, ou plutôt la réunion des cinq académies : car ils connaissent, non seulement l'astronomie, les mathématiques, la physique, la chimie, la statique, la dynamique, l'anatomie, la biologie, la géologie, la paléontologie, l'ethnologie, etc., mais la philosophie, la morale, l'histoire, l'économie politique, la sociologie, etc., etc. Ce n'est pas une exagération d'affirmer que l'Institut n'aura rien de mieux à faire que d'envoyer ici ses membres les plus illustres, pour y apprendre une quantité de choses qu'ils ignorent, et que sauront ces simples paysans, devenus, grâce à notre méthode si attrayante et « si aimable », tout naturellement savants, sans efforts, sans se donner de peine et sans s'en douter !

Et quel zèle ! quelle ardeur ! quel empressement ! quel enthousiasme ! Jamais église ne vit une telle affluence : « Soir et matin elle est fréquentée par un

Science immense qui en résultera.

_____

(1) Et aussi, sans doute, un musée Dupuytren, afin de faire apprécier les dangers des « abus et des excitants ».

plus grand nombre d'adultes qu'elle ne l'était autrefois par les vieilles gens, confits en dévotion. » Vous
seriez surpris, si vous voyiez « le concours public
qu'elle attire! » vous seriez édifié!

— Je n'en doute pas; je me figure aisément la foule
se pressant dans les chapelles, les enfants y entraînant
leurs mères, les femmes leurs maris, le bébé son grand-
père, et la fiancée son amoureux : Allons, dit-elle, à la
chapelle n° 6, voir la série nouvelle des balances, des
plans inclinés et des « vases communiquants ». Quel
bonheur de contempler « les forces compensées malgré la disproportion des forces en opposition »! Quand
je sors de la chapelle des mouffles, je suis toute trou-
blée, tout émue, toute tremblante; et, au spectacle de
« ces machines en repos sous des tensions énergiques
et contraires, qui me donnent une singulière impression de l'intensité des forces qui restent cachées sous
l'immobilité de la matière, » je sens que mon amour
pour toi s'accroît en proportion géométrique, et je
m'élève à la quatrième puissance du bonheur que
Mlle Clémence Royer exprime par cette formule, algébrique si simple : $ET + NFTN = 2\infty^4$!

Sérieusement, s'il était possible de parler sérieusement de telles rêveries, faut-il que ce pauvre M. Coste
ait eu le cerveau détraqué, comme tant de malheureux
jeunes gens qu'a déformés l'École polytechnique, pour
croire que les mathématiques, la géométrie, l'algèbre,
l'anatomie, la statique, la physique, avec leurs chiffres
et leurs signes, leurs cornues et leurs lunettes, leurs
matras et leurs lancettes, leurs figures arides et leurs
formules plus sèches encore, pourront jamais remplacer
chez l'homme l'imagination, la passion, le sentiment,
l'art, la poésie, bien plus, la religion; que des axiomes
évidents, des théorèmes démontrés, des proportions

indiscutables, pourront satisfaire les besoins de l'âme humaine et son aspiration à l'infini ! La Religion a des mystères, et d'incompréhensibles mystères ; et c'est précisément par ses mystères qu'elle attire et retient le cœur de l'homme. Ces mystères lui ouvrent une vue sur l'infini, sur ce qui est au-delà de la terre et par delà la vie de la terre. Voilà la raison de l'autorité de la Religion sur l'homme : elle correspond à ce qu'il a de plus intime, à ce qui l'intéresse le plus ; elle lui promet ce qu'il désire, ce qu'il demande, ce à quoi il aspire de toutes ses forces : *la continuation immortelle de son être,* la vie éternelle en Dieu !

C'est cette foi, cette assurance, que ne donnera jamais la Science. Elle me montre ses expériences et ses découvertes ; et, ses découvertes expliquées et ses expériences faites, toujours je dis : *Après !* Et la Science reste muette devant ce mot : *après !* Et c'est ce qui me fait croire qu'il faudra peu de temps, non des années, des mois et des semaines, mais quelques jours seulement, pour que cette église scientifique, avec ses chapelles et ses machines, soit absolument déserte ; et, si les habitants du village s'y assemblent une dernière fois, ce sera pour décider de vendre à quelque brocanteur auvergnat tout ce bric-à-brac de globes, de cornues, de mannequins, de lézards, d'hydromètres et d'hygromètres, et de transformer l'église en grenier à foin ou en grange, — à moins, ce qui est plus probable, qu'ils ne votent, à l'unanimité, de rappeler leur curé !

VI.

Il n'y a pas que les chimistes et les physiciens qui méditent de doter le monde de ces récréations mathématiques, astronomiques, anatomiques et mécaniques :

Nouvelle histoire des siècles par l'évolution.

c'est aussi l'idéal entrevu par les philosophes panthéistes et athées, pour la nouvelle société qu'ils commencent à former.

M. Jules Soury s'est empressé de nous l'annoncer. M. J. Soury, quoique né en France, est un Allemand : son esprit, son caractère, ses tendances, sont d'un Allemand; toutes ses préférences sont pour les Allemands; ceux qu'il fréquente le plus, sont les Allemands; il est l'introducteur en France des inventions des Allemands. On sait que c'est lui qui nous révéla le célèbre M. Hugo Magnus, auteur de l'*Histoire de l'évolution des couleurs*, dans laquelle nous apprîmes que les premiers hommes ne voyaient qu'une ou deux couleurs; les anciens, les Grecs et les Romains, trois ou quatre couleurs; le Moyen Age, une demi-douzaine; et enfin, que si nous sommes arrivés à voir le *bleu*, c'est grâce aux Allemands, qui ont bien voulu en faire part à l'humanité.

Aujourd'hui, M. J. Soury nous présente (1) un'autre illustre Allemand, dont il a fait récemment connaissance, et qui se nomme M. de Hellewald.

Ce M. de Hellewald est tout à fait un grand homme, le plus grand philosophe qui existe et qui ait peut-être existé : car il a composé « en raccourci », « comme Bossuet, » toute l'*histoire des siècles*, mais, M. Soury le reconnaît, d'une tout autre façon que Bossuet.

Il a, en effet, « relégué dans le domaine de la *fable* les *dogmes* naïfs, les *imaginations* naïves », Dieu, qui crée le ciel et la terre, qui fait l'homme à son image, etc.; puis, il a exposé le spectacle de la *civilisation par évolution*, la civilisation qui commence par la monère, passe par le marsupiau et la lamproie, s'*affirme* par le singe sans queue et l'alalus, et a *conscience* complète

(1) *Philosophie naturelle*, par Jules Soury, maître de conférences à l'École pratique des hautes études.

d'elle-même dans les évolutionnistes, dans M. de Hart-mann, M. Haëckel, M. de Hellewald, M. J. Soury, etc. : d'où M. J. Soury tire naturellement cette conclusion, que personne « n'explique mieux le développement des nations et de l'humanité. »

Il y a bien, dans cet exposé de l'illustre M. de Helle-wald, une quantité d'absurdités, de preuves d'igno-rance, *mainte erreur*, dit à demi-voix M. J. Soury ; mais « cela importe peu ! » ajoute-t-il d'un ton dégagé. Il suffit que tout soit expliqué par l'évolution, et c'est ce que fait M. de Hellewald :

> Création du monde, évolution.
> Formation des nations, évolution.
> Supériorité artistique de l'Antiquité, évolution.
> Avènement de la science, évolution.
> La morale, évolution.
> La religion, évolution.
> La fin du monde, évolution.

L'évolution répond à tout. Il est difficile, à nous, pauvres petites intelligences « étroites », de suivre tant d'évolutions ; nous pouvons, du moins, en consi-dérer quelques-unes : la morale, l'art, la fin du monde ; d'autant plus qu'on y entrevoit des conséquences qui ne laissent pas d'inspirer un peu d'inquiétude pour le sort de la société de l'avenir.

1° La *Morale*. — D'abord, entendez-vous la morale « comme Platon ou comme le Christianisme » ? Alors, vous n'êtes qu'un esprit « frivole », incapable de com-prendre « l'*hypothèse* de l'évolution, que les savants et les logiciens (les *savants* comme M. de Hellewald, et les logiciens comme M. J. Soury) déclarent *légitime* et *nécessaire*. » Mais, si vous êtes « un esprit réfléchi », vous savez bien que cette morale platonicienne ou

chrétienne « *n'a point de sens* ». La morale ! la morale
absolue, la morale pure, ce qu'on a appelé, de tout
temps, d'un seul mot, que tout le monde comprenait, la
morale, n'existe pas. La morale est une chose qui
change à chaque instant, vraie ou fausse, ici ou là, hier
ou aujourd'hui, « essentiellement *relative et variable* ».

Des *vices,* des *vertus?* C'est là l'ancienne langue ;
il n'y a pas de vice : « Le *vice* est l'*ombre* de la *vertu ;*
il n'est que la vertu *exagérée.* »

— Comment !

— « De la vertu à une *haute puissance.* » Comprenez-vous?

— Pas trop !

— « Impossible de noter la *limite* exacte où la
vertu devient *vice.* Au sens abstrait du mot, il n'y a
pas de principes, *il n'y a pas de morale.* »

— Mais, dites-vous, un peu étonné, à la place de la
morale, qu'y a-t-il donc?

— Ce qu'il y a? Il y a la nature; ce qui règne seul,
c'est la nature, « les lois de la *nature.* »

— Je vous remercie, Monsieur le professeur de
l'École *pratique* des hautes études : ce renseignement
est très important. Ah! la *nature* seule règne, il n'y
a de *lois* que les lois de la *nature!* C'est sans doute la
jurisprudence sur laquelle s'appuieront les avocats de
cour d'assises de la société prochaine, pour faire ac-
quitter les assassins. Je suis bien aise d'être prévenu :
je ne sortirai qu'avec une cotte de mailles et un revol-
ver. C'est là, du moins, un enseignement *pratique* de
l'École des hautes études!

L'art.   2° L'*Art.* — L'art! dit M. J. Soury avec M. de Hellewald, qu'est-ce que l'art, je vous prie? L'expression
du beau, n'est-ce pas? Eh bien, je vous dis, moi, qu'il
n'y a pas de *beau :* tout est beau ou laid, selon le jour

ou le lieu d'où on le regarde ; mais le *beau absolu*, « l'absolu dans l'art », il n'existe pas ; c'est une rêverie, une fantasmagorie, « une pure imagination », « comme la foi absolue », du reste, et « la morale absolue ».

— Mais, Monsieur Soury, sans beau absolu, point d'art.

— Eh bien, soit, point d'art ! Après? Est-ce que vous ne vivrez pas tout aussi bien sans art? est-ce que c'est utile, l'art? Pourquoi y en a-t-il? pourquoi n'y en aurait-il plus? Qu'il existe, qu'il disparaisse, c'est tout à fait indifférent ! « Il ne paraît pas y avoir pour l'art de nécessité d'exister toujours. »

— Plus d'art ! Mais savez-vous ce qu'est l'art? L'art, ce n'est pas seulement l'œuvre de l'imagination, de la peinture, de la musique, de la sculpture, de la poésie ; c'est l'expression de l'idéal qui est en l'homme, qu'il veut montrer au dehors, « une image de Dieu, comme on l'a dit, tracée par l'âme, » qui, impatiente de la terre, s'élance vers le ciel. Ce sentiment de l'idéal est inhérent à l'homme, il vit en lui et ne peut pas plus en être séparé et périr que son âme immortelle ! — Plus d'art ! mais, l'art disparu, par quoi sera-t-il remplacé?

— Par la science, Monsieur, répond doctoralement M. J. Soury. La science sera tout ; la science supplée à tout et suffit à tout ; la science, « c'est-à-dire, l'*analyse*, accompagnée de la *réflexion abstraite*. »

— Ah! oui, l'Église mécanique de M. Coste, les grues, les pompes, les leviers, les tables de logarithmes, et les squelettes articulés ! Eh bien, ce sera gai !

— Que voulez-vous? dit M. Soury : ainsi le veut l'évolution. Mais tranquillisez-vous : si cette vie-là ne vous plaît pas, elle ne durera pas indéfiniment ; le monde finira, par évolution.

— Toujours l'évolution !

— Eh! oui, ajoute M. J. Soury, en s'efforçant de

prendre un air gaillard : l'*humanité finira!* « L'homme n'aura fait que passer sur la terre, comme les *espèces* fossiles des diverses *époques* géologiques, » espèces et époques dont nous ne savons rien de précis. La « lutte pour l'existence », cette fameuse découverte de Darwin, renouvelée des Grecs, d'Anaximandre, d'Héraclite, etc., « sera terminée; » la terre sera morte : « son globe désert continuera de tourner, privé d'*atmosphère* et de vie, comme la lune », du moins comme *nous suppo- sons* qu'est la lune, car, en réalité, nous l'ignorons; « l'homme, ses efforts, ses créations, ses arts, ses sciences, tout cela aura été! » Oui, tout cela aura été : « *A quoi bon!* » dit-il, en pirouettant et en s'en allant.

— Mais, arrêtez! Monsieur Soury : *A quoi bon!* c'est sur ce mot que vous nous laissez ! Moi, homme, j'ai fait des efforts, j'ai imaginé, créé, couvert la terre des œuvres de mes arts, attesté la force de mon génie par les inventions de mes sciences; — et tout cela, c'est comme si je n'avais rien fait, comme si je n'avais pas existé! *A quoi bon!* J'ai été heureux, malheureux; j'ai souffert; j'ai peiné, j'ai aimé, j'ai com- battu, sacrifié ma vie par honneur, par dévouement. J'ai désiré, appelé, entrevu un monde idéal, surhu- main, au-dessus du monde où j'étais; j'y ai aspiré, je l'ai espéré, j'y ai cru, et avec moi, toute l'humanité; et cette espérance, cette vision et cette attente, nous ont soutenus dans nos luttes, nos souffrances et nos efforts! Et vous venez me dire : *A quoi bon!*

— Eh! répond M. Soury, que me parlez-vous de vos luttes, de vos efforts, de vos souffrances ? ce ne sont que de vains mots! « la destinée n'est en soi ni bonne ni mauvaise; » ce que vous avez fait ou rêvé, tout cela « est *vide de réalité.* » Encore une fois : *A quoi bon!*

Oui, voilà ce qu'il dit, et il le dit d'un ton allègre et

comme un homme détaché de tout souci ; mais on ose affirmer que ce n'est là que de l'affectation : sous ces phrases arrangées il y a le fond, et le fond est un désenchantement amer, qui s'est déjà exprimé plus d'une fois, et une sombre tristesse. Il a beau dissimuler, ce philosophe, qui ne trouve pour consoler l'humanité que ce dernier mot : *A quoi bon!* déclarer que « nulle *hypothèse* n'est plus certaine, » et défier « qu'on en donne une autre plus *compréhensive;* » au fond il n'y croit pas, il n'est pas persuadé que le monde, comme il le dit, n'est qu'un *rêve*, et que l'humanité est livrée à la torture de vivre sans espérance par cet impitoyable bourreau qu'on appelle le *hasard*, et jetée ensuite, comme un vil chiffon, au *néant!* Il n'y croit pas, et le mot même qu'il emploie témoigne de son doute : il l'appelle une *hypothèse;* ce qu'il expose est une *hypothèse*, c'est-à-dire, une *supposition*, création et amusement de son imagination.

A cette hypothèse, le monde répond, non par une autre hypothèse, mais par une croyance, qu'il comprend, qu'il explique et qui explique tout, et dont il est tellement persuadé, que des milliers et des millions d'hommes se font hacher en morceaux pour la soutenir : la *croyance en Dieu;* Dieu, être tout esprit, tout-puissant, éternel, qui nous a faits pour le comprendre, l'aimer, le servir, l'imiter et nous rapprocher de lui! Cette croyance est autrement *compréhensive* que la matière qui se forme toute seule, la pierre qui devient animal, le serpent oiseau, et l'alalus homme ; elle ne fait pas s'écrier, quand le monde finit: *A quoi bon!* à quoi bon d'avoir vécu! Elle donne un but à la vie, le but le plus noble, le plus consolant et le plus élevé, et ce but satisfait l'humanité!

CHAPITRE VII.

LES DÉCOUVERTES CÉLESTES.

M. Flammarion, poète et astronome. — Ses découvertes dans les planètes. — Les habitants de Mars, Mercure, Vénus, la Lune, Jupiter, Saturne, Uranus. — Avenir du Soleil. — La fin du monde. — Esprit et but de ces contes. — Prophéties et *desiderata* de M. Flammarion. — Conclusion : Variations et instabilité de la science.

I.

Facilité d'inventer, à l'occasion des sphères célestes.

Le ciel ne pouvait être à l'abri des *découvertes* des *savants :* aussi en ont-ils fait de très grandes, très nombreuses, très curieuses, et même très amusantes.

Ils sont à l'aise pour en parler : bien peu de gens ont voyagé dans la Lune, encore moins dans Jupiter, Saturne ou Uranus, et ceux qui en reviennent et nous en apportent des nouvelles, nous sommes tout disposés à les écouter, le cou tendu et les yeux écarquillés, tant ce qu'ils nous racontent est inconnu. On conçoit que ces savants soient aisément tentés d'abuser de notre crédulité; c'est dans la nature humaine. Se voyant si bien accueillis, ils parlent longuement, et, pour tenir notre attention éveillée, ils doublent la dose : ils ne se contentent pas des gros chiffres, des dimensions énormes, des distances immenses; ils nous donnent sur les globes du ciel, sur ces *terres du ciel*, des détails surprenants, comme s'ils les avaient visités, parcourus, explorés à fond : ils en disent les productions, le climat, la température, les végétaux, les animaux, les habitants, leurs mœurs et leurs institutions, tout ce qu'il vous plaira de leur demander.

M. Flammarion poète.

M. C. Flammarion est le plus fécond et le plus

agréable de ces conteurs, si aimable qu'on doute qu'il
soit un savant. S'il n'est un savant, il est certainement
un poète. Écoutez-le : « La sève ardente des marronniers
s'élève avec *enthousiasme* vers la lumière, etc. » Il n'y
a qu'un poète pour parler ainsi ; *poète,* d'ailleurs, ne
signifie-t-il pas le *faiseur* (de πoιεiv, faire), celui qui
imagine, qui crée, qui invente? Et nul savant n'a autant inventé que M. Flammarion.

Disons donc que M. Flammarion est un poète, un
homme d'imagination, qui sait de l'astronomie beaucoup plus que vous et moi, et qui, semblable aux conteurs Arabes, se plaît à en faire d'interminables récits.
A chaque instant, il vous convoque, sous toute espèce
de prétexte, en annonçant les programmes les plus
alléchants : les *Merveilles célestes*, la *Pluralité des
Mondes*, les *Mondes imaginaires*, les *Récits de l'infini,*
les *Terres du Ciel*, etc. (1). Autant d'apologues, de
poèmes, de fables, de contes, qu'il débite avec une
chaleur qui vous ferait jurer qu'il y croit lui-même.

Nature impressionnable, facile à s'émouvoir, il aime
à s'asseoir au bord de la mer, à contempler le coucher
du soleil ; il s'abandonne alors à ses rêveries, et il
vous les dit, vous les dépeint, avec des couleurs si
brûlantes, des détails si charmants, que vous vous laissez aller au souffle de sa parole. Vous le suivez s'en-
volant dans les airs, montant dans les nuages, s'enfonçant dans l'azur des cieux, s'égarant parmi les
sphères célestes ; vous ne pensez ni ne réfléchissez,
vous regardez en haut, avec lui, vaguant d'étoile en
étoile ; vous êtes étourdi et ébloui.

Tout à coup, vous vous secouez, et vous vous demandez et lui demandez : c'est très bien, mais qu'y
a-t-il là de sérieux et de vrai? Quelle assurance avez-

____

(1) Titres de plusieurs ouvrages de M. C. Flammarion.

vous que cela existe? Sur quel fondement vous appuyez-vous?

Sur quel fondement? vous dit-il, sur les analogies, les ressemblances et les rapprochements : tel fait étant, sur la terre, produit par telle cause, la même cause doit, dans *Mercure, Jupiter, Vénus,* produire des effets de tel et tel genre. Rien de plus conforme à la raison. Vous vous « effrayez » des aperçus qu'on vous fait entrevoir; vous êtes un « esprit timide; » ces descriptions, ces phénomènes, que vous appelez des *hypothèses,* ils sont « appuyés sur une argumentation judicieuse, » sur le raisonnement le plus serré.

C'est la prétention de M. Flammarion de vouloir passer pour un homme de sens et d'une inexorable logique; c'est la prétention de tous les rêveurs.

Et libre penseur.

Malheureusement, M. Flammarion n'est pas un rêveur tout à fait innocent et qu'on peut écouter sans danger. Il a été élevé au milieu des savants athées, et il répète tout ce qu'ils lui ont appris : l'éternité, la toute-puissance de la matière, la formation de l'homme et du monde par les seules forces de la matière, la sagesse de la matière dirigeant tout, réglant tout, modifiant tout, perfectionnant tout, la loi de sélection, par laquelle toutes les créatures de la terre, inertes ou animées, végétaux ou animaux, se forment et se déforment, vivent ou succombent, paraissent ou disparaissent. « L'homme, dit-il, s'est dégagé de l'espèce simienne, » de singe est devenu homme, est « arrivé à sa taille entière et marchant sur deux jambes, » il y a seulement cinquante mille ans.

— Cinquante mille ans! Vous croyez qu'il a fallu autant de temps?

— Oui! « cinquante mille ans *environ!* » Il lui en faut encore le double, pour être à son *apogée.*

— C'est bien long, cent mille ans !

— Et encore, « il sera loin de la perfection ! »
Quand je dis « apogée, » c'est une manière de parler :
l'homme ne peut atteindre cette perfection; « notre
monde ne le permet pas. » Songez donc : la Terre
était autrefois un globe brûlant, la chaleur y montait
à *deux mille* degrés; elle est aujourd'hui tombée à
deux cents. Savez-vous combien de temps il a fallu
pour ce résultat? « *Trois cent cinquante millions* d'années. » Rien que cela ! J'en ai fait le calcul. Vous concevez alors combien de milliers de siècles sont nécessaires pour que nous, hommes, nous ayons atteint
la perfection; si tant est que, dans des millions d'années, nous soyons encore ce qu'on appelle des
hommes.

Non ! nous ne serons plus des hommes ! L'homme
aura disparu, et fait place « à un être plus parfait. »

Quel sera cet être? M. Flammarion ne peut le dire
au juste, mais ce qu'il sait, c'est qu'il n'atteindra pas
encore « le degré d'élévation qui existe dans les
mondes supérieurs. »

C'est le cas de nous introduire dans les *mondes supérieurs.*

II.

Et d'abord, dit-il, la loi de *sélection* ne s'applique
pas que sur la Terre; elle s'applique en dehors de la
Terre, dans les autres planètes, dans *Mars,* dans *Mercure,* dans *Vénus,* etc. Par exemple, dans *Mars,* les
hommes, — ou les animaux qui en tiennent lieu, —
ont des *ailes,* et fendent les airs; c'est en vertu de la
loi de sélection, qui leur a donné une « prédilection »
pour telle ou telle forme, et les « a aidés à *l'affirmation*
vitale du *règne aérien.* »

Il paraît que la langue de 1883 s'applique à *Mars* aussi bien qu'à la *Terre* : dans *Mars*, on dit des hommes qui *volent :* ils *affirment le règne aérien*, comme à Paris, on dit qu'ils *affirment la République.*

Huyghens assurait que les habitants des planètes étaient semblables à nous; M. Flammarion traite Huyghens comme il le mérite : c'était un arriéré! Les ailes des hommes de *Mars*, dit-il, témoignent qu'ils ne ressemblent pas à ceux de la Terre; je déclare, moi, qui suis un homme du progrès, que les planètes sont des *terres*, des terres *habitées*, et habitées par des êtres parfaitement connus, et dont je vais vous donner la description.

Commençons par les petites planètes, nos voisines, *Mercure*, *Mars* et *Vénus.*

Vénus est un pays d'orages : pluies, vents, tempêtes violentes, dont nous n'avons pas d'exemples. Quant aux habitants, ils ne diffèrent pas beaucoup de l'espèce terrestre, « au physique et au moral, » mais ils sont incomparablement « plus passionnés que nous. »

— Parbleu! Comment en douter, dans Vénus!

— Ils doivent, cependant « en être encore à l'âge de pierre. »

Détail très intéressant! on regrette seulement que M. Flammarion ait négligé de nous informer où il l'a pris (1).

Les habitants de *Mercure* sont bien bâtis, très forts, très « solides, » plus solides que nous et, en même

(1) Bernardin de Saint-Pierre, qui était poète aussi, comme M. Flammarion, sans être astronome, donne ce détail précis sur les habitants de *Vénus :* « Les uns, faisant paître des troupeaux sur les croupes des montagnes, mènent la vie des bergers; les autres, sur les rivages de leurs îles fécondes, se livrent à la danse, aux festins, s'égaient par des chansons, ou se disputent des prix à la nage, comme les heureux insulaires de Taïti. »

temps, « plus agiles. » Mais, par compensation, bien « moins intelligents. »

On le comprend : c'est un peuple d'athlètes et de coureurs, deux états qui exigent peu d'esprit (1).

Mais qu'est cette agilité, près de celle des habitants de *Mars?* Ils sautent, ils bondissent, ils rebondissent, comme des balles de liège. Voyagent-ils? ils parcourent 50 kilomètres, comme nous 20, sans fatigue. S'ils « jouent à saute-mouton, » ils passent par-dessus « les toits et la cime des arbres. » Et il ne faut pas croire que les arbres soient petits : au contraire, ils sont énormes; toutes les espèces vivantes, d'ailleurs, végétaux et animaux, « y sont de bien plus haute taille qu'ici. »

Et comment douter de ces phénomènes, lorsqu'on se rappelle que les *Martiens* « sont munis d'ailes? » M. Flammarion est modéré, quand il nous dit qu'ils passent par-dessus les toits des maisons, en jouant à saute-mouton; il aurait pu dire : par-dessus les nuages. En effet, ils « voltigent constamment dans leur atmosphère; » et ce n'est pas sans raison : *Mars* est « un monde peuplé d'êtres *sans nombre;* » le sol ne saurait suffire à une telle multitude, une partie donc est toujours en l'air. Cela n'empêche pas que le pays ne soit très « vivant, » très animé : les Martiens se sont « associés en nations, » ont élevé des villes, conquis les arts, possèdent des musiciens « inspirés, comme nos grands maîtres. » A part leurs ailes, en un mot, ce sont des hommes, de vrais hommes, qui vivent comme nous, « raisonnent comme nous, et pen-

____

(1) Fontenelle ne leur refusait pas seulement une intelligence supérieure; il prétendait qu'ils étaient fous; « Ils ne font jamais de réflexions sur rien, ils n'agissent qu'à l'aventure et par des mouvements subits; *c'est dans Mercure que sont les petites-maisons de l'univers.* »

sent comme nous. » Il y a, dans Mars, « des Rome, des Paris, des Londres, des autels, des trônes, » et, espérons-le, des Républiques.

Aussi, voyez comme nous sommes attirés vers eux! Entre les habitants de la Terre et les Martiens, quelle attraction! quel penchant à s'allier, à s'unir! Ne l'éprouvez-vous pas tous les jours? « Nous nous sentons *associés* à ces peuples lointains par une douce sympathie. » Que si vous ne ressentez pas cette douceur, ne niez pas, néanmoins, qu'elle existe : M. Flammarion vous apprend que c'est une sympathie douce, mais « secrète. »

Les planètes minuscules. Outre les trois petites planètes, Mars, Mercure et Vénus, il est juste de ne pas oublier une quantité de planètes minuscules, errant entre Mars et Jupiter, qui n'ont que quelques kilomètres d'étendue, mais « sont certainement habitées à un degré complet. »

— Pauvres gens! êtes-vous prêt de vous écrier, une terre de quelques kilomètres! C'est une prison, une prison perpétuelle! que je les plains!

— Non! non! Ne les plaignez pas : ils n'en valent pas la peine. Si vous les voyiez, ce sont des monstres! des monstres de laideur, horribles, effroyables, avec je ne sais combien de bras, comme « les dieux de l'Inde, » des têtes « élargies, » énormes, comme des masques de caoutchouc. Imaginez tout ce que vous voudrez : les sphinx, les chimères, les dragons, les tarasques, les cyclopes, les minotaures, les harpies, « toutes les divinités et les métamorphoses de l'antiquité grecque, de l'Égypte, » et du Moyen Age, ne sont « que de pâles créations d'une timide fantaisie, à côté des êtres bizarres, prodigieux et étranges de ces petits mondes! »

— Cela étant, ils peuvent y rester.

Quant à la *Lune*, M. Flammarion est très désen-chantant; les habitants de la Lune, car la Lune a des habitants, « *rien ne prouve qu'il n'y en ait pas,* » — rai-sonnement excellent et qui répond très bien à cet au-tre : *Rien ne prouve qu'il y en ait,* — les habitants de la Lune sont bien plus grands que nous, de vrais géants, mais des géants « sourds-muets ». Et savez-vous pourquoi? C'est que la Lune est le séjour le plus lu-gubre, le plus triste, le plus funèbre des cieux : pas le moindre bruit, jamais la plus petite rumeur, le plus léger souffle : « A la surface règne en souverain le *silence des tombeaux!* »

— Ah! grand Dieu! Et les amoureux qui adressent des regards et des sonnets à la Lune!

III.

Passons aux grands corps célestes : il y en a sur-tout trois intéressants : *Jupiter, Saturne* et *Uranus.* M. Flammarion s'occupe peu de *Neptune;* ses habitants l'inquiètent : ils sont si étrangement conformés, « si ex-tra-terrestres que, les voyant de nos yeux, nous ne les reconnaîtrions pas pour des êtres organisés. » Il n'ose donc pas se prononcer. Mais, pour les autres, il n'hésite pas, et il nous les décrit nettement et ample-ment.

Jupiter! Jupiter est la terre type, car elle est la pa-trie future de la République universelle.

Jugez en : Il y a deux sortes d'habitants :

1° Des hommes énormes (de quatorze pieds de haut, selon Wolff), ayant, par conséquent, de grands besoins — comme les Républicains; des esprits lourds, « peu intelligents, » à entendement court, — tout à fait semblables aux Républicains; des gens matériels, aux manières vulgaires, des visages communs, des traits grossiers, encore enfouis dans leur fange, de vrais « ichtiosaures : » « à plus tard, l'être intelligent ! » comme dit M. Flammarion. — Qui ne reconnaîtrait les Républicains ?

2° Des êtres boursouflés, gonflés comme des outres, qui ne posent pas à terre, et vivent constamment dans l'espace, dans l'atmosphère, une atmosphère « pesante, » d'ailleurs, se nourrissant d'air, et se reposant sur le vent. — N'est-ce pas là les rêveurs et les utopistes Républicains ?

Ces hommes-ballons ont une particularité qui ne m'étonne pas : des yeux bien plus sensibles que les nôtres (« vingt-sept fois plus »), ce qui fait qu'ils les ferment à tout instant, quand le jour est trop vif, la lumière trop franche, la vérité trop évidente, — et qui ignore que c'est un caractère distinctif des Républicains ?

Enfin, et voilà pourquoi ils sont toujours en l'air et ne touchent guère le sol : le sol est « brûlant, et la surface n'est pas encore stable. » Que disiez-vous donc, M. Flammarion, que « tout, dans Jupiter; différait de notre terre ? » Il n'est pas possible, au contraire, de ressembler davantage à la terre, à la République, toujours agitée, toujours en ébullition, toujours ébranlée et jamais *stable!* Et cette ressemblance est telle, que la vérité s'impose à M. Flammarion : c'est Jupiter qui sera le séjour, « dans la vie supérieure, » des hommes de la terre; ils y vivront « au sein de la paix, du bonheur et de l'harmonie, » et y établiront « les *États-Unis d'une République Universelle,* — bénie, ajoute-t-il, par le Créateur. » N'est-ce pas l'idéal, à part cette *bénédiction* pourtant, qui me paraît problématique, et dont nos Républicains, je crois, se soucient peu! Et ne doivent-ils pas piétiner d'impatience de quitter la Terre pour s'envoler vers Jupiter? Qui les arrête? Ils n'auront pas à regretter la Terre, et la Terre ne les pleurera pas davantage!

Uranus est le pays des savants, pays froid, par conséquent, glacé même (le soleil y est 390 fois moins chaud que sur la terre); aussi les habitants en sont-ils d'une société peu agréable. Ils passent la plus grande partie de leur vie à travailler, « plutôt la nuit que le jour, » sous prétexte qu'ils y voient mieux, (c'est bien une idée de savant!) à « étudier la nature et les *secrets* de l'univers, » à s'occuper enfin d'une quantité de questions impénétrables et de choses qui ne servent à rien, ce qui fait qu'on dit qu'ils sont «peu matériels ». Peu matériels, c'est peut-être vrai, mais humbles, non : « la science et l'humilité, a-t-on dit, sont peu compatibles (1). »

Saturne est la terre des mystiques et des extatiques. Quel pays admirable, — détestable, peut-être, pour d'autres! Un pays qui se transforme sans cesse, carré hier, rond aujourd'hui, demain en losange ou en rectangle, l'instabilité même. Pourquoi? « Cause inconnue! » Mais, n'importe! Les hommes n'habitent pas sur cette terre, qui constamment se dérobe; ils ne sauraient « demeurer sur le sol, » ils vivent en l'air; ils n'ont pas d'ailes et ils volent, ils « flottent » toujours; ce sont des êtres « aérostatiques ». Légers, comme vous les voyez, ils parcourent sans peine des espaces immenses, ils peuvent même quitter, je ne dirai pas le sol, mais l'atmosphère de Saturne, et « s'envoler jusque dans ses anneaux, » comme nous irions dans la Lune, y passer quelques jours, en visite, puis dans Mars, puis dans Vénus, etc. Quelle vie agréable!

(1) Fievée, *Correspondance avec Napoléon.*

— Ces êtres si légers, qui peuvent voler sans ailes, ont-ils donc des corps?

— Oui, mais des corps « transparents ». Et vous comprenez ce qui en résulte : des corps transparents; donc, ils ne sont « pas astreints à une alimentation grossière, » et — bon coup asséné sur Dieu et sur l'homme, sa créature la plus parfaite, — « *à ses ridicules conséquences!* »

Il n'est pas nécessaire d'expliquer combien la nature de ces êtres transparents est délicate, sensible, à quel degré est développé leur système nerveux. Ils sentent tout, ils comprennent tout, ils perçoivent tout, ils devinent tout : « ils ont la science infuse. » Pas de besoins, pas de passions, ce sont des êtres véritablement parfaits, « presque des anges... »

— Je ne sais même pas pourquoi ce *presque!*

— Et complètement « heureux ».

Et ce n'est pas tout : ils sont complètement heureux et longtemps heureux : cet état « presque angélique, » les habitants de Saturne en jouissent pendant une vie trente fois plus longue que la nôtre, *deux mille cinq cents ans*, environ!

— Je me demande pourquoi, M. Flammarion, vous nous envoyez dans Jupiter passer le temps de notre vie supérieure? Saturne me semble trente fois préférable, même privé des *États-Unis de la République Universelle bénie du Créateur :* 2500 ans de bonheur complet! qui hésiterait?

Je n'ai pas fini, dit M. Flammarion : ce n'est ni Jupiter, ni Saturne, qui deviendront le Paradis; c'est le *Soleil.* Je ne parle pas du soleil actuel, qui n'est qu'un *foyer incandescent,* une masse de feu absolument inhabitable... (1)

(1) Ce n'est pas l'opinion d'Arago, qui dit : « Que l'on me demande

— Vous connaissez donc la nature du Soleil? J'avais entendu dire que l'Académie des sciences, il y a quelques années (en 1876), avait posé cette question aux savants : « Quelle est la température à la surface du Soleil? » Les réponses avaient été fort différentes, et les chiffres aussi : ils variaient de *quinze cents* degrés à *dix millions* de degrés. Vous avouerez qu'on peut douter que les savants soient bien instruits de ce qu'est le Soleil.

— C'est « un corps gazeux, » enflammé, reprend imperturbablement M. Flammarion ; voilà qui est certain, un corps gazeux qui brûle, mais qui se refroidit tous les jours : il perd incessamment « de sa chaleur et de sa lumière. »

— Quoi! il éclaire de moins en moins chaque jour! On ne s'en aperçoit guère.

— Il baisse peu à peu, comme une lampe : à un moment, il fumera, il crépitera, et il s'éteindra. Alors.....

— Alors, tout sera dans la nuit?

— Au contraire! alors, il deviendra le séjour des bienheureux, « des bienheureux de toutes les planètes. » Il est assez grand pour cela! Du jour où il sera éteint, il se transformera en une terre enchanteresse, « il verdira, il se couvrira de plantes, » et de fleurs; la vie s'y épanouira de toutes parts, les animaux y surgiront, de la monère jusqu'à l'homme. Il y naîtra des hommes, que je ne saurais vous décrire, puis-

si le Soleil peut être habité par des êtres organisés d'une manière analogue à ceux qui peuplent notre globe, je n'hésiterai pas à faire une réponse *affirmative.* L'existence dans le Soleil d'un *noyau* central *obscur* (et même *pas très chaud,* selon Herschell) enveloppé d'une atmosphère *opaque,* loin de laquelle se trouve seulement une atmosphère lumineuse, ne s'oppose nullement à une telle conception. » Voyez Rambosson, *les Astres,* chap. IV.

qu'ils n'existent pas, mais qui « seront très supérieurs aux hommes de la terre ». Le Soleil sera une terre délicieuse, d'autant plus délicieuse que, de toutes les planètes que nous connaissons, il « sera le seul habitable; » toutes les autres se seront évanouies comme de la fumée. Alors, vers le Soleil voleront, d'un commun élan, les élus de tout l'univers, le Soleil sera le *Paradis*, et les hommes qui l'habiteront seront, oserai-je le dire, oui, on le peut, de *purs esprits*, comme disent les Chrétiens, « des esprits glorifiés! »

— Ah! tant mieux! Nous voilà assurés du bonheur infini, et pour l'Éternité!

— Pour l'Éternité! détrompez-vous. Le Soleil aussi périra, ce Soleil renouvelé. A la fin des fins, « selon l'inexorable loi qui régit toute destinée, » « il jettera son dernier soupir à son tour, » et disparaîtra!

— Mais, alors, que deviendront les élus, le Paradis, les esprits glorifiés? Il ne restera plus rien!

— Il restera Dieu, dit gravement M. Flammarion, Dieu, c'est-à-dire, l'Univers, infini comme Dieu, coéternel à Dieu, *l'Univers-Dieu!*

IV.

En d'autres termes, ce sera la fin du monde, car, lorsqu'on dit la *fin du monde*, c'est la *terre* qu'on entend; le reste nous importe peu. On sera sans doute bien aise de connaître l'opinion des savants sur un sujet dont on parle volontiers en souriant, quoiqu'il n'en soit pas de plus grave. Jamais les dissentiments des savants ne furent plus complets; leurs solutions diffèrent absolument l'une de l'autre : en voici quelques-unes, on peut choisir.

1° Le monde finira prosaïquement, de vieillesse et

de froid : « Le soleil peu à peu s'éteindra, la terre n'aura plus de sève, plus de chaleur vitale ; elle fera comme tous les vieillards, elle mourra (1). »

2° Ce n'est pas tout à fait l'avis d'autres savants : la Terre, n'étant plus échauffée par le soleil, se refroidira, il est vrai, mais, en se refroidissant, son écorce deviendra plus solide, si solide qu'un « vide se fera entre l'écorce et les matières liquides, » et alors, « la mer s'introduirait dans ce vide ; ce serait une immense catastrophe (2). » Ainsi la terre périrait par l'eau.

3° Mais non ! ce n'est pas par l'eau, c'est par le feu, selon un autre savant. Il y a des perturbations incessantes dans la marche des astres, par suite de l'action mutuelle des uns sur les autres. Un jour, « ayant perdu leurs vitesses respectives, » ils s'arrêteront. Ce jour-là, « l'énergie potentielle de l'univers sera devenue vibratoire, » et « l'énergie vibratoire étant de la chaleur, » il y aura « une conflagration générale, jointe à l'immobilité de la mort, précédée d'une obscurité complète. » Et ce n'est pas tout : comme si la conflagration générale ne suffisait pas, le dérangement des autres astres « déterminera le bouleversement des flots de la mer, » c'est-à-dire, incendie et déluge en même temps ; et enfin, pour compléter le spectacle, « toute matière atomique, et par conséquent les étoiles » tomberont sur la terre, « vers le centre de la conflagration universelle (3) ».

4° Il se peut que la fin du monde vienne du choc d'une comète : « Une pareille rencontre » est peu probable ; mais, avec le temps, dit un savant des plus considérables, « la probabilité peut devenir très

(1) Flammarion, *Les Terres du ciel.*
(2) Rambosson, *Histoire des astres.*
(3) A. de Pillon de Saint-Philbert, *Les Origines du monde.*

grande ; » et, ajoute-t-il, « il est facile de se représenter les effets de ce choc sur la terre. » Oh ! très facile : secousse violente, inondation, « déluge universel, etc. (1). »

5° On parle du choc probable d'une comète, mais il y a un autre choc bien plus à craindre, parce qu'il est bien plus sûr, le choc de la terre par la lune : le mouvement de la lune s'est accéléré depuis les plus anciennes observations. Cette accélération est due « au ralentissement progressif de la terre tournant sur elle-même, par suite de l'action de la lune sur la mer (2). » Or, le mouvement de la lune étant plus rapide, la distance de la lune à la terre diminue de plus en plus, de sorte que, si cette vitesse augmente, la lune finira par tomber sur la terre, et la terre éclatera, du coup, en morceaux (3).

6° La fin du monde a, d'après ces précédentes solutions, une cause extérieure ; en voici une autre où la cause est essentiellement inhérente à la terre même, et moins matérielle que morale : la cause de la fin du monde, ce sera le *progrès*.

L'homme, par la science, la physique, la chimie, le magnétisme, l'électricité, etc., arrivera à satisfaire tous ses besoins, à utiliser toutes les forces de la nature ; il découvrira des procédés qui nous sont inconnus, des agents de force, de chaleur, de mouvement, qui remplaceront avantageusement ceux que nous employons aujourd'hui : pour remplacer, par exemple, le bois et le charbon de terre, qui, dans

---

(1) La Place, *Exposition du système du monde.*
(2) L'action de la Lune est si puissante, que la mer s'élève successivement dans chaque endroit où la lune passe ; et si la Méditerranée n'a pas de marée, c'est que la Lune ne passe jamais perpendiculairement sur elle. (Rambosson, *les Astres,* chap. VIII.)
(3) Delaunay, *Notice sur l'analyse spectrale.*

quelques milliers d'années, sera épuisé, il trouvera des moyens d'action dans l'air ou dans l'eau, qui sont inépuisables. Il retrouvera ainsi, par son travail et ses efforts, toutes les ressources, les facilités de vie, les connaissances, que l'homme possédait, aux premiers jours du monde, dans le Paradis terrestre, à cette époque de bonheur et d'innocence, que les peuples ont appelée *l'âge d'or*, où, sorti pur des mains du Créateur, il possédait tous les biens sans se donner de peine, et savait tout sans l'avoir appris. Il pécha et se rendit indigne de cette félicité, et Dieu, pour le punir, lui imposa la tâche de chercher sur la terre les moyens propres à soutenir son existence. Or, dans mille ans, dix mille ans, cent mille ans, l'homme les aura trouvés et il aura accompli sa tâche; alors, il n'aura plus de raison de demeurer sur la terre; alors, la terre sera détruite, et le monde finira (1).

Le monde finira, et rien n'est plus rationnel : « Puisqu'il a eu un commencement, pourquoi ne devrait-il pas avoir une fin (2). » Mais comment finira-t-il? Selon les différents savants : par le froid, — ou par le feu, — ou par l'eau, — ou par l'eau et le feu ensemble, — ou par la chute de la lune, — ou par le choc d'une

____

(1) Cette solution d'un savant du Midi, homme d'une puissante intelligence et d'une imagination non moins grande, M G., se trouve déjà dans les *Mémoires* de Mme de Genlis : « Le monde ne finira que lorsque tout le monde sera connu, lorsque toutes les substances végétales et minérales auront été employées, et lorsque l'homme aura acquis toute *l'industrie* et toutes les *connaissances* dans les arts et dans les sciences, que son intelligence et l'expérience peuvent lui donner. *Toutes les destinées de l'homme étant accomplies*, toutes ses facultés ayant été mises en œuvre, tous les trésors de la nature et de la création étant connus, le temps finira et se perdra dans l'éternité. Je crois que *cinq ou six cents ans* suffisent à peu près pour opérer toutes ces choses. »

(2) Le P. Secchi.

comète, — ou par tout autre moyen; c'est-à-dire, les savants n'en savent rien, et continuent, sur ce sujet, à rêver.

V.

C'est au panthéisme antique qu'aboutit M. Flammarion : tout ce qu'il nous conte serait seulement ridicule, et même amusant, si ce n'était un acheminement à cette conclusion athée : Il n'y a pas d'autre Dieu que l'univers, la matière; la terre n'est rien, l'homme de la terre encore moins. Il est donc absurde de croire que Dieu se soit si fort occupé de la terre, qu'il nous ait envoyé son Fils pour nous sauver, la Religion est donc fausse. Il est, au contraire, certain que le monde a toujours vécu, et vivra toujours; il s'est formé tout seul avec toutes ses parties, par l'agglomération de grumeaux de gelée, les agrégations albuminoïdales et les combinaisons de carbone, d'oxygène, d'hydrogène et d'azote; et il n'y a de différence entre la Terre et *Vénus, Jupiter, Saturne,* les planètes, étoiles, nébuleuses, comètes, etc., que par le plus ou moins d'avancement de cohésion des grumeaux, qui fait que les uns produisent des « grenouilles ailées, » ou des Pascal, des Newton, des Raphaël, des Homère et des Mozart !

C'est le matérialisme antique, le vieux système païen de l'*univers éternel,* dont la conséquence est l'absence complète de *liberté* de l'homme, l'identité du bien et du mal, du crime et de la vertu, et le règne de la force, dans une société nouvelle, où quelques hommes puissants et habiles, tyrans sans conscience et sans remords, réduiront les faibles et les petits à une universelle servitude, et, sous la bouche de leurs canons, feront travailler, pour la satisfaction de leurs passions, des centaines de millions d'esclaves, la multitude des humains !

VI.

Il n'y a que la matière : dès lors, on comprend une quantité de propositions jetées en avant par M. Flammarion, et qui semblaient incompréhensibles. Un roi de Castille, Alphonse X, *le Sage,* assurait, dit-on, que, si Dieu l'avait appelé quand il forma l'univers, il lui aurait donné de bons conseils. M. Flammarion fait mieux : il présente un plan complet de réorganisation du monde ; il peut bien être réformateur, puisqu'il s'est révélé prophète.

Le monde tout entier est mal fait, dit-il, le monde, l'air, la terre, et l'homme. L'homme laisse singulièrement à désirer : qu'est-ce que cette conformation étrange, ces organes si étrangement placés, certains organes grossiers, et « fort peu poétiques, » à côté d'autres « qui le sont beaucoup ? » C'est là, s'écrie-t-il indigné, « une anomalie bizarre ! »

Qu'est-ce aussi que cette atmosphère qui environne la terre ? Elle est fort insuffisante : elle nous sert à respirer, voilà tout ! Pourquoi n'est-elle pas « nutritive ? »

— Comment ?

— Oui, chargée de sucs qui nous auraient nourris, rien qu'en respirant. Personne ne serait mort de faim !

— Oh ! c'est incontestable !

— Et quel changement, quelle « simplification, » dans notre corps, notre conduite, nos mœurs, dans toute « l'économie vitale ! »

— Et politique aussi, que vous oubliez !

— « Plus de ces besoins matériels et grossiers ! »

— Plus d'estomac, de ventre, de dents, de mâchoires, etc.

— Plus de laboureurs !

— De boulangers et de bouchers !

— Plus de voleurs et d'assassins ! On ne vole que pour manger.

— Et plus de cours d'assises, de juges et de gendarmes !

— Plus de guerres ! plus d'armées !

— Plus de nations, par conséquent, plus de gouvernements !

— Plus d'États !

— Plus rien !

Et dire que, pour ce merveilleux changement, pour cette organisation « incomparablement préférable, à tous les points de vue, » il fallait si peu de chose, cette modification unique : « ce perfectionnement de l'atmosphère !» Et que la matière, la nature, la monère, le protoplasma, la gelée de grumeaux enfin, qui a fait le monde, ait été, si peu intelligente, n'ait pas eu cette idée si simple ! Oh ! on ne peut trop le déplorer ! M. Flammarion ne s'en console pas : il en pleure, il en gémit, et c'est avec un geste de désespoir qu'il nous jette cette conclusion amère : Non, certes, « la terre n'est pas le meilleur des mondes, et l'humanité terrestre la plus idéale des humanités ! »

VII.

Inanité de ces hypothèses.

En réalité, tous ces récits, descriptions, prophéties, etc., ne sont que des suppositions, des hypothèses, des conjectures, c'est-à-dire, un *roman*. On peut lire les livres de M. Flammarion pour s'amuser, comme on lit les *Voyages de Gulliver*, mais tout cela n'a rien de sérieux, et il est inutile de s'attacher à en démontrer l'inanité : on perdrait son temps.

Une seule observation suffit, et elle donne le droit

de conclure qu'il n'y a là que de pures imaginations.
Quand on dit : « les bandes transversales de Jupiter
doivent être des nuages, des nuages de 160 kilomètres
d'épaisseur; » ou « les anneaux de Saturne ne peuvent être *solides,* ils seraient disloqués, ni *liquides,* ils
tomberaient sur la planète, ni *gazeux,* » (que sont-ils
donc!) (1) ou quelque autre proposition de ce genre,
ces propositions sont vraies, à condition que les causes
sur lesquelles on se fonde ne seront pas *contrariées,* à
des millions de lieues, *par des circonstances dont, vous,*
astronomes, ne pouvez avoir, sur terre, aucune idée.
Vous tenez compte de la position de Jupiter ou de
Saturne dans notre système solaire, et des effets que
Jupiter ou Saturne doit éprouver de l'action du soleil
et de l'ensemble du système solaire. Mais Jupiter n'a
pas seulement une position dans le *système solaire,*
il en a une dans un *système plus éloigné,* qui est pour
vous invisible; il peut, et j'ose ajouter, il *doit* éprouver
les effets de ce système, dont nous ignorons complètement la puissance; et ainsi, certains effets, que nous
attribuons à l'influence de notre système, peuvent
être causés par l'influence de systèmes invisibles et
inconnus.

Si, du haut d'une montagne, nous apercevons, à
l'extrémité d'une plaine vaste et tranquille, un arbre
violemment agité, que disons-nous? qu'il est sous l'influence d'une trombe, qui bouleverse le pays au delà,
pays que nous ne voyons pas. Nous le disons, parce
que nous savons ce qu'est le pays au delà, ce qu'est

(1) Selon certains astronomes, les anneaux de Saturne seraient de
simples agrégats de matière discontinue, dont les parcelles sont
séparées par de très grands intervalles; selon d'autres, un *amas de*
satellites disposés dans le même plan. Voyez Rambosson, *les As-*
tres, chap. XII.

une trombe, etc. Mais, dans le noir des cieux, par delà les milliers d'étoiles que nous voyons, nous ne savons absolument rien, nous ne pouvons dire comment agissent les mondes de ces autres cieux invisibles.

« Nous avons mesuré la marche des planètes, dit un illustre chimiste, nous avons constaté la nature des étoiles, percé la brume des nébuleuses et réglé même le mouvement désordonné des comètes; mais, par delà les astres dont la lumière emploie des siècles à nous parvenir, il est encore des astres dont les rayons s'éteignent en chemin, et plus loin, toujours plus loin, sans cesse et sans terme, brillent dans des firmaments, que le nôtre ne soupçonne pas, des soleils que ne rencontreront pas nos regards, des mondes innombrables à jamais fermés pour nous (1). »

Comment ne pas entendre de telles paroles avec épouvante!

Mais l'homme eût-il des télescopes mille fois plus puissants que ceux dont il se sert, toujours il y aura des profondeurs des cieux dans lesquelles il ne pénétrera pas, les cieux étant sans limites; toujours des astres, des étoiles, des planètes, qui y seront semés par myriades, et qui courront, tourneront, circuleront, avec des poids, des grandeurs, des volumes, des vitesses et des mouvements, dont nul ne pourra constater l'action, la force et l'étendue.

On a reconnu récemment, dans Mars, que de grandes *tachès* avaient disparu; or, ces taches, c'était des *mers;* d'autres taches *brillantes* sont devenues *sombres;* des *lignes* droites ont été découvertes, lignes longues, parallèles, au nombre de plus de soixante;

____

(1) J.-B. Dumas, *Réponse au discours de réception de M. Taine, à l'Académie française.*

on croit que ce sont des *canaux!* Mais ces canaux se *coupent;* est-ce donc des canaux? Et, si ces *mers* ont disparu, était-ce donc aussi des mers? Et ces espaces sombres, qui brillaient hier, qu'est-ce encore? On avait donné des noms à ces mers et à ces espaces brillants; on en donne peut-être déjà à ces soi-disant canaux!

La vérité n'est-elle pas simplement que l'on a raisonné pour Mars, comme si les substances dont il est composé étaient identiques à celles de la terre; que les matières dont Mars est fait sont différentes des nôtres, et soumises à d'autres lois qui nous sont inconnues; qu'il en est de même pour les autres planètes, et qu'en résumé, on ne sait rien!

Cette variété, d'ailleurs, n'est-elle pas plus digne de Dieu? N'est-il pas assez puissant pour ne se pas répéter, et pour semer dans l'infini des millions d'astres tout différents les uns des autres, au lieu d'être calqués sur un seul modèle, comme nous le supposons, nous, petits hommes de la terre!

Ainsi sont vains les rêves, les suppositions des *savants* sur le monde céleste qui nous entoure, et, non seulement les *suppositions*, mais probablement aussi une large part des *calculs* que nous faisons sur notre système solaire, puisque ces calculs se font dans l'ignorance absolue d'une des causes qui produisent les effets que nous observons.

En cette ignorance et cette impuissance, nous devrions nous abîmer dans l'adoration du grand Dieu des cieux. « L'importance de l'étude des sciences, dit Fontenelle, ne vient pas tant de ce qu'elle satisfait notre curiosité, que de l'idée moins imparfaite qu'elle nous donne de l'auteur de l'univers, et avive dans notre esprit les sentiments d'admiration qui lui sont dus. »

C'est le sentiment contraire qu'éprouvent les *savants* de nos jours, et ils prouvent par là que leur science n'est pas véritable, et que ce qu'ils appellent ainsi n'est pas la Science (1).

CONCLUSION.

Instabilité de la science. — Les *savants* adoptent un système, celui de Laplace, celui de Darwin, etc. Une nébuleuse, une loi, qui « sans doute, dérive de la nature même de la matière (2), » un mouvement circulaire, etc., ont formé les planètes, les étoiles, tous les mondes. Peu à peu, les mondes se sont solidifiés, la vie y est apparue ; les plantes, les animaux en sont sortis, petits d'abord, informes, puis plus complets, puis se perfectionnant d'échelon en échelon, jusqu'à l'homme, etc. Dans ce système, pas de trace de Dieu, de *puissance extérieure à la matière,* comme ils disent. Des *lois,* lois *éternelles de la nature,* (Comment la nature *inconnue* peut-elle avoir des *lois ?* Aussi Laplace les appelle-t-il de leur vrai nom, *'s faits* (3)) ; des *globules,* qu'autrefois on appelait de *atomes,* et cela suffit. Dieu est inutile, on l'élimine, on se passe de lui : « Je n'ai pas eu besoin de cette *hypothèse ;* » disait Laplace à Napoléon. Si l'on n'en a pas besoin, il n'existe pas : plus de Dieu !

(1) « S'il n'a pas visité les hauts fourneaux et les ateliers, dit M. de Quatrefages, l'homme le plus instruit et le plus perspicace, mais étranger à l'industrie, ne devinera jamais comment on tire du fer d'une sorte de pierre, ni comment ce fer, transformé en acier, devient plus tard un ressort de montre ou une aiguille. Pourtant, il connaît ces objets bien mieux que le naturaliste *ne connaît la plus humble plante ou le dernier des zoophytes.* »

(2) Laplace, *Exposition du système du monde.*

(3) « La *nature* de cette matière est *inconnue,* dit Laplace, et étant inconnue, ces *lois* ne sont que des *faits* observés. » Et la matière même ? d'où vient-elle ? qui l'a faite ? encore une *inconnue !*

Le système de Darwin explique ensuite le détail : il part de la monère, de la gelée de grumeaux, première manifestation de la vie sur le globe issu de la nébuleuse, et, en y ajoutant un nouveau principe, la *sélection,* il en tire la série entière des êtres. Ici, Dieu est encore moins présent, encore moins visible, encore moins nécessaire, il est tout à fait supprimé, aux acclamations des *savants.*

Oui, mais pour que cet édifice se tienne debout, il faut que la base soit inébranlable, qu'on puisse dire : ce n'est pas un *système,* c'est la *vérité* même, indiscutable, éternelle. Or, l'on a vu, depuis que les hommes raisonnent, tant de systèmes élevés et renversés, qu'il est permis de douter de l'inaltérable fixité de celui-ci. Le système dit de Ptolémée (il existait avant lui), a duré trois mille ans. On va bien plus vite aujourd'hui : « La science se déplace en moyenne de *cinquante ans en cinquante ans* (1). » « Les plus respectables maximes scientifiques, considérées comme l'apogée de la science, sont convaincues de fausseté ou d'insuffisance, et remplacées par d'autres, qui ne dureront pas davantage (2). » Le système de Laplace n'a pas un siècle, et déjà il est contesté, on le déclare erroné, faux. Des *savants* Allemands affirment que le système de Copernic n'est rien moins que certain ; en France, un astronome éminent expose, à l'Académie des sciences (3), comment « *l'hypothèse* de Laplace sur le système du monde (c'est à son tour d'être traitée *d'hypothèse*) se trouve *infirmée* par les récentes découvertes de la circulation rétrograde des satellites d'Uranus et du satellite de Neptune, » et il ajoute « qu'il

(1) Cte de Maricourt, *Bible et Préhistoriens.*
(2) Carina, savant Italien.
(3) M. Faye, avril 1880.

serait possible de concevoir une autre origine du système solaire. »

S'il en est ainsi, si le *système* ne tient pas, toutes les conséquences s'écroulent : plus de globe échauffé, plus de gaz se solidifiant, plus de grumeaux d'écume, de monère, de protoplasma, plus de lamproie, d'antropinien, d'alalus, et le reste ! Le *système* de Darwin, qui supposait vraie l'hypothèse de Laplace, cette hypothèse étant *infirmée*, passe lui-même à l'état d'*hypothèse*, bien plus, n'est même pas une hypothèse; elle n'a plus un nuage, une nébuleuse pour s'appuyer! « De quel droit prétend-elle donc renverser la foi (1)? »

Et, en même temps, des savants, tout aussi compétents dans leur science que M. Faye dans la sienne, assurent à l'envi que, dans ce système de Darwin, dans cette hypothèse, avec laquelle on refaisait le monde à l'abri de Dieu, en dehors de Dieu, malgré Dieu, il n'y a rien de réel, rien de certain, rien de prouvé (2); par conséquent que ce système de Darwin, par lequel on expliquait tout, doit rentrer dans le nombre des systèmes passés, dont on ne parle plus que pour mémoire, et qui n'ont d'autre objet que de servir d'étude aux élèves des écoles, avec cent autres systèmes tout aussi vains, aussi inutiles et aussi oubliés.

A d'autres systèmes, à d'autres hypothèses de monter à l'assaut de Dieu. Dans son éternité, Dieu ne les compte pas !

(1) Cie de Maricourt, *ibid*.

(2) « La plupart de ceux qui professent l'opinion de l'homme dépendant du singe, dit Carina, sont des jeunes gens loquaces, ayant peu étudié, ou des hommes de peu de sens, mais d'un prodigieux orgueil. »

NOTES.

NOTES DE L'INTRODUCTION.

Sur les suppositions déraisonnables des savants athées.

(Pages 4-6.)

Le mot *insanité* que l'on a employé, est le mot qui vient à l'esprit de tous ceux qui entendent parler de ces inventions des savants matérialistes. Un extrait de cet ouvrage ayant été publié dans un journal quotidien (*la Civilisation*), un curé de province écrivit au journal la lettre suivante :

Lavans-lès-Saint-Claude.

« Monsieur le Directeur,

« C'est avec une profonde stupéfaction que j'ai lu l'article de M. Eugène Loudun sur les *découvertes de la science athée*. Nos soi-disant savants s'ingénient donc à prouver qu'il n'est que trop possible à la raison humaine de se suicider scientifiquement. Hé quoi ! des intelligences, faites à l'image de Dieu, capables de connaître de grandes vérités, s'oublient à ce point de croire et de faire croire, comme des vérités fondamentales, de colossales absurdités, indignes d'un cerveau humain, des élucubrations informes, vaines, ridicules et brutalement contraires à toutes les notions élémentaires de la science rationnelle et à la nature même de l'humanité !

« J'ai eu l'honneur d'être aumônier dans un *asile d'aliénés :* là, j'ai entendu et vu beaucoup de paroles et d'actes où la raison n'avait aucune part ; mais, là, jamais je n'ai été le témoin d'insanités égales en longueur et en poids à celles qu'ont écrites des savants incrédules, et particulièrement Hugo Magnus, traduit par M. Soury. Si trop souvent les folies des Petites-Maisons provoquent les larmes, du moins elles ne franchissent pas ces enceintes et ne sont point épidémiques.

« O savants incrédules ! votre érudition n'est qu'un chaos de bizarreries inénarrables, au sein duquel l'âme se heurte à des impossibilités infimes, et tombe défigurée, amoindrie, brisée, etc. »

Sur *l'ignorance des causes*.

(Pages 9-12.)

« La matière n'est jamais cause de rien », dit Claude Bernard (*Rapport sur l'état des sciences*, 1868). « La science démontre, ajoute-t-il, que ni la matière organique, ni la matière brute *n'engendrent* les phénomènes, mais qu'elles servent uniquement à les manifester. La matière, quelle qu'elle soit, est toujours, par elle-même, dénuée de spontanéité et n'engendre rien. »

PREMIÈRE PARTIE.

NOTES DU CHAPITRE PREMIER.

Sur *la nouvelle langue scientifique*.

(Pages 18-20.)

On n'a pu donner que quelques spécimens du nouvel idiome scientifique et philosophique; en voici encore un échantillon, de M. E. Haëckel, traduit par M. J. Soury, en une langue qu'il prétend être du français.

« La dernière analyse de la matière qui descend dans les ténébreux abîmes de la vie, fait connaître le *plasson* et ses molécules *plastidules*; puis le *protoplasma*, le *sarcode*, etc, les plastidules ondulent, ce qui est la cause du *processus biogénétique*, ce que nous appelons, nous autres savants germaniques, la *périgénèse* des *plastidules*. »

« Les cellules, dit aussi M. Haëckel, sont originellement de simples cellules *épithéliales* indifféremment de *l'exoderme* ou du feuillet *germinatif* externe. »

On conçoit, comment, parlant une telle langue, M. Haëckel écrit à M. Virchow, célèbre savant pourtant, germanique aussi, et matérialiste : « Vous n'êtes pas assez versé en zoologie pour me comprendre; vous devenez *indigne* d'entendre ma parole. »

NOTES DU CHAPITRE II.

Sur *le prétendu athéisme de quelques peuples.*

(Pages 26-28.)

Les vrais savants ne sont pas de l'avis de M. Letourneau sur ce sujet; il suffira d'en citer deux, des plus éminents, de France et d'Angleterre.

« Pour ma part, dit M. de Quatrefages, je déclare que je ne connais pas une seule peuplade qu'on puisse, avec quelque apparence de raison, appeler *athée.* » (*Les Progrès de l'Anthropologie.*) « Au sens le plus vrai du mot, dit M. Max Muller, l'homme ne cesserait d'être religieux, qu'en cessant d'être *homme* : l'enquête historique et l'analyse s'unissent pour l'attester. » (*La Science du langage.*)

Sur *la formation du monde sans Dieu.*

(Pages 39-44.)

Les savants sont loin d'être d'accord sur cette formation du monde par ses propres forces : Lyell veut que la terre ait été, dès le principe, *solide* et se soit peu à peu formée telle qu'elle est actuellement; Muller affirme, au contraire, qu'elle a été autrefois une masse en fusion, une sphère *molle*, incandescente.

Sur quoi le célèbre physiologiste anglais, M. Carpenter, fait les réflexions suivantes, où l'on reconnait le sens droit de sa race.

Tout s'est fait, dit-on, par le *soleil*; il y a eu une évaporation produite par sa chaleur, puis, consolidation de la vapeur ignée, de la matière nébuleuse, etc.

Très bien, dit M. Carpenter, mais « d'où vient la *matière nébuleuse*? d'où vient la *force* qui a réuni ses molécules? Nous nous heurtons ici à un mur, de l'autre côté duquel nous n'avons pas accès. » Nous devrons donc « regarder la puissance inhérente à la matière comme l'*ultima ratio* du monde ! C'est une idée *peu satisfaisante*. »

« Nous traitons de *fou* l'homme qui attribue à l'arbre moteur d'une filature de coton un pouvoir inhérent, parce qu'il voit cet arbre se terminer dans un mur *qui cache la véritable puissance motrice*. Ne sommes-nous pas coupables de la même folie, en attribuant un mouvement propre aux atomes constitutifs de la matière, parce que le *pouvoir* qui les fait mouvoir nous est caché? »

Et M. Carpenter conclut : « Dans l'accomplissement d'un acte de volonté, la force physique est *mise en œuvre, dirigée, contrôlée* par une personnalité individuelle, un *moi*, et il serait *absurde* de prétendre qu'il n'y a pas dans la nature place pour un Dieu qui crée, dirige et contrôle les forces par sa volonté. »

(*La force dans la nature, Quarterley Review*, février 1880.)

NOTES DU CHAPITRE IV.

Sur la génération spontanée ou création naturelle.

(Page 63.)

« M. Pouchet, dit Claude Bernard, celui qu'on a appelé *le plus éminent physiologiste*, non seulement de France, mais du monde entier, a voulu établir qu'il y a une *génération spontanée*, non de l'être adulte, mais de son œuf et de son germe. Cette vue me paraît tout à fait *inadmissible*, même *comme hypothèse*. » Claude Bernard en fait la démonstration scientifique, puis il ajoute : « La matière n'engendre pas les phénomènes, elle les *manifeste*, elle n'en est que le *substratum*, et ne fait que donner aux phénomènes leurs conditions de manifestation. » « On parle des *monères*, dit M. E.

Ferrière, nées par génération spontanée dans la mer, c'est-à-dire, par un miracle. » (*Le Darwinisme.*)

Mais voici une déclaration bien autrement décisive, car elle émane d'un des savants matérialistes le plus renommés d'Allemagne, M. Virchow. Au congrès d'antropologistes, qui eut lieu à Munich, en 1878, M. Haëckel demanda qu'on introduisît dans l'enseignement des écoles primaires la théorie de la *descendance de l'homme par voie de transformations successives.* M. le docteur Virchow répondit à M. Haëckel qu'il était *absurde* de présenter comme axiome scientifique une théorie *aussi peu démontrée* que celle-là.

« Si je ne peux pas admettre, dit-il, la théorie de la création; si je ne peux pas croire qu'il y ait eu un créateur qui ait inspiré un souffle de vie; si je veux me faire à ma façon un verset de l'Écriture, je suis obligé de le faire dans le sens de la génération spontanée. Mais, quant à des *preuves de fait* en faveur de cette théorie, nous n'en possédons *aucune, aucune.* Personne n'a *jamais vu* s'opérer réellement une *génération spontanée,* et s'il est des gens qui ont prétendu en avoir vu, ce ne sont pas les théologiens qui les ont réfutés, ce sont les naturalistes. »

Passant ensuite au fait précis de la prétendue parenté entre l'homme et le singe, M. Virchow insiste sur le fait suivant : « Somme toute, nous sommes obligés de reconnaître *qu'il manque le moindre type fossile d'un état inférieur* du développement humain. Il y a mieux : quand nous faisons le total des hommes fossiles connus jusqu'à présent, et que nous les mettons en parallèle avec ce que nous offre l'*époque actuelle,* nous pouvons affirmer hardiment que, parmi les hommes vivants, il se rencontre des individus *marqués du caractère d'infériorité relative* en bien plus grand nombre que parmi les hommes fossiles jusqu'à présent découverts.

« Il peut se faire que l'homme tertiaire ait existé au Groënland ou ailleurs, et qu'un jour on le rende à la lumière du jour. Mais, en fait, positivement, nous devons reconnaître *qu'il existe toujours une ligne bien nette de démarcation entre l'homme et le singe.* Nous ne pouvons enseigner, nous ne pouvons présenter comme une conquête de la science cette thèse que l'homme descendrait du singe ou de quelque autre animal.

« La théorie de la descendance n'est qu'une spéculation; elle a un côté excessivement dangereux, à cause des conséquences socialistes. Je demande des preuves, des *faits.* »

Quant à l'*atome,* ou tout autre mot de ce genre, voici la déclaration de Buchner : « Le mot *atome* ne sert qu'à exprimer une notion de convention, que nous rapportons à la matière. Nous ne savons rien de sa grosseur, de ses formes, de sa position, *personne ne l'a vue.* » (*Force et matière.*) Il en est de même de la *monère.*

Sur *la descendance bestiale de l'homme.*

(Page 66.)

De la généalogie dressée par M. Haëckel, il résulte, dit M. de Maricourt, que « l'homme est au 22ᵉ degré, c'est-à-dire, a subi, avant de devenir *homme,* vingt et une transformations, depuis la monère, qui a besoin de monter huit degrés, pour parvenir jusqu'à *l'amphious,* première forme des *vertébrés.* Les marsupiaux sont au 17ᵉ degré... L'*homme-singe,* dit M. Haëckel, *a dû* exister; ce qui le prouve, c'est la *nécessité* de ce type, pour que le singe soit arrivé à l'homme : nouvelle logique, l'existence de la chose à démontrer est *prouvée par l'absence de preuve !* » (*La Bible et les préhistoriens.*)

NOTES DU CHAPITRE V.

Sur *la dissemblance de l'homme et du singe.*

(Page 75.)

La différence entre l'homme et le singe est telle, que les vrais savants sont d'accord, pour la reconnaître, avec la philosophie et la théologie.

« Aucun être intermédiaire ne comble la brèche qui sépare l'homme du chimpanzé, dit Huxley; nier l'existence de cet *abîme,* serait aussi blâmable qu'absurde. »

« Les quadrupèdes, dit M. le Dʳ Delaunay, ne possèdent

que les mouvements verticaux d'avant en arrière, et d'arrière en avant, et ne peuvent exécuter des mouvements horizontaux ou latéraux; même les *singes* n'exécutent que des mouvements *centripètes;* ils donnent des tapes avec la paume, et non avec le dos de la main; seul , l'homme exécute des mouvements centrifuges. » (*Revue scientifique,* 25 décembre 1880.)

« Si l'attitude de l'homme était horizontale, dit saint Thomas d'Aquin, si ses mains lui servaient comme pieds de devant, c'est avec la bouche qu'il devrait saisir sa nourriture; il aurait donc un museau allongé, des lèvres dures et grossières, et une langue également dure, pour échapper aux lésions extérieures, comme les autres animaux; et une telle disposition empêcherait absolument le *langage,* qui est une œuvre propre de la raison. »

« La différence fondamentale entre l'animal et l'homme, dit le P. Carbonnelle, se trouve dans leur faculté de *connaître.* Tandis que l'homme peut connaître les phénomènes *matériels*, les phénomènes *intellectuels*, et les causes *substantielles,* dont ces phénomènes sont les actions, la faculté de l'animal *ne dépasse pas les phénomènes matériels,* le reste lui échappe. Seul, l'homme parle, avec la *volonté* d'exprimer ses pensées et de les *communiquer à d'autres.* » (*Revue des questions scientifiques,* janvier 1880.)

L'homme a des ressemblances avec le corps des singes; cela prouve précisément combien il leur est supérieur : au-dessus d'eux, et tout en haut, Dieu a mis l'homme, doué de tant d'attributs étrangers aux animaux que, comme Jupiter les autres Dieux, l'homme domine tous les animaux.

Les savants matérialistes, qui soutiennent l'origine simienne de l'homme, ont été devancés dans leur opinion par certains sauvages de Madagascar, qui « prétendent descendre du singe à *courte-queue,* dont le cri ressemble à la voix de l'homme qui appelle, et, en conséquence, ils rendent les honneurs funèbres aux singes de cette espèce qu'ils rencontrent morts. Le Père Pagès, en ayant tué un sans intention, ses porteurs exigèrent qu'il le leur remît, et enveloppèrent le singe dans un suaire, un double linceul de *rabaune,* le portèrent dans une fosse, et lui offrirent des chevelures, en accompagnant cette cérémonie de pleurs et de lamentations. » (*Les missions catholiques*, 29 octobre 1880.)

Ces sauvages étaient du moins logiques. Nos *savants* athées doivent, également, s'enorgueillir de leur descendance *pithécienne*, et ils ont droit qu'on leur écrive : à M. Hovelacque, des *Macaques d'Australie*; à M. Haëckel, des *Orang-Outangs du Congo*; à M. Letourneau, des *Lémuriens de Ceylan*, comme, dans certaines familles, on met : à M. le Mis..... *des princes Pignatelli*, etc., pour constater leur noble origine.

Il y a quelques années, la *science* matérialiste voulait qu'il y eût eu plusieurs créations, l'homme blanc ici, le noir là, le jaune ailleurs, etc., sans relation entre elles; et ce système avait pour but de démontrer que l'homme n'avait pas été créé par Dieu, par sa seule volonté, et que les races humaines n'étaient pas sorties d'un seul être créé par Dieu. Le Darwinisme a détruit ce système, et nous accorde une unique origine; on doit lui en savoir gré, quoique le but des *savants* darwinistes ne soit pas de glorifier Dieu.

Mais voici ce qui arrive : un *savant* matérialiste, M. Topinard, par exemple, soutient la *multiplicité des races humaines*, et prétend que l'homme ressemble à certains animaux, a une origine commune avec eux. Donc, d'une part, il admet plusieurs formations ou créations, il est *polygéniste*; et d'autre part, il est *monogéniste*, puisque le singe s'est transformé, et est devenu homme; c'est-à-dire, l'homme a eu une origine *unique*. Ainsi, dit M. Hamard, « il soutient deux doctrines qui s'excluent l'une l'autre. Il est vrai que toutes deux ont le mérite d'être en opposition avec le dogme chrétien; cela suffit. » (*La Controverse*, avril 1882.)

Que dit, au contraire, la science impartiale?

« Les races se croisent et sont fécondes, écrit M. de Quatrefages, donc *une seule* suffit pour former tous les peuples. » Et il cite plusieurs faits à l'appui : les Indiens d'Amérique, croisés avec les Yankees, ne disparaissent pas, ils continuent leur race modifiée. On a importé aux États-Unis 400 mille noirs, il y a aujourd'hui cinq millions de mulâtres et hommes de couleur. « Les différentes races d'hommes, dit-il, diffèrent moins, comme grandeur, que les races de chiens et de chevaux... Nous ne pouvons scientifiquement démontrer que tous les hommes descendent d'un *couple unique,* mais nous démontrons que *tout, dans la nature, se passe comme* s'ils en descendaient. » (*Revue scientifique,* 14 février 1880.)

Sur *la sélection.*

(Page 78.)

Ce système ne date pas de Darwin, pas même de Lamarck; il remonte aux philosophes du dix-huitième siècle, qui, eux-mêmes, en avaient pris l'idée aux philosophes matérialistes de l'antiquité : « Sélection, évolution progressive des êtres, substituée à la doctrine des causes finales; les organes naissant successivement des besoins, des habitudes ou des efforts, tout cela est dans Diderot, *Éléments de physiologie,* et *Rêve de d'Alembert.* » (Caro, *La fin du dix-huitième siècle.*)

Or, cette sélection ou évolution progressive des êtres n'est rien moins qu'une pure supposition. M. Haëckel dit que l'homme *transforme* les plantes et les animaux : il ne les transforme pas, il les *modifie;* la culture ou l'alimentation peut modifier certaines plantes ou certains animaux, mais elle n'en change pas la nature ou l'espèce. On peut arriver à faire qu'un bœuf n'ait pas de cornes, mais c'est toujours un bœuf, tout le monde le reconnaît et il ne deviendra jamais un cheval. Demandez à un jardinier de faire d'un rosier un palmier ou d'un prunier un chêne, il croira que vous vous moquez de lui. On peut *varier* les espèces, mais les changer, les transformer, jamais ! c'est ce que dit le bon sens, et voilà la réponse sans réplique aux rêveries des sectateurs de l'évolution. « Les influences lentes et progressives de la sélection naturelle, les transformations, dit M. Barrande, sont de simples fictions », et il cite des espèces, telles que les céphalopodes, qui « semblent avoir été conservées pour contredire les évolutionnistes; et ces faits, ajoute-t-il, ne peuvent admettre aucune autre interprétation ».

« Le système de la sélection naturelle, dit, de son côté, Broca, qui ne pouvait être accusé d'esprit *clérical,* comme

M. Barrande, est fort ingénieux, mais *entièrement hypothéti-
que*; la preuve directe manque à la doctrine de Darwin. »

Darwin a voulu établir une analogie entre les effets de
l'art et ceux de la nature. Or, la sélection artificielle s'obtient par une *volonté* déterminée, elle *choisit dans un certain but*; et la sélection naturelle n'a *pas de but*. La sélection
est une hypothèse, et, de plus, en contradiction avec les
faits. « L'anatomie comparée, dit le P. Paté (*la Controverse*)
montre que l'homme ne peut procéder par évolution ou transformation de quelque animal que ce soit. Et, quant à la
transformation du singe en homme, les caractères particu-
liers à l'espèce humaine ne comprennent pas seulement des
points isolés, tels que l'*angle facial*, la position du grand
trou occipital, l'arrangement, l'espèce et la structure des *dents*,
la grandeur du *cerveau*, l'ordre des *circonvolutions* de cet
organe, la conformation des *mains*, des *pieds* pour la station
verticale, *l'articulation* des *os*, des hanches, etc.; mais ils
s'étendent jusqu'au moindre détail, jusqu'au plus petit relief,
au plus petit creux de chacun des os, à la forme des muscles, à la distribution des vaissaux et des nerfs. Et tous
ces caractères spécifiques ne se sont pas successivement sur-
ajoutés l'un à l'autre, ils sont du même âge; donc l'homme
n'est pas une évolution de la bête, il a été créé tel qu'il est. »

NOTES DU CHAPITRE VI.

Sur *l'homme préhistorique.*

(Pages 99-103.)

Il y a une telle obscurité, pour ne pas dire une telle ignorance, sur ce sujet, que les archéologues imaginent incessamment de nouvelles théories. Ainsi, selon quelques-uns,
il faudrait ne plus seulement compter *trois* âges, de la *pierre*,
du *bronze*, et du *fer*, mais il y en aurait un *quatrième*, âge
du *cuivre*, antérieur à l'âge du bronze. Un autre, M. de Mor-
tillet, distingue trois *espèces* d'hommes ayant vécu dans les
temps les plus reculés; et de tout cela ils n'ont nulle preuve.

Aussi, sont-ils exposés à de nombreuses déceptions : ayant
remarqué certaines fossettes rondes ou ovales sur les murs

d'un grand nombre d'églises, ils se demandaient s'il ne fallait pas les reporter à *l'âge de pierre.* « Or, dit la *Controverse* (16 mai 1882), on vient de découvrir qu'elles ont servi à polir des billes de grès, et qu'elles sont le résultat du frottement produit dans ce but. Il y a *quinze ans* à peine, on recourait encore à ce procédé. »

Ils prétendaient que les Kjœckenmœdings étaient les résidus des festins des hommes préhistoriques. Et M. de Quatrefages, qui a autant de compétence et moins d'imagination que les archéologues matérialistes, affirme, au contraire, que les fameux détritus de repas sauvages, où l'on eût consommé tant de millions d'huîtres, ne sont pas autre chose que des *digues* élevées pour se préserver de la mer. Tout homme raisonnable, d'ailleurs, et non prévenu, le reconnaîtra aisément : il n'est pas nécessaire de faire le voyage de Danemark, il suffit d'examiner les amas, on pourrait dire les buttes de mollusques et d'huîtres accumulées sur les côtes de la Vendée, à St-Michel en l'Herm, et sur la côte qui fait face à l'île de Noirmoutiers (l'une de ces buttes a 7 mètres de haut); ce sont des digues faites de main d'hommes, ou tout simplement des laisses de mer.

Quant aux monuments et instruments de pierre, pour lesquels on demande une antiquité de plusieurs milliers d'années et même de siècles, la science, la vraie science, a appris qu'en Égypte, *longtemps après la construction des grandes pyramides,* on employait les instruments *de pierre* pour une quantité de travaux, et l'on sait si les Égyptiens étaient des sauvages, des espèces de brutes semblables à l'homme préhistorique que nous peignent les *savants* athées!

On élevait des *dolmens* en Algérie du temps des Empereurs Romains : on a trouvé, sous un monument de ce genre, un vase romain contenant des monnaies de Domitien.

Dans l'Inde, les temples souterrains remontent seulement au moyen âge, et les plus anciens n'ont été construits qu'après l'ère chrétienne.

Bien plus, encore aujourd'hui, on érige des menhirs *dans l'Inde,* et des peuplades entières y fabriquent des instruments de pierre. (*Les missions catholiques,* janvier 1882.)

Les mêmes archéologues insistent beaucoup sur l'*abjection* de l'homme préhistorique, *quaternaire,* comme ils l'appellent. C'est toujours la question de l'*état sauvage* par lequel aurait débuté l'humanité. La science et le bon sens sont en contradiction absolue avec cette opinion : « L'opinion du monde a toujours été contraire à cette idée d'une humanité primitivement sauvage ; l'Antiquité croyait à l'âge d'or, la Bible peint le premier homme dans l'Eden, comme parfaitement beau, heureux et doué de qualités supérieures, et nous avons appris, même à des sources profanes, que l'Orient a connu de tout temps la civilisation, et que les œuvres d'art et les idées morales de certains peuples, les Égyptiens, par exemple, sont d'autant plus parfaites qu'on les suit plus haut dans le passé. » (Hamard, *l'Archéologie préhistorique.*)

Au lieu de se perfectionner en avançant, ces œuvres et ces idées devenaient de plus en plus imparfaites. Ainsi, dans les fouilles de M. Schliemann, à Troie, on trouve, à la fois, mêlés dans les débris de la ville primitive (douze ou treize siècles avant J.-C.), de nombreux objets *en pierre* et des bijoux en or, en cuivre, en plomb, en argent, *en fer.* Au-dessus est une deuxième Troie moins ancienne, où les objets d'art sont *moins* parfaits que dans la première, les poteries, pour le dessin et les couleurs : la plus ancienne avait un esprit plus artistique que les suivantes. La troisième Troie est en *décadence* complète : « C'est presque l'âge de pierre, à une époque historique et après une civilisation brillante ; les poteries sont grossières et les outils en pierre informes. La ville de la quatrième époque présente une masse énorme d'outils en pierre : les âges de pierre et de bronze se confondent dans les quatre villes ; les plus belles poteries sont entre dix et quinze mètres de profondeur ; la civilisation, dit M. de Nadaillac, au au lieu d'avancer, a reculé. » (*Controverse,* octobre 1881.)

Quant à l'opinion des sava[nts s]ur l'intelligence des prétendus premiers sauvages : « La capacité du crâne des hommes préhistoriques, dit M. de Quatrefages, était au moins égale à celle des hommes de nos jours, et *leur intelligence aussi.* » « Tout ce qu'on a dit sur les crânes préhistoriques de race finnoise trouvés en France, écrit M. Virchow, repose sur des données *entièrement arbitraires*. »

Chez les habitants de la Gaule, dans les temps préhistoriques « les facultés de l'esprit ne furent *guère au-dessous des nôtres* » dit M. l'abbé Hamard (*Controverse*, 16 novembre 1882.) Et, ajoute un savant Anglais transformiste :

« Nous n'avons pas fait un seul pas appréciable, vers la découverte d'une phase *primitive* dans le développement de l'homme. Les crânes les plus anciens que l'on connaisse n'offrent *rien qui indique des êtres dégradés*. » Si l'on considère les produits industriels et artistiques des plus lontaines époques, « ce sont là des preuves d'un degré de *civilisation bien supérieur* à celui qu'on observe, de nos jours, chez les peuplades sauvages, car il correspond à un degré élevé de progrès intellectuel. » (R. Wallace, *Discours prononcé au congrès de Glascow*, 1876.)

Les Sauvages ne sont pas les premiers hommes, on ne peut trop le redire, ce sont des êtres déchus. Les observations scientifiques le démontrent.

Les linguistes ont remarqué que le langage des Australiens, aujourd'hui réduit à un nombre fort restreint d'expressions, trois mille cinq cents au plus, n'est que le produit dégénéré d'une langue des plus savantes, riche en inflexions, d'une précision étonnante, et que ce n'est certainement pas une langue en voie de développement.

« Cette langue a deux nombres; elle a six cas dans la déclinaison de ses noms et pronoms, et deux sortes de pronoms personnels, pour aider à l'euphonie et à l'expression.

« Les verbes sont parfaitement formés et les noms de relation plus nombreux qu'en anglais. Dans bien des cas, on trouve une élégance et une délicatesse d'expression qui n'existe dans aucune langue.

« Comme les naturels semblent parfaitement incapables d'avoir créé ce langage, on a tout droit de supposer que, d'un état relativement *très civilisé, ils en sont arrivés à l'état de barbarie qui surprend l'observateur*.

« Ils ont aussi des coutumes qui semblent ne pouvoir avoir appartenu qu'à une plus haute civilisation, et l'une des preuves serait qu'ils observent ces coutumes avec le plus grand respect, mais sans les comprendre et sans pouvoir en déterminer l'origine.

« L'Australien n'a pas de maison, pas même une tente; c'est un simple abri ouvert d'un côté et qu'il tourne contre la pluie et le vent. Il ne cultive pas la terre, et ignore l'usage des poteries, qu'on trouve chez les peuples les plus sauvages. Ses canots sont formés d'un simple morceau d'écorce; ses armes sont les plus grossières qui existent; ses haches de pierre sont à peine dégrossies et mal emmanchées; il n'a point connu l'arc ni la flèche, et sa lance n'est le plus souvent qu'une branche dont il a durci la pointe. Cependant il se sert avec une adresse extrême du peu qu'il a; il est fin; il apprend les langues avec une grande facilité; il écrit, compte, lit, et dans les écoles ses enfants rivalisent, en certains cas, avec les blancs. »

Le Sauvage est un être déchu et, outre les preuves matérielles et intellectuelles, on peut signaler une preuve morale non moins décisive : leur manière d'être avec les femmes. M. Farrer (*Revue scientifique*, 1880) constate que les femmes sont *mal traitées* chez les sauvages, et que les proverbes insultants pour la femme y abondent. Or, tout le monde sait que, chez les nations civilisées, plus on descend, plus la femme est traitée grossièrement. Où et quand les sentiments délicats, les manières polies, les procédés aimables et gracieux, la galanterie en un mot, a-t-elle pris naissance? Dans l'Europe civilisée et chrétienne, au temps des chevaliers, ce qui a fait appeler *chevaleresques* ces formes de politesse exquise. Où ces formes polies se sont-elles surtout conservées? dans la noblesse, dans les classes élevées. Où les expressions grossières, les termes choquants, orduriers, sont ils employés vis-à-vis des femmes? dans le peuple, dans ce qu'on appelle les *basses classes*, parce qu'elles sont descendues. Bien plus, il y a une relation directe entre le respect de la femme et l'intelligence, et l'on peut dire que les hommes supérieurs, presque sans exception, ont de la femme une bonne opinion, et que, plus un homme est distingué, plus il apprécie les femmes. Les Sauvages méprisent et maltraitent

les femmes; il n'est pas de preuve plus sensible de leur décadence et de leur dégradation.

Les Sauvages, et les hommes préhistoriques étaient des
sauvages, sont des êtres dégradés et, étant dégradés, ils
n'ont pu s'élever tout seuls. Ce ne sont pas seulement les
chrétiens qui l'affirment : « L'histoire des races aborigènes
montre *invariablement* qu'elles sont incapables de faire
entrer les habitudes de la civilisation dans leurs mœurs primitives » (*Revue scientifique*, 14 août 1880), ou, en langage plus
clair : *incapables de remonter de l'abîme où elles sont tombées.*

Or, elles sont remontées; donc, il y avait des races non
sauvages, des races *supérieures*, qui existaient avant elles,
et qui les ont relevées; donc les hommes préhistoriques
étaient tout simplement les descendants de tribus qui s'é-
taient séparées d'une civilisation primitive, égarées et
avilies. Il est si facile de tomber dans l'état sauvage, qu'on
cite un *Anglais*, William Buckley, « qui passa trente-trois
ans parmi les Australiens, sans provoquer aucun progrès
dans la tribu qui l'avait accueilli : loin de là, il oublia sa
langue et devint aussi sauvage qu'eux. »

DEUXIÈME PARTIE.

NOTES DU CHAPITRE II.

Sur *l'esprit sophistique de M. Renan.*

(Pages 210-213.)

On pourrait multiplier indéfiniment les citations de sophismes accumulés par M. Renan dans ses ouvrages : à ceux
déjà signalés, il suffit d'en ajouter quelques-uns, qui jus-
tifieront le jugement sévère qu'on a fait de lui.

Il a tracé de Jésus plusieurs portraits : c'est un docteur,

un savant, un homme du monde, un conteur, un causeur, un poète bucolique, etc.; il a trouvé aussi moyen d'en faire un philosophe panthéiste : « Dans sa poétique conception de la nature un *seul souffle* pénètre l'univers; le *souffle de l'homme est celui de Dieu*, Dieu habite en l'homme, *vit par l'homme*, de même que Dieu habite en Dieu, vit par Dieu, (d'où, en d'autres termes, Dieu et l'homme sont identiques). L'idéalité de Jésus ne lui permit jamais d'avoir une notion bien claire de sa propre personnalité : il est son père, son père est lui; il vit dans ses disciples, il est partout avec eux, ses disciples sont un, comme lui et son père sont un. » (*Vie de Jésus*, chap. XV.)

Voici comment il représente le Christianisme : « Il réussit, quand il commençait à décliner *moralement*, au ive siècle. » (*Saint Paul.*) C'est-à-dire, au temps des plus grands docteurs et des plus grands saints.

Le Christianisme eut un moment de sainteté; « le bouddhisme seul avait élevé l'homme à ce degré d'héroïsme et de pureté. » (*Saint Paul.*) Le bouddhisme, qui, selon M. Barthélemy Saint-Hilaire, est un *athéisme!*

Dieu, d'ailleurs, « cet être absolu, est-il libre et conscient? Le *oui* et le *non* sont également inapplicables à ces sortes de questions. » (*Études religieuses.*)

Il nie l'immortalité de l'âme et la vie future : fi donc, cela est bon pour les petites gens! « Ceux-là seuls arrivent à trouver le secret de la vie, qui savent étouffer leur tristesse intérieure et *se passer d'espérance*. » (Job.) Mais il remplace l'espérance de la vie immortelle, croyance du genre humain, par une invention de sa façon, « par l'espérance d'une *réparation* finale qui, *sous une forme inconnue*, satisfera aux besoins du cœur de l'homme. *Qui sait* si le dernier terme du progrès, dans des milliers de siècles, n'amènera pas la *conscience absolue de l'univers*, et dans cette conscience le réveil de tout ce qui a vécu? » (*Vie de Jésus.*) Voilà la certitude qui nous est présentée : une *réparation sous une forme inconnue*, et *qui sait* encore? Outre que tout cela est un véritable *charabia*.

Sur *la théorie du mensonge de M. Renan.*

(Pages 216-218.)

M. Renan a exposé, à plusieurs reprises, une théorie dont le but est de démontrer que l'homme supérieur *peut* et *doit* mentir sans scrupule, pour réussir. Ces principes sont répétés, sous toutes les formes, dans la *Vie de Jésus,* dans les *Apôtres,* dans *Saint Paul.*

« *Bonne foi* et *imposture* sont des mots qui nous paraissent, à nous, Occidentaux, inconciliables ; il n'en est pas de même en Orient : la vérité *matérielle* a plusieurs mesures. Celui qui prend l'humanité avec ses *illusions,* et cherche à agir par elle et avec elle ne saurait être blâmé...... Quand nous aurons fait avec nos *scrupules* ce qu'ils firent avec leurs *mensonges,* nous aurons le droit d'être pour eux sévères ; le seul coupable, en pareil cas, c'est l'humanité, qui *veut être trompée.* » (*Vie de Jésus.*)

« Il n'est *pas de vérité absolue,* tout est *également vrai et également faux.* Les hommes sont trop nombreux, pour qu'il soit possible de fonder quelque chose, sans faire des *concessions* à la médiocrité... Il y a plusieurs manières d'entendre la *probité,* la *vertu,* l'*honnêteté...* On ne comprend rien à l'histoire, si l'on se refuse à traiter comme *bons* des mouvements où sont mêlés bien des traits *équivoques...* Un homme peut être à la fois *saint* et *menteur,* un prophète et un charlatan, un sage et un imposteur. »

En d'autres termes, Jésus est assimilé à Mahomet : tous deux étaient des imposteurs et des menteurs, et faisaient bien.

NOTES DU CHAPITRE III.

Sur *l'ignorance du moyen âge.*

(Page 230.)

On n'a pas insisté, dans le texte, sur la prétendue ignorance du Moyen âge ; on se contentera de citer ici quelques faits, qui donnent un démenti suffisant à cette opinion erronée :

1° La fondation, à Paris, au xii° siècle, d'une *école des langues orientales*, en vue de la conquête de la Terre-sainte, et dans le but d'y établir des colonies chrétiennes. Or, qui fondait cette école? l'Église, un ordre religeux.

2° L'étude de *l'astronomie*, à laquelle s'appliquaient particulièrement les *clercs*, et la charge qui était « confiée à des *moines* de faire les calculs nécessaires pour la navigation, à bord des navires. » (*Les Marins au moyen âge*, par l'amiral Jurien de la Gravière.)

3° L'étendue et la précision de ces études astronomiques, prouvées par le fait suivant, que rapporte M. Guéroult, dans sa traduction de l'*Histoire des animaux*, de Pline, p. 554, et qu'il dit tenir de Lalande. En 1186, les astrologues annoncèrent une *conjonction des planètes* : « Ce célèbre astronome, curieux de savoir si ce phénomène rare et singulier avait eu lieu, cette année-là, pria M. Flaugergues, associé de l'Institut, de faire les calculs. Il se trouva, qu'en effet, le 15 septembre 1186, toutes les planètes étaient comprises entre 6 signes, et 6 signes 10 degrés de longitude; ce n'est pas précisément une conjonction, mais peut-être faudrait-il des milliers d'années, pour qu'il y en eût une aussi rapprochée. »

4° La déclaration si connue, de Copernic, qui, d'ailleurs, était *chanoine* et avait étudié l'astronomie à Rome : « Mes amis me stimulaient à publier mes découvertes : le premier était Nicolas Schomberg, *cardinal* de Capoue; l'autre Tideman Nypsius, *évêque* de Culm; ce dernier me pressa tellement, qu'il me décida enfin à livrer au public l'œuvre que je gardais depuis plus de vingt-sept ans. »

On peut voir, du reste, si l'Église s'opposait à la science, et ce qu'était l'*Ignorance du moyen âge*, dans le chapitre intitulé : la *Science au moyen âge*. (*Le Mal et le bien*, tome III.)

Sur *la corruption des États-Unis*.

(Pages 237-239.)

Pour juger de la démoralisation et de la corruption des États-Unis, il faut écouter, à côté des voyageurs impartiaux qui ont visité l'Amérique, les citoyens des États-Unis eux-mêmes.

« La grande plaie de la nouvelle Amérique, dit M. G. de Saint-Valry, analysant l'ouvrage de M. Claudio Janet, ce sont les faiseurs d'affaires et les politiciens, deux genres d'une même espèce qu'on ne saurait séparer; car le faiseur d'affaires utilise constamment le politicien, et le politicien riche et parvenu opère pour son compte et réunit les deux professions. Le politicien vit de son état : quand son parti est hors du pouvoir, il est entretenu par lui; quand il arrive aux affaires, toutes les places, tous les emplois, depuis la première jusqu'à la plus humble, sont distribuées aux politiciens. Il faut, en effet, connaître une singularité des mœurs politiques américaines, et qui consiste à changer de fond en comble, non seulement le personnel politique, mais le personnel administratif, suivant que l'élection a fait triompher tel ou tel parti.

« La rotation des offices est devenue un principe gouvernemental rigoureusement appliqué, depuis les ministres jusqu'aux collecteurs des douanes, aux percepteurs et aux agents de police.

« La première conséquence de cette rotation des fonctions, c'est que chacun, se sentant exposé à n'occuper sa place que pour un temps très court, s'évertue à lui faire rendre, par tous les moyens, licites ou autres, le maximum de ce qu'elle peut produire. C'est pourquoi les États-Unis sont la terre classique de la concussion et de la corruption administrative; elle est publique : tout le monde sait que tel emploi des douanes, par exemple, donne un émolument régulier de tant, plus dix ou vingt fois la même somme en produits illégaux : personne ne réclame. Les politiciens, qui sont pour le moment en dehors des affaires, se promettent simplement de s'attribuer cette bonne place, aussitôt qu'ils seront les maîtres.

« D'ailleurs, auprès de qui réclamer? les tribunaux sortent de l'élection; ils sont donc le produit du parti dominant, et aussitôt qu'un litige a un caractère politique ou intéresse des personnalités de leur parti, un pacte, qui ne se viole pas, leur interdit de juger au détriment des leurs. La Cour

suprême des États-Unis fait seule exception à cette insécu-
rité de la justice; elle est un vestige de l'organisation primitive, mais sa compétence ne s'applique qu'à l'interprétation constitutionnelle des lois, et pas aux faits privés. On
peut prévoir l'époque où cette dernière garantie sombrera
sous le despotisme démocratique.

« Nous n'exagérons rien sur le compte de la corruption
administrative et du système de concussion qui règne dans
l'Amérique actuelle; écoutez l'histoire du *Ring*, qui a exploité
pendant plusieurs années la municipalité de New-York. On
désigne sous le nom de *Ring* l'accaparement clandestin de
tous les pouvoirs légalement destinés à se contrôler les uns
les autres. Figurez-vous la Cour des comptes faisant affaire
avec une association de comptables prévaricateurs, parta-
geant leurs détournements et donnant quitus; ce serait un
Ring parfaitement combiné.

« Celui de New-York opérait dans de grandes proportions.
Le 1er janvier 1869, la dette de la ville s'élevait à 29,324,948
dollars; le 1er août 1871 elle s'est trouvée de 100,955,333
dollars, c'est-à-dire qu'en deux ans et demi elle avait plus
que triplé, et cela sans que la ville eût fait aucune dépense
extraordinaire. En revanche, les officiers municipaux, qui
auparavant étaient des gens sans fortune ni consistance,
étaient tous devenus riches à millions; des expropriations simulées, la construction d'un hôtel de ville, dont le devis primitif s'élevait à 350,000 dollars, et pour lequel on fut censé
en dépenser 8 millions, servaient de couvert à ces fraudes colossales.

« Le couvert, au surplus, était du luxe. Pas un citoyen de
New-York qui ignorât ce qui se passait. N'avait-on pas
publié les notes fantastiques des fournisseurs : 2 millions de
dollars de plâtre, 17,000 milles carrés de tapis, 80,000
chaises! Mais comment atteindre les voleurs? tous les bu-
reaux d'élections étaient composés de leurs affidés, les
juges étaient à eux, la législature de l'État à leur dévotion,
par suite de l'alliance conclue avec la compagnie des chemins de fer de l'Érié. D'ailleurs, on achetait les récalci-
trants : 1,900,000 dollars avaient servi à gagner une ving-
taine de voix de députés qui, appartenant à l'autre parti

que celui du *Ring*, avaient dû se faire payer plus cher.

« A la fin, cependant, le *Ring* de New-York fut brisé, mais la plupart de ses membres échappèrent à la punition et aucun ne fut amené à rendre gorge. Le chef de l'association, William Tweed, condamné d'abord à la prison, trouva au pénitencier tous les égards, toute la considération qui sont dus dans ce pays égalitaire à un homme ingénieux qui a su faire un coup de vingt millions; on le promenait tous les jours par la ville dans sa propre voiture; la semaine dernière, il est parti. Son argent est à l'abri; nous le verrons peut-être, un de ces jours, en équipage au bois de Boulogne, et il n'est pas prouvé que, chez bon nombre de ses compatriotes, chez ceux du moins qui font métier de politique, l'admiration pour son audace ne contrebalance la déconsidération résultant des moyens employés par lui pour violer la fortune.

« On conçoit, d'après cela, comment le métier de politicien et tout ce qui se rattache aux affaires publiques, en est arrivé, aux États-Unis, à inspirer une répulsion générale. Les hommes d'une respectabilité supérieure ou d'une situation considérable, les hommes simplement très riches, qui sont à la tête d'une fortune assise et consolidée, regardent la politique comme un emploi légèrement dégradant. Quand ils sont obligés de s'en mêler, pour défendre leurs intérêts, pour faire obstacle à quelques mesures qui risquent de les atteindre, ils tâchent de le faire par procuration, en soudoyant les politiciens, qui ont les mains accoutumées à toutes les vilenies, à toutes les bassesses, à toutes les violences de cette besogne affreuse.

« Il en résulte que le niveau intellectuel baisse en même temps que le niveau moral. Aucun des hommes de talent qui se sont révélés depuis quinze ans dans la politique, ni Henri Clay, ni Webster, ni Calhoun, n'ont eu un moment la possibilité de parvenir au fauteuil présidentiel.

La médiocrité, cette maîtresse des démocraties, la médiocrité envieuse, ambitieuse et remuante, plus funeste, à coup sûr, que la brutalité populaire, tend à prendre le dessus et à écraser le mérite. C'est le point de vue surtout qu'il serait opportun pour nous de méditer, car c'est cette inondation

du médiocre qui nous menace, et nous n'avons pas les compensations américaines ! un sol sans limite à exploiter, une
nature inépuisable à conquérir, l'espace, l'infini, et cette
âpreté de l'adolescence, qui persiste au sein de la corruption
américaine. Voilà, cependant, où en est, au bout d'un siècle,
cette démocratie vigoureuse. A quels politiciens subalternes et rachitiques serons-nous livrés, nous autres, d'ici à
quelque temps! »

Maintenant, voici comment s'exprime le principal organe
de la presse aux États-Unis, le *New-York Herald* :

« D'un bout à l'autre du pays, la population est la proie
dès harpies politiques. Propriété, ordre, droits personnels,
sont des mots, et, dans toutes les circonstances où le gouvernement devrait assurer une protection efficace au gouverné, le peuple est à la merci d'une classe sans scrupules,
qui, de par le suffrage universel, occupe les emplois et
fabrique les lois.

« Nos aïeux, irrités de l'injustice, de la tyrannie et de la
corruption de leurs gouvernants, sous la domination de la
monarchie Anglaise, renversèrent ce gouvernement et établirent un nouveau système, sur la base de l'intégrité et de
l'économie, et dont le maintien devait être assuré par l'influence directe du peuple sur ses gouvernants.

« Quatre-vingts ans se sont écoulés depuis, et il se trouve
que le seul résultat de notre expérience a été de montrer au
monde comment se fonde le *pire gouvernement* qu'éclaire le
soleil, et comment s'organise le système le plus certain pour
ôter *tout caractére honnéte au gouvernement,* en livrant la
nation, pieds et poings liés, à quelques individus *scélérats et
dépravés.* Nous avons ouvert une voie si large aux promotions dans l'État, que ceux qui, dans d'autres pays, rencontreraient *la prison* au milieu de leur carrière, sont certains,
ici, d'entrer dans les *salles législatives.* C'est un honneur —
et non une honte — d'être menteur, escroc, de connaître et
de pratiquer toutes les ressources de la friponnerie. Les
salles législatives sont des marchés, et il n'en n'est pas une,
où les lois ne s'achètent et ne se vendent, aussi ouvertement
que les vieux habits dans Chatham street. A Washington, à

Albany, dans notre propre City Hall, quiconque désire une loi qui lui permette d'empiéter sur les droits d'autrui ou de s'emparer du bien d'un autre, n'a qu'à aller trouver les législateurs avec de l'argent, la loi passera. La concussion n'a rien de honteux ; elle se pratique, au vu et au su de tout le monde, au mépris de la justice, dont elle se moque. »

Le gouvernement républicain est soi-disant le gouvernement le plus économique. Et, comme preuve, on cite le gouvernement des États-Unis, dont le président touche une somme annuelle insignifiante, en comparaison de la liste civile d'un roi.

M. Harris-Gastrell, membre de la légation d'Angleterre à Washington, vient de faire un travail comparatif de ce que coûtent les gouvernements des deux pays, et le résultat est loin d'être à l'avantage de la république.

Sans vouloir entrer dans les détails de ce travail et citer tous les chiffres comparatifs, on se bornera à dire que le total des dépenses de toute nature, nationales et locales, du gouvernement des États-Unis, est de 8 472 500 000 fr. tandis que le total des mêmes dépenses
pour l'Angleterre est de . . . . 2 462 500 000 fr.

« Les traitements augmentent sans cesse, et rien de plus original que la manière dont le président Grant, dit M. du Bled, réussit à faire doubler le sien. Le Congrès lui avait d'abord opposé un refus, se fondant sur le texte même de la Constitution, qui était précis, formel et ne se prêtait à aucune équivoque. Le général Grant ne se découragea point : ses amis présentèrent un bill, en vertu duquel les traitements des sénateurs, des députés et des ministres seraient augmentés, en même temps que la liste civile du Président, *avec effet rétroactif* depuis deux années. Une si ingénieuse combinaison méritait sa récompense : les scrupules de conscience, les objections constitutionnelles du Congrès fédéral, se dissipèrent, comme par enchantement, et le bill passa à une grande majorité.

« Aujourd'hui le budget des traitements est plus considérable dans la République américaine que dans les monarchies de la vieille Europe. »

« Pour ne citer, dit le *Pall mall Gazette,* que deux exemples de « l'extravagance » républico-municipale, qui règne généralement dans l'Union, le total des dettes des villes et cités de l'État de New-York qui, en 1870, était, en chiffres ronds, de 21 millions 200,000 liv. st., s'élevait, à la fin de 1874, à la somme de 35 millions 130,000 liv. st., c'est-à-dire, à près de 14 millions de liv. st. de plus dans l'espace de seulement quatre années.

« Et, dans le Massachussets, qui est, cependant, l'État le mieux gouverné de toute l'Union, et l'un de ceux dont la population est la plus industrieuse et prospère le mieux, ces mêmes dettes municipales ont monté, dans le même court espace de quatre années, de 7,000,000 de livres st., en 1870, à plus de 16,000,000, en 1874, c'est-à-dire, de 136 pour cent, en même temps que la taxation urbaine augmentait, dans la même période, de 31 1/2 pour cent.

« Quant aux causes de ce « mal énorme », ainsi que le gouverneur de l'État de New-York appelle cet état de choses, dans un message spécial à la Législature, sur cette grave question, nous les trouvons indiquées assez clairement dans le bill présenté à la Législature du Massachussets sur le mê-, me sujet :

« *En partie pour faire croire à une fausse économie dans l'administration,* dit, en effet, ce bill, et EN PARTIE POUR COUVRIR LES FRAUDES DES CORPS LOCAUX, c'est devenu l'habitude presque universelle, dans toute l'étendue des États-Unis, de ne pas pourvoir aux dépenses ordinaires par des recettes correspondantes, c'est-à-dire, d'établir des budgets de dépenses inférieurs, à dessein, aux dépenses réelles.

« Les déficits, ainsi accumulés à dessein, ne tardent point à atteindre un chiffre si formidable, qu'il interdit toute idée de liquidation immédiate, et ils sont alors consolidés et ajoutés à la dette permanente. »

« Partout la corruption, dans les conseils d'éducation, dans les municipalités, dans les tribunaux, dans les ministères, et, pour un Tweed qu'on pourchasse, tant de Babcock et de Belknap acquittés!

« Que diraient Washington, Franklin, Jefferson, Adams, s'ils revenaient au monde? Est-ce pour cette cohue de Chi-

nois, d'Allemands et de nègres, qu'ils ont bâti le Capitole?
Ont-ils compté, eux, les représentants des graves et patients
marchands de la Nouvelle-Angleterre, ou des planteurs aris-
tocrates de la Virginie, que leur constitution devrait servir,
telle quelle, à cette invasion des *desperados* de tous les mondes et, qu'après cent ans, la race Anglo-saxonne serait dégé-
nérée à ce point, qu'elle ne pourrait plus ni lutter ni produire?

Nous assistons à la grande débâcle de l'œuvre de
1776. »

« Les institutions républicaines, dit un républicain Français, M. Élisée Reclus, ont donné un tel ressort à la volonté,
que les enfants, comme les hommes, *n'admettent plus l'obéissance.* » Mais, ajoute un autre voyageur, « chez les enfants
même, la tension dévorante vers les richesses tarit tout
élan et toute expansion de leur âge, pour ne laisser subsister
qu'un *égoïsme sérieux et résolu.* » (Félix Belly, *le Nicaragua.*)
« A quelque degré de l'échelle qu'on s'arrête, écrit une dame
anglaise, Mme Farnham (*la Californie*), il est infiniment plus
probable que celui qui occupe un emploi public *le déshonorera, qu'il ne lui fera honneur.* »

NOTES DU CHAPITRE V.

Sur *la Morale matérialiste.*

(Page 256.)

Un *savant* matérialiste, M. le D^r Le Bon, a bien compris
que la morale sans Dieu n'existe pas; mais il compte sur le
temps, pour la former : « L'éducation morale, dit-il, n'est
complète, que lorsque l'habitude de faire le bien et d'éviter le
mal est devenue inconsciente » (*L'Homme et les Sociétés*);
c'est-à-dire, quand l'homme ne pense plus, ne choisit plus,
n'est pas plus libre que la pierre, ne sait plus pourquoi il agit,
est absolument abruti : alors, il est moral. C'est le contraire
du mot de Pascal : « L'univers est plus fort que l'homme,
mais cet avantage il l'ignore, et l'homme le sait. » Dans l'a-

venir, l'homme n'en saura pas plus que l'univers; l'univers ne pensera pas, et lui non plus.

NOTES DU CHAPITRE VII.

Sur *la fin du monde.*

(Page 326.)

« Le monde aura nécessairement une fin, dit M. de Lapparent, car l'énergie totale des forces est constante, et l'activité des éléments du système ne peut se manifester que par les transformations successives de cette énergie, sous forme de travail ou de chaleur. Or, il n'y a de travail produit, que quand une certaine quantité de chaleur peut passer d'un corps chaud sur un autre plus froid. Et il est de l'essence de la chaleur de tendre à se diffusionner entre les corps, jusqu'à ce que l'équilibre des températures soit obtenu. On peut donc dire qu'en vertu des lois de la thermodynamique, l'univers est placé sur une pente fatale, et doit aboutir à un état où, tous les éléments se trouvant à la même température, aucun travail ne pourra plus se produire ; c'est la fin du monde démontrée par la science. Il y a plus, dit M. Folie : « Non seulement le monde finira, mais il a commencé. Et, en effet, s'il existait depuis toute éternité, il y a une éternité déjà qu'il aurait dû finir, puisque la tendance à l'anéantissement de tout travail et à l'équilibre final de température agissant de toute éternité, aurait dû se réaliser entièrement depuis une éternité déjà. »

Voici le texte entier d'où est tiré la citation de M. de Pillon de Saint-Philbert. « La fixité des trajectoires des planètes n'est pas absolue, et des perturbations incessantes sont la conséquence des actions mutuelles de tous les astres les uns sur les autres. Nous n'avons, d'ailleurs, la perception que de leurs mouvements relatifs, par rapport à des points qui ne sont pas absolument fixes.

« Il est donc très probable qu'à notre insu, le soleil lui-même et la terre avec lui sont entraînés dans un sens déterminé, et que ce phénomène existe pour les étoiles que nous appelons fixes, car la loi générale de la condensation atomique n'a pas perdu son empire.

« Or, si nous admettons, ce qui est extrêmement probable, qu'un jour vienne où l'équilibre stable, vers lequel marche sans cesse cette condensation, se réalise dans des conditions telles que tous les mobiles aient, par leur concours, perdu leurs vitesses respectives, ce jour-là toute l'énergie potentielle de l'univers ayant disparu, l'énergie visible aura atteint son maximum, et cette énergie sera devenue vibratoire.

« Mais l'énergie vibratoire, c'est de la chaleur, de sorte que la condensation définitive des atômes serait une conflagration générale et permanente, jointe à l'immobilité de la mort.

« Telle sera donc, très probablement, la fin du monde. Elle devra être précédée d'une obscurité complète ou relative, à la surface de la terre, suivant que la condensation dans le soleil et les étoiles, des atomes éthérés qui l'en séparent, aura été plus ou moins parfaite.

« Le dérangement des corps célestes, quittant leurs trajectoires, renversera de fond en comble les forces mutuelles qu'ils exercent les uns sur les autres, et déterminera notamment sur notre planète le bouleversement des flots de la mer. Enfin, toute matière atomique, et, par conséquent, les étoiles, tomberont réellement vers le centre de conflagration universelle.

« Ce que nous apprennent les livres saints, relativement à la fin du monde, cadre avec cette explication, contre la probabilité de laquelle je ne sache pas que la science ait aucune objection sérieuse à fournir. »

A. de Pillon de Saint-Philbert. *Les Origines du monde, III.*

Quant à La Place, voici ses expressions textuelles sur le même sujet : « La petite *probabilité* d'une pareille rencontre (d'une comète et de la terre) peut, en s'accumulant pendant une longue suite de siècles, devenir *très grande.* Il est facile de se représenter les effets de ce choc sur la terre : l'axe et le mouvement de rotation changés ; les mers abandonnant

leur ancienne position, pour se précipiter vers le nouvel équa-
eur; une grande partie des hommes et des animaux noyés
dans *ce déluge universel*, ou détruits par la violente secousse
timprimée au globe terrestre; des espèces entières anéanties,
etc. On voit alors pourquoi l'Océan *a recouvert de hautes
montagnes*, comment les animaux et les plantes du midi ont
pu exister dans les climats du nord, etc.; l'espèce humaine
réduite à un très petit nombre d'individus, etc.

FIN.

TABLE DES MATIÈRES.

INTRODUCTION.

Pages.

Systématique matérialisation de la France. — Suppositions déraisonnables des savants athées. — Leur crédulité et leur insuffisance. — Infirmité de l'homme vis-à-vis de Dieu............... 1

PREMIÈRE PARTIE.

CHAPITRE Ier. — LA NOUVELLE LANGUE.

La langue de la science athée. — M. de Hartmann. — M. Hugo Magnus. — M. de Boisjolin................................ 17

CHAPITRE II. — RÉSUMÉ DES DÉCOUVERTES DE LA SCIENCE SANS DIEU.

M. Letourneau. — Les peuples athées. — Fabrique de grands hommes. — Le paradis terrestre de la 2e époque des cavernes. — La formation du monde tout seul. — Foi extraordinaire de M. Letourneau.................................... 21

CHAPITRE III. — LES DÉCOUVERTES SUR DIEU.

Les sous-maîtres. — M. Heckel. — Nouvelle manière de pouver qu'il n'y a pas de Dieu. — M. Espinas. — Ce qu'est l'idée de Dieu. — M. Isnard. — Moyen de s'en délivrer. — M. Beaunis. Effroyables dangers de la croyance en Dieu. — M. Paul Bert. Fantasmagorie de l'idée de Dieu........................ 49

CHAPITRE IV. — LES DÉCOUVERTES SUR L'HOMME.

La création naturelle. — Un savant Allemand : M. Haeckel. — L'anthropinien. — La Lémurie. — Procédé de découvertes de M. Haeckel.................................... 63

CHAPITRE V. — LES DÉCOUVERTES SUR L'HOMME (*suite*).

Pages.

Supériorité des singes. — La sélection. — Ses effets sociaux. —
L'athéisme fond de ce système. — Science et véracité de
M. Haëckel. — M. Perrier. — L'homme par bourgeonnement...   75

CHAPITRE VI. — L'HOMME PRÉHISTORIQUE.

Le roman de l'homme préhistorique. — L'homme primitif frugivore. — M. Caméron. — Le cannibalisme, début de la civilisation — M. d'Assier. — Formation de la civilisation par la glace.
— M. Topinard. — Les mâchoires des Parisiennes et les crânes
du Hanovre..   99

CHAPITRE VII. — MŒURS ET PROGRÈS DE L'HOMME PRÉHISTORIQUE.

Les vieilles découvertes. — Mœurs et voyages des Troglodytes.
— Le berceau du peuple Français. — Constitution physique
des premiers hommes. — Leur ignorance des couleurs. — Dé-
couverte du bleu : à qui elle est due. — Suoréminence des
Allemands sur toutes les autres races. — Philosophie de
M. Soury. — L'Illusion.................................   119

CHAPITRE VIII. — LES DÉCOUVERTES RELATIVES AUX ANIMAUX.

D'où viennent les animaux. — M. Topinard. — Les animaux sont
religieux. — M. Grant Allen. — Comment les hommes ont perdu leurs poils. — M. Marius Fontane. — Pourquoi les Indiens
sont doux de caractère. — Création des fleurs par les insectes.
— Création des arts par les fleurs et les singes. — M. d'Assier.
— La télégraphie stellaire. — M. Flammarion. — Une nouvelle
race humaine. — M. Paul Bert. — La fin du monde.........   153

DEUXIÈME PARTIE.

CHAPITRE Ier. — LES PREMIERS SIÈCLES DU CHRISTIANISME.

Caractère des ouvrages de M. Renan. — Ses découvertes. — Comment saint Jean n'est pas l'auteur de l'évangile de saint Jean.
— Portrait de saint Jean. — Saint Paul.....................   183

CHAPITRE II. — LES PREMIERS SIÈCLES DU CHRISTIANISME (*suite*).

Portrait de saint Paul, d'après M. Renan. — Portrait de Jésus. —
Les martyrs. — La théorie du mensonge. — La sagesse de
Marc-Aurèle. — L'homme qui fait des phrases...............   199

Chapitre III. — La science et l'histoire.

Pages.

Un savant Américain. — M. Draper. — Supériorité de la science sur la religion. — Inventions historiques de M. Draper. — Identité du Christianisme et du Paganisme. — M. Draper théologien. — Les crimes du Christianisme. — Supériorité de l'Islamisme sur le Christianisme. — Apothéose des États-Unis. — Crimes du Catholicisme... 222

Chapitre IV. — La société nouvelle.

Organisation de la société nouvelle. — M. I. Péreire. — L'industrie, la science et le Pape...................................... 247

Chapitre V. — Les découvertes sur la morale.

Progrès des sciences morales. — Mlle Clémence Royer. — Nouvelle loi morale. — Formule algébrique du bonheur. — M. Herbert Spencer. — Bases de la morale évolutionniste. — Insanité de la perfection spirituelle. — La vraie morale. — M. Coste. — Sanction de la morale nouvelle. — L'immortalité sur la terre....... 256

Chapitre VI. — L'Église et l'école dans la société nouvelle.

L'École. — M. Leconte de Lisle. — M. Maurice Vernes. — Laïcisation de l'Écriture sainte. — M. Gellion-Danglar. — Enseignement de l'Évangile. — M. Coste. — Une église au vingtième siècle. — M. J. Soury et M. de Hellewald. — Vie scientifique et fin de la nouvelle société... 282

Chapitre VII. — Les découvertes célestes.

M. Flammarion, poète et astronome. — Les découvertes dans les planètes. — Les habitants de Mars, de Mercure, de Vénus. — De la Lune, de Jupiter, de Saturne, d'Uranus. — Avenir du Soleil. — La fin du monde. — Esprit et but de ces contes. — Prophéties et desiderata de M. Flammarion. — Conclusion. — Variations et instabilité de la science......................... 314

Notes 339
Table 367

FIN DE LA TABLE.

Vivre : la vie en vaut-elle la peine? par W.-H. MALLOCK, traduit de l'anglais par F.-R. SALMON. 1 vol. petit in-8°.. 3 fr. 50

Par la nouveauté des aperçus, par la finesse et la sagacité pleines d'humour, ce livre mérite d'être lu et médité. Au lieu de discuter dogmatiquement les thèses du positivisme, M. Mallock se demande ce que le positivisme fait de la vie humaine. quelle base il donne à la morale, quel prix il laisse à la vie. Sans s'assujettir tout à fait à un plan rigoureux, mais avec une logique serrée, il montre les conséquences et les inconséquences de l'école moderne, qui ruine les fondements de la moralité et qui désenchante l'existence. Il recherche non seulement ce qui survit de christianisme inconscient dans une âme que le positivisme a dépeuplée, mais encore ce que deviendrait une société d'où toute foi et tout idéal seraient exilés. Une grande tristesse commence déjà à nous envahir : positivisme et pessimisme s'appellent.

L'Égalité sociale. *Étude sur une science qui nous manque,* par le même auteur, traduit de l'anglais par F.-R. SALMON. 1 vol. petit in-8°.. 4 fr.   »

Les conclusions de l'auteur sont écrasantes contre les théories socialistes. Sa thèse est un enchaînement de théorèmes développé avec la froideur et l'impartialité du raisonnement qui convient aux sciences exactes; sans nommer la religion, il conduit à ne voir que là le salut social.

LE PLAY,

D'APRÈS SA CORRESPONDANCE,

Par Charles de RIBBE,

Avec portrait et autographe de F. Le Play.

1 volume in-18 jésus. Prix : 3 fr. 50

Le Play fut une des plus hautes expressions intellectuelles de ce temps, et il revit dans de nombreux disciples fidèles à sa méthode sociale et à sa mémoire.

La puissance de sa méthode et de son esprit éclate dans cette correspondance où il prédit, dès 1856, « la catastrophe » qui menace la France. Il l'annonce, il réitère ses avertissements, il se multiplie pour la conjurer, en unissant les gens de bien sur le terrain des « vérités nécessaires ». Tous les problèmes qui se posent aujourd'hui sont successivement abordés dans ces lettres, et résolus, non pas d'après des théories et des systèmes, mais d'après une observation rigoureuse et méthodique faite pendant cinquante années, en Europe et en Asie.